车工工艺与加工技术

主　编　胡志恒　殷安全

副主编　刘金红　李朝伦

田　方

参　编　孙爱友　唐绍政

谭儒洪　田应炜

胡培清　彭广坤

夏小强

重庆大学出版社

内容提要

本书以工作任务驱动车工技能教学内容，分初级篇和中级篇，系统介绍了普通车工工艺知识和操作技能。主要内容：车削技术基础，包括车床操作入门、车床保养、车刀、切削工艺知识；典型零件的车削，包括轴类、套类、螺纹类、圆锥类及特型面、复杂零件等典型零件的车削；车床调整及简单故障排除，包括对车床部件的调整，对车床常见故障的排除方法等。本书图文并茂，实用性强，便于组织车工理实一体化教学。

本书可作为中等职业学校机械类专业普通车工课程的教学用书，也可作为企业普通车工技能培训之用。

图书在版编目(CIP)数据

车工工艺与加工技术 / 胡志恒，殷安全主编．重庆：重庆大学出版社，2013.10(2021.2 重印)

中等职业教育机械加工技术专业系列教材

ISBN 978-7-5624-7605-4

Ⅰ.①车… Ⅱ.①胡…②殷… Ⅲ.①车削—中等专业学校—教材 Ⅳ.①TG510.6

中国版本图书馆 CIP 数据核字(2013)第 215873 号

车工工艺与加工技术

主　编　胡志恒　殷安全

副主编　刘金红　李朝伦　田　方

策划编辑：曾显跃

责任编辑：李定群　姜　凤　　版式设计：曾显跃

责任校对：刘　真　　责任印制：张　策

*

重庆大学出版社出版发行

出版人：饶帮华

社址：重庆市沙坪坝区大学城西路 21 号

邮编：401331

电话：(023) 88617190　88617185(中小学)

传真：(023) 88617186　88617166

网址：http://www.cqup.com.cn

邮箱：fxk@cqup.com.cn (营销中心)

全国新华书店经销

POD：重庆新生代彩印技术有限公司

*

开本：787mm×1092mm　1/16　印张：15　字数：374 千

2013 年 10 月第 1 版　2021 年 2 月第 2 次印刷

ISBN 978-7-5624-7605-4　定价：45.00 元

前言

本书是根据中等职业学校机械类专业的特点,适应国家中等职业学校改革发展的要求,采用现代职业技术教育理念,努力实现教学过程与生产过程的深度对接,以任务驱动车工技能教学内容。

本书的主要内容有:

①车削技术基础:主要介绍车床操作入门、车床保养、车刀、切削工艺知识。

②典型零件的车削:主要介绍轴类、套类、螺纹类、圆锥类及特型面、复杂零件等典型零件的车削。

③车床调整及简单故障排除:主要介绍作为车床操作者对车床部件的调整,对车床常见故障的排除方法等。

本书编者均为中职学校机械数控专业双师型教师,长期从事普通车工、数控车工理实一体化教学,具有扎实的专业理论基础和丰富的专业实践经验。在现代专业教育理念的指导下,本书的特色主要体现在以下几个方面:

①采用基于工作过程,任务驱动的教学体系。

②以车工工作任务为中心,将专业知识和实际操作融入理实一体的教学内容中。

③教学内容循序渐进,分散学习难度,同时,为了适应机械类专业不同工种、不同层次的学生对教学内容的不同要求,本书把车工工种教学内容分为“初级篇”和“中级篇”。供各个学校教师选用,增强了教材的适应性。

④图文并茂,多以便于识读的图形来说明、展示教材内容,力图避免长篇文字叙述。

⑤为适应学生等级鉴定的需要,在附录中提供了“中级普通车工职业技能鉴定集训资料”。

本书的参考学时为354学时,各项目的参考学时参照下列学时分配表。

初级篇							
项　目	项目1	项目2	项目3	项目4	项目5	项目6	小计
学时分配	30	36	48	30	48	18	210
中级篇							
项　目	项目7	项目8	项目9	项目10	项目11	附录	小计
学时分配	24	24	24	36	36		144
总计学时354							

本书编写成员有重庆市涪陵职业教育中心胡志恒、殷安全、田方、彭广坤、夏小强，重庆市开县巨龙中等职业技术学校刘金红，重庆市綦江职业教育中心李朝伦，重庆市机械电子高级技工学校孙爱友，重庆市酉阳职业教育中心谭儒洪、田应炜，重庆市巫溪职业教育中心唐绍政、胡培清等。具体分工如下：谭儒洪编写项目1，田应炜编写项目2，胡志恒、彭广坤、夏小强编写项目3和项目8，孙爱友编写项目4和项目9，李朝伦编写项目5和项目10，刘金红编写项目6和项目7，唐绍政和胡培清编写项目11。

本书在编写过程中得到了重庆三爱海陵实业有限责任公司顾维良、王超英等老师的大力支持与协助，在此一并感谢！

由于编者水平有限，书中难免存在缺点和错误，恳请广大读者批评指正。

编 者
2013 年 6 月

目　录

注：教材中带“＊”号的内容可以作为选学内容。

初

级

篇

项目1

车削技术基础

●项目描述

本项目包含车床操纵及保养、车床操作入门、车刀初步选择及刃磨、小轴典型工作任务训练等任务，学生在完成项目各任务的过程中，掌握车床的相关理论知识和简单台阶轴的操作技能。

●项目目标

知识目标：

●知道车床操纵及保养；

●理解轴类工件常用车刀几何角度及选择和刃磨；

●掌握车床操作入门；

●掌握轴类工件工量具的使用和选择。

技能目标：

●会根据轴类工件要求刃磨轴类工件车刀角度；

●能完成小轴典型零件的车削加工。

情感目标：

●通过完成本项目学习任务的体验过程，增强学生完成对本课程学习的自信心。

●项目实施过程

概述　普通车床加工

金属切削机床是用切削的方法将金属毛坯加工成机器零件的一种机器。它是制造机器的机器，人们习惯上称为机床。机床按照加工方式的不同又分为车床、刨床、铣床、磨床等。车削加工是机械行业最常见的加工方法，车床是切削加工中使用比较多的金属切削机床设备，占机床加工总量的50%以上。如图1.1所示为常见的普通车床CA6140车床。车削加工的原理是工件作旋转运动、车刀在水平面内移动（纵向移动、横向移动、斜向移动），从工件上去除多余的材料，从而获得所需的加工表面。

图1.1　CA6140型卧式车床的外形

任务1.1　车床操纵及保养

1.1.1　车床及加工范围

(1)车床简介

普通车床是能对轴、盘、环等多种类型工件进行多种工序加工的卧式车床，常用于加工工件的内外回转表面、端面和各种内外螺纹，采用相应的刀具和附件，还可进行钻孔、扩孔、攻丝和滚花等。普通车床是车床中应用最广泛的一种，约占车床类总数的65%，因其主轴以水平方式放置故称为卧式车床。

CA6140型普通车床的主要组成部件有：主轴箱、进给箱、溜板箱、刀架、尾座、光杆、丝杠和床身。详见图1.2中CA6140型卧式车床的结构及功能。

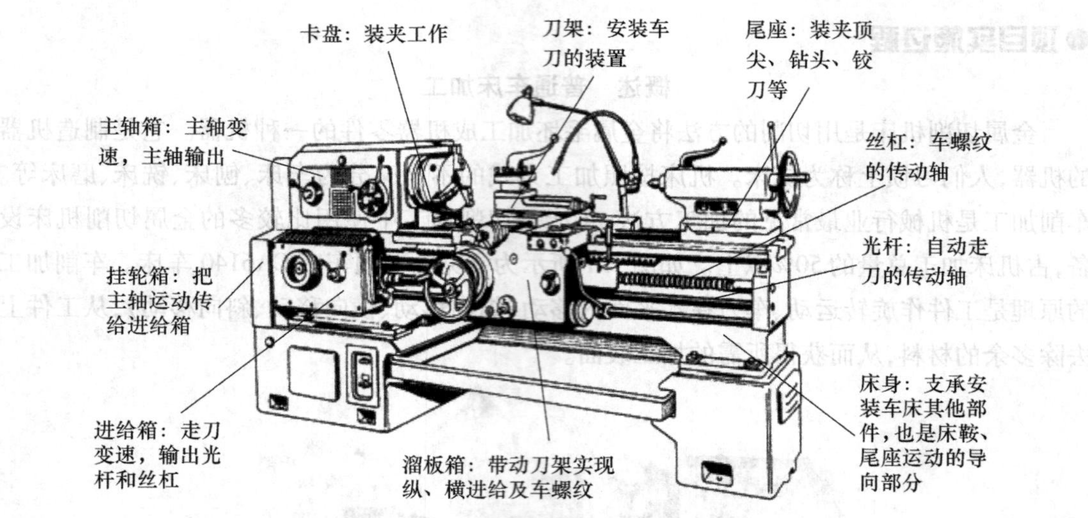

图 1.2 CA6140 型卧式车床的结构及功能

(2)车床工作范围

车削加工主要完成的工作如图 1.3 所示。

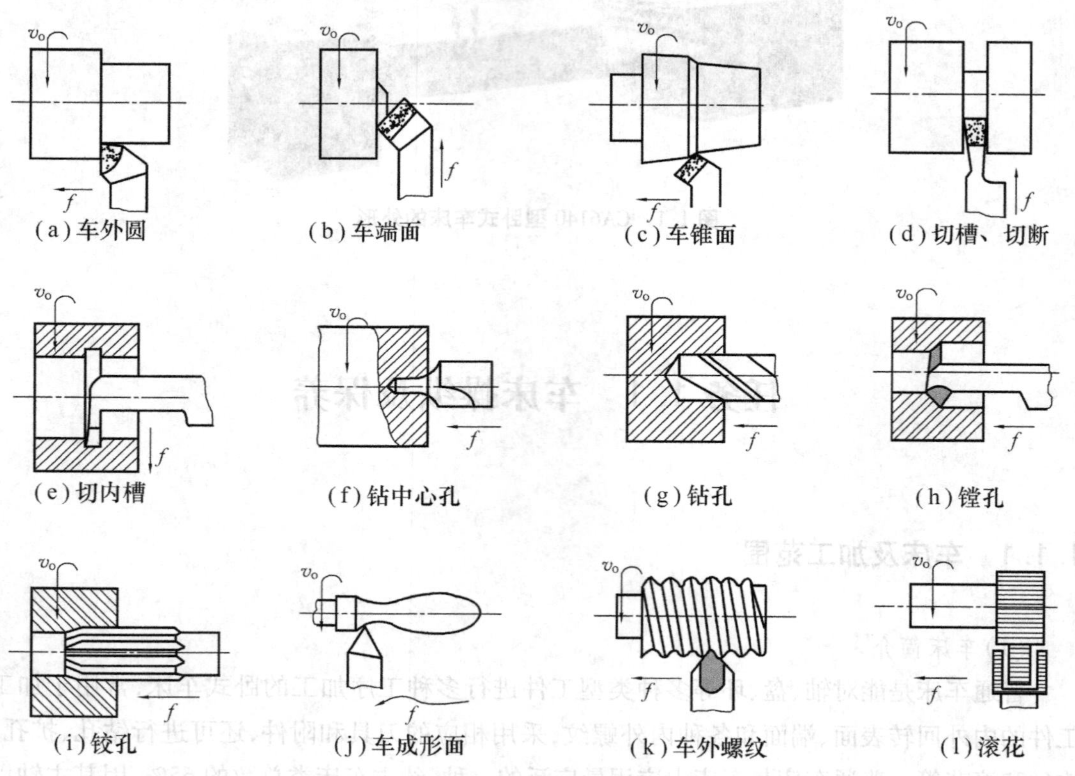

图 1.3 车床工作范围

1.1.2 车床运动

(1)车床运动

要用刀具从工件毛坯上切除多余的金属,使其成为具有一定形状和尺寸的零件,刀具和工件之间必须具有一定的相对运动,这种相对运动称为切削运动。工件的旋转运动称为主运动。车刀在水平面内的移动(纵向移动、横向移动、斜向移动)称为进给运动,如图1.4所示。

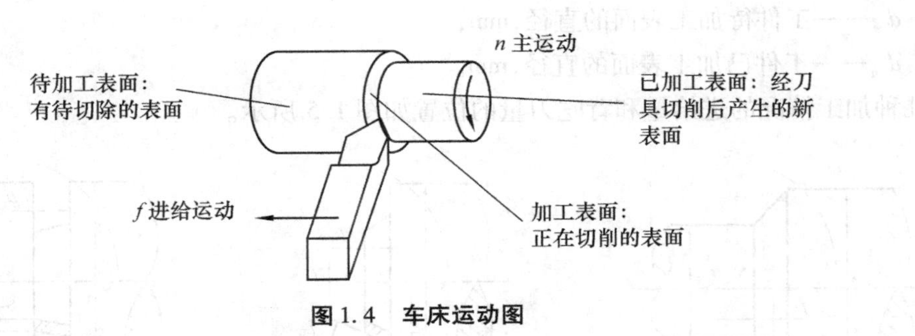

图1.4 车床运动图

车床依靠车刀和工件之间的相对运动来形成被加工零件的表面。

1)表面成形运动

工件的旋转运动:这是车床的主运动,是实现切削最基本的运动,其特点是速度高且消耗的动力较大。

刀具的直线移动:这是车床的进给运动。车外圆时,车刀沿平行于工件轴线的方向移动称纵向进给运动;车端面时,车刀沿垂直于工件轴线方向的移动称横向进给运动。

车削螺纹时,工件的旋转运动和刀具的直线移动形成复合的成形运动——螺旋运动。

2)辅助运动

车床还有切入(吃刀、进刀)运动,使刀具相对工件切入一定深度,达到工件所需的尺寸。此外,还有刀架纵、横向的快移运动。

(2)切削用量

切削用量是表示主运动及进给运动大小的参数,是背吃刀量、进给量和切削速度三者的总称,故又把这三者称为切削用量三要素。

1)切削速度V_c

切削刃选定点相对于工件的主运动的瞬时速度称为切削速度,以最大切削速度为准。

车削外圆时:$V_c = \dfrac{\pi \cdot D \cdot n}{1\,000}$

式中 n——主运动转速,r/min;

D——刀具或工件的最大直径,mm。

2)进给量f

工件或刀具每转一周时(或主运动一循环时),两者沿进给方向上相对移动的距离称为进给量,单位为mm/r。

3)背吃刀量a_p

主刀刃与工件切削表面接触长度在主运动方向及进给运动方向所组成的平面法线方向上测量的值,单位为mm。工件上待加工表面与已加工表面间的垂直距离。

车削外圆时:$a_p=\dfrac{d_w-d_m}{2}$

式中 d_w——工件待加工表面的直径,mm;

d_m——工件已加工表面的直径,mm。

几种加工情况的进给量和背吃刀量的位置如图1.5所示。

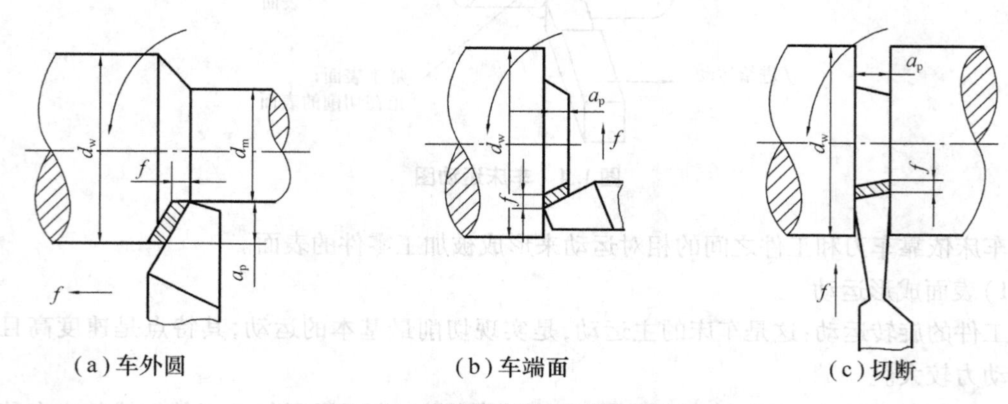

(a)车外圆　(b)车端面　(c)切断

图1.5 进给量和背吃刀量的位置

1.1.3 切削液

使用切削液是为了提高切削加工效果(增加切削润滑、降低切削区温度)。

(1)切削液的作用

1)冷却作用

切削液可带走车削时产生的大量热量,改善切削条件,起到冷却工件和刀具的作用。

2)润滑作用

切削液可渗透工件表面和刀具后刀面之间、切屑与刀具前刀面之间的微小间隙中,减小工件与后刀面和切屑与前刀面之间的摩擦力。

3)清洗作用

切削液有一定的能量,可把沾到工件和刀具上的细小切屑冲掉,防止拉毛工件,起到清洗作用。

(2)切削液选择

1)粗车

粗车时,加工余量较大,因而切削深度和进给量都较大,切削阻力大,产生大量切削热,刀具磨损也较严重,主要应选用有冷却作用并具有一定清洗、润滑和防锈作用的水基切削液,将切削热及时带走,降低切削温度,从而提高刀具耐用度。一般选用极压乳化液效果更好。极压乳化液除冷却性能好之外,还具备良好的极压润滑性。使用水基切削液要注意机床导轨面的保养,下班前要将工作台上的切削液擦干,涂上润滑油。

2)精车

精车时,切削余量较小,切削深度一般只有0.05~0.8 mm,进给量也小,要求保证工件的精度和表面粗糙度。精车时由于切削力小,温度不高,因此宜采用摩擦系数低,润滑性能好的切削液,一般采用高浓度(质量分数10%以上)的乳化液和含油性添加剂的切削液为宜。对于精度要求很高的车削,如精车螺纹,要采用菜籽油、豆油或其他产品作润滑液才能达到精度要求。正如上面所提到的,由于植物油稳定性差,易氧化,有的工厂采用(质量分数)JQ)-1精密切削润滑剂15%和L-AN32全损耗系统用油85%作为精密切削油,效果良好。

1.1.4 车床润滑

车床的润滑形式常用以下几种(见图1.6)。

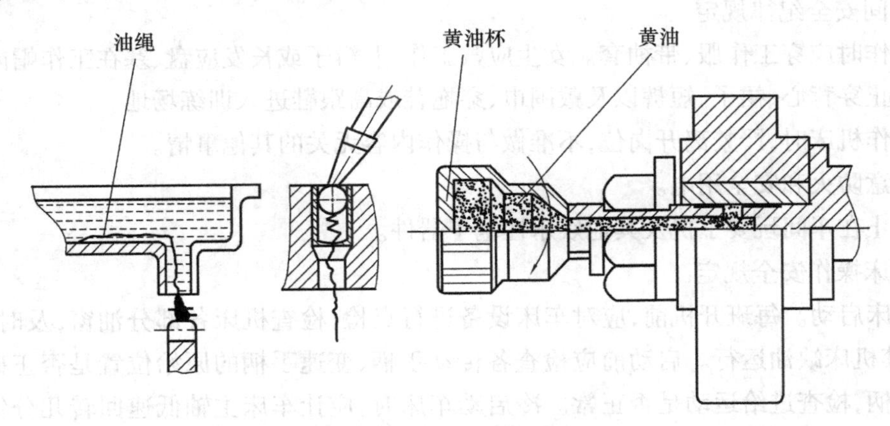

图1.6 车床的润滑

(1)浇油润滑

常用于外露的滑动表面,如导轨面和滑板导轨面等。

(2)溅油润滑

常用于密闭的箱体中。如车床的主轴箱中的传动齿轮将箱底的润滑油溅射到箱体上部的油槽中,然后经槽内油孔流到各润滑点进行润滑。

(3)油绳导油润滑

常用于进给箱和溜板箱的油池中。利用毛线即吸油又渗油的特性,通过毛线把油引入润滑点，间断地滴油润滑。

(4)弹子油杯注油润滑

常用于尾座、中滑板摇手柄，以及丝杠、光杆、开关杆支架的轴承处。定期的用油枪端头油嘴压下油杯上的弹子，将油注入。油嘴撤去，弹子又回复原位，封住注油口，以防尘屑入内。

(5)黄油杯润滑

常用于交换齿轮箱挂轮架的中间轴或不经常润滑处。事先在黄油杯中加满钙基润滑脂，需要润滑时，拧进油杯盖，则杯中的油脂就被挤压到润滑点中去。

(6)油泵输油润滑

常用于转速高、需要大量润滑油连续强制润滑的场合。如主轴箱内许多润滑点就是采用这种方式。

1.1.5 安全操作规程

安全文明生产是保障生产工人和机床设备的安全，防止工伤和设备事故的根本保证，也是搞好企业经营管理的内容之一。它直接影响人身安全、产品质量和经济效益，影响机床设备和工具、夹具、量具的使用寿命及生产工人技术水平的正常发挥。学生在学校期间必须养成良好的安全文明生产习惯。

(1)安全生产

1)车间安全纪律规定

①工作时应穿工作服、带袖套。女生应戴工作帽，辫子或长发应盘、塞在工作帽内。

②禁止穿背心、裙子、短裤以及戴围巾、穿拖鞋或高跟鞋进入训练场地。

③操作机床时，严禁离开岗位，不准做与操作内容无关的其他事情。

④注意防火和安全用电。

⑤禁止在车间玩耍手机及其他娱乐性电子器件。

2)车床操作安全规定

①车床启动。每班开机前，应对车床设备进行点检；检查机床各部分油窗，及时加注润滑油，严禁机床缺油运行。启动前应检查各传动手柄、变速手柄的原始位置是否正确，手摇各进给手柄，检查进给运动是否正常。冷启动车床时，应让车床主轴低速回转几分钟，以使车床润滑系统正常工作。

②装夹较重的工件时，应用木板保护床面。下班时若工件不卸下，应用千斤顶支承。

③机床操作中若出现异常现象，应及时停车检查；出现故障、事故应立即切断电源，及时申报，有专业人员检修，未修复不得使用。

④装卸工件、更换刀具、变换速度、测量加工表面时，必须先停车。

⑤使用的卡盘必须装有保险装置。工件装夹好后，卡盘扳手必须随即从卡盘上取下；工件和刀具必须装夹牢固，以防飞出伤人。

⑥不准戴手套操作车床或测量工件，应使用专用铁钩清除切屑，不得用手直接清除。

⑦棒料毛坯从车床主轴孔尾端伸出不能太长，并应使用料架或挡板，防止甩弯后伤人。

⑧高速车削、加工崩碎切屑材料时，应戴防护眼镜。

⑨操作车床时，必须集中精力，注意手、身体和衣服不要靠近回转中的部件，头不能离工件太近；严禁用棉纱擦抹回转中的工件。

⑩使用砂轮机刃磨刀具时，要戴上防护眼镜，且不准戴手套。

⑪工作结束后应认真擦拭车床、工具、量具和其他附件，使各物件归位。车床按规定加注润滑油，将床鞍摇至床尾一端，各手柄放置到空挡位置。清扫工作地，关闭电源。

(2)文明生产

按照生产现场6S管理(见图1.7)的要求，开展精益现场管理活动工作，养成文明生产的习惯，具体要求如下。

图1.7　生产现场6S管理

①整理(SEIRI)。是对现场滞留物的管理，主要是区分要与不要。不用的东西坚决清理出现场；不常用的东西放远点；偶尔使用的东西集中放在储备区；经常使用的东西放在作业区。

②整顿(SEITON)。对需要物品的整顿。重点合理布置，方便使用。

③清扫(SEISO)。制订出具体清扫值日表，责任到人，把现场打扫干净，创造一个明快舒畅的工作现场，以创造出一个优质、高效地工作环境。

④清洁(SEIKETSU)。整理、整顿、清扫的结果就是清洁。

⑤素养(SHITSUKE)。素养就是行为规范，提高素质就是养成良好的风气和习惯，自觉执行制度、标准和改善人际关系。

⑥安全(SECURITY)。建立起安全生产的环境，重视全员安全教育，每时每刻都有安全第一的观念，所有的工作应建立在安全的前提下，防患于未然。

1.1.6 车床操纵及保养训练

(1)车床操纵要求及训练

车床操纵要求及训练(见表1.1)。

表1.1 车床操纵要求及训练

课题	学习任务	操纵练习步骤	注意事项
车床操纵练习	1. 车间车床型号、规格、主要部件的名称和作用 2. 车床各部件传动系统 3. 床鞍(大拖板)、中滑板(中拖板)、小滑板(小拖板)的进退刀方向 4. 根据需要,按车床铭牌对各手柄位置进行调整 5. 车床维护、保养及文明生产和安全技术的知识	1. 床鞍、中滑板和小滑板摇动练习 (1)中滑板和小滑板慢速均匀移动,要求双手交替动作自如 (2)分清中滑板的进退刀方向,要求反应灵活,动作准确 2. 车床的启动和停止 练习主轴箱和进给箱的变速,变换溜板箱的手柄位置,进行纵横机动进给练习	1. 要求每台机床都具有防护设施 2. 摇动滑板时要集中注意力,作模拟切削运动 3. 倒顺电气开关不准连接,确保安全 4. 变换车速时,应停车进行 5. 车床运转操作时,转速要慢,注意防止左右前后碰撞,以免发生事故

(2)车床保养要求及训练

1)车床的日常保养(见表1.2)

表1.2 车床日常保养

步骤		1	2	3	4
日保养内容和要求	班前	擦净机床外露导轨面及滑动面的尘土	按规定润滑各部位	检查各手柄位置	空车试运转
	班后	将铁屑清扫干净	擦净机床各部位	部件归位	

2)车床的一级保养(见表1.3)

表1.3 车床的一级保养

序号	保养部位	一级保养内容和要求
1	床头箱	①拆洗滤油器。②检查主轴定位螺丝,调整适当。③调整摩擦片间隙和刹车带。④检查油质保持良好
2	刀架及拖板	①拆洗刀架、小拖板中溜板各件。②安装时调整好中溜板、小拖板的丝杠间隙和塞铁间隙
3	挂轮箱	①拆洗挂轮及挂轮架并检查轴套有无松动现象。②安装时调整好齿轮间隙并注入新油脂

续表

序号	保养部位	一级保养内容和要求
4	尾座	①拆洗尾座各部。②清除研伤毛刺,检查丝扣、丝母间隙。③安装时要求达到灵活可靠
5	走刀箱溜板箱	清洗油线,注入新油
6	外表	①清洗机床外表及死角,拆洗各罩盖要求内外清洁、无锈蚀、无黄泡,漆见本色铁见光。②清洗三杠及齿条,要求无油污。③检查补齐螺钉、手球、手板
7	润滑冷却	①清洗冷却泵、冷却槽。②检查油质保持良好,油杯齐全。油窗明亮。③清洗油线、油毡,注入新油要求油路畅通
8	电器	清扫电机及电器箱内外尘土

(3)评分标准及记录表(见表1.4)

表1.4 评分标准及记录表

类别	测验项目	配分	学生自评		学生互评		教师评分	
			检测	得分	检测	得分	检测	得分
车床操作40	中滑板和小滑板慢速均匀移动,要求双手交替动作自如	8						
	分清中滑板的进退刀方向,要求反应灵活,动作准确	8						
	练习主轴箱和进给箱的变速	8						
	变换溜板箱的手柄位置	8						
	进行纵横机动进给练习	8						
车床保养40	擦净机床外露导轨面及滑动面尘土	8						
	按规定润滑各部位	8						
	擦净机床各部位	8						
	将铁屑全部清扫干净,清扫场地	8						
	部件归位	8						
安全纪律20	纪律、安全文明操作	20						
合计		100						

任务1.2　车床操作入门(一)

1.2.1　简单工件和刀具的装夹

(1)三爪自定心卡盘使用及装拆(见图1.8)

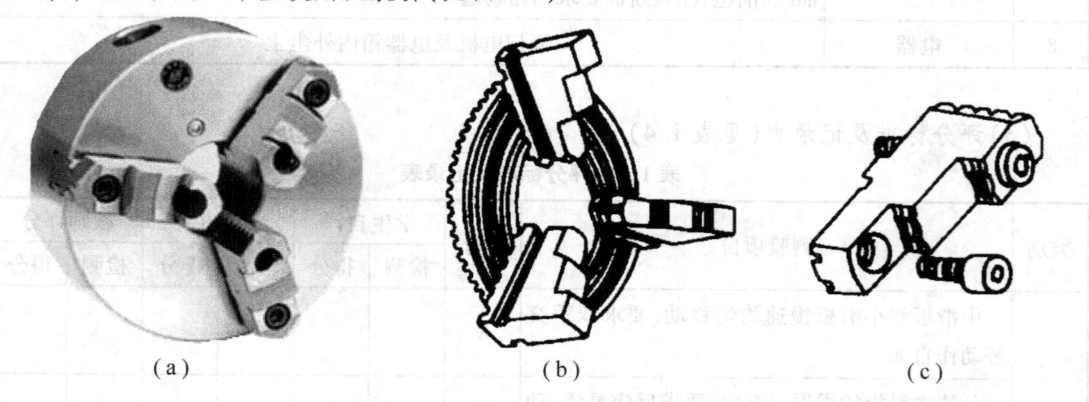

(a)　　(b)　　(c)

图1.8　三爪自定心卡盘使用及装拆

1)定心卡盘的规格

常用的公制自定心卡盘规格有:$\phi160$、$\phi200$、$\phi250$、$\phi320$、$\phi400$。

2)自定心卡盘的拆装步骤

装3个卡爪的方法。装卡盘时,用卡盘扳手的方榫插入小锥齿轮的方孔中旋转、带动大锥齿轮的平面螺纹转动。当平面螺纹的螺口转到将要接近壳体槽时,将1号卡爪装入壳体槽内。其余两个卡爪按2号、3号顺序装入,装的方法与前相同。

3)卡盘在主轴上装卸练习

①装卡盘时,首先将连接部分擦净,加油确保卡盘安装的准确性。

②卡盘旋上主轴后,应使卡盘法兰的平面和主轴平面贴紧。

③卸卡盘时,在操作者对面的卡爪与导轨面之间放置一定高度的硬木块或软金属,然后将卡爪转至近水平位置,慢速倒车冲撞。当卡盘松动后,必须立即停车,然后用双手把卡盘旋下。

4)注意事项

①在主轴上安装卡盘时,应在主轴孔内插一铁棒,并垫好床面护板,防止砸坏床面。

②安装3个卡爪时,应按逆时针方向顺序进行,并防止平面螺纹转过头。

③装卡盘时,应切断车床电源,以防危险。

(2)外圆车刀和切断刀的装夹

1)外圆车刀的装夹要求

车刀安装正确与否,直接影响切削能否顺利进行和工件的加工质量,因此车刀必须正确牢固地安装在刀架上,安装车刀应注意下列几点:

①刀头不宜伸出太长,否则切削时容易产生振动,影响工件加工精度和表面粗糙度,一般刀头伸出不超过刀杆厚度的1~1.5倍,能看见刀尖车削即可(见图1.9(a))。

②刀尖应与车床主轴中心线等高。车刀装得太高,后角减小,前角增大,切削不顺利,会使刀尖崩碎,刀尖的高低,可根据尾架顶尖高低来调整车刀的安装。

2)切断刀的装夹要求

①切断刀不宜伸出过长,同时切断刀的中心线必须装得与工件轴线垂直,以保证两副偏角的对称(见图1.9(b))。

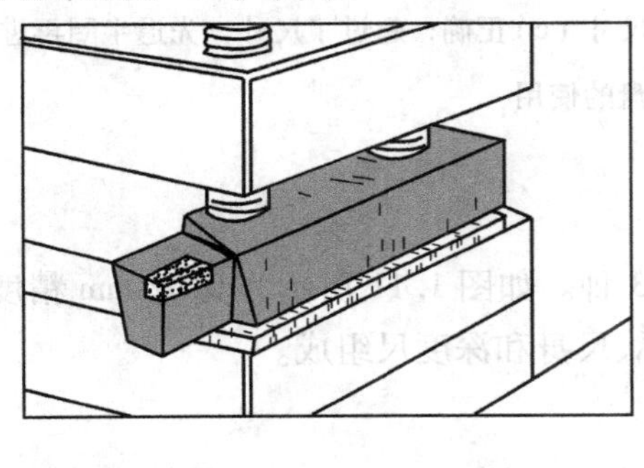

(a)外圆车刀的安装

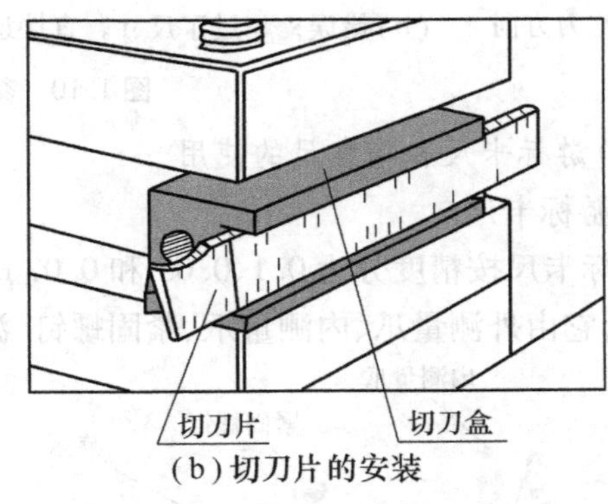

(b)切刀片的安装

图1.9　车刀的安装

②切断实心工件时,切断刀必须装得与工件轴线等高,否则不能切到中心,而且容易崩刃甚至折断车刀。

③切断刀底平面如果不平,安装时会引起两副后角不对称。

1.2.2　简单尺寸控制与测量

(1)刻度盘的使用

1)刻度盘及刻度盘手柄的使用

车削时,为了正确和快速地掌握切削深度,必须熟练地使用中拖板和小拖板上的刻度盘。

中刀架上的刻度盘是紧固在中刀架丝杠轴上,丝杠螺母是固定在中刀架上,当中刀架上的手柄带着刻度盘转一周时,中刀架丝杠也转一周,这时丝杠螺母带动中刀架移动一个螺距。因此中刀架横向进给的距离(即切深),可按刻度盘的格数计算:

$$a = \frac{p}{n}$$

式中 a——刻度盘转一格车刀移动距离,mm;

P——中拖板丝杠螺距,mm;

n——刻度盘总刻线格数。

小拖板刻度原理与中拖板刻度原理相同。

2)刻度盘应用

刻度盘的应用应注意消除丝杠和螺母之间的间隙,防止产生空行程如图 1.10 所示。

(a)吃刀方向 (b)错误:超过了尺寸,直接退至尺寸 (c)正确:超过了尺寸,先退半圈再进到尺寸

图 1.10 刻度盘的使用

(2)游标卡尺和钢直尺的使用

1)游标卡尺

游标卡尺按精度分为 0.1、0.05 和 0.02 mm 3 种。如图 1.11 所示为 0.02 mm 精度的游标卡尺,它由外测量爪、内测量爪、紧固螺钉、游标、尺身和深度尺组成。

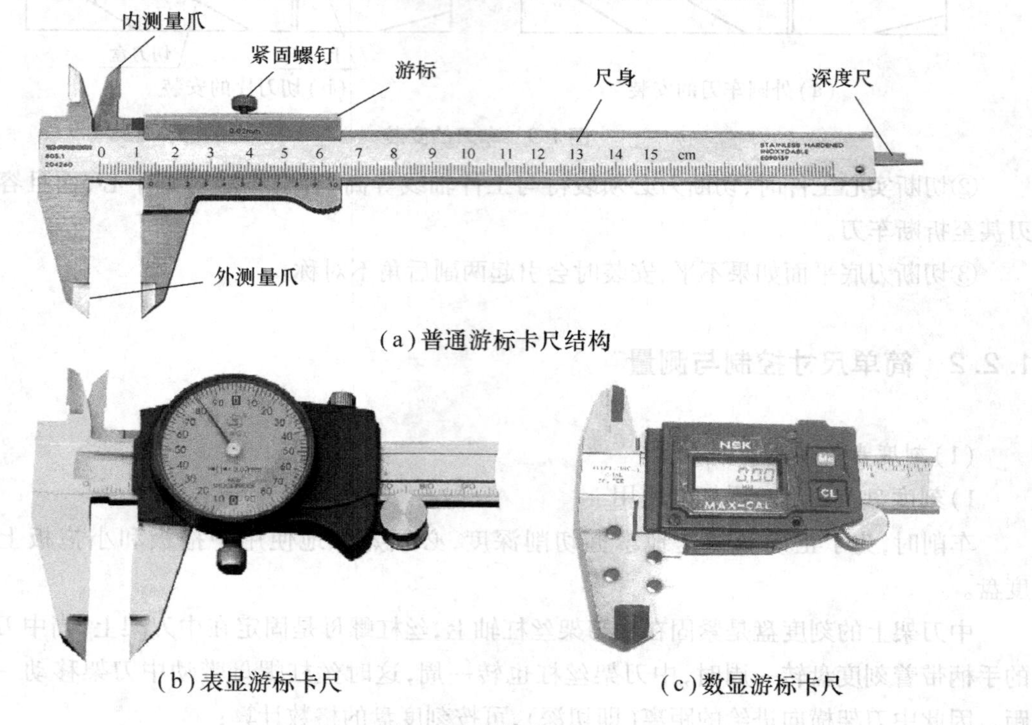

(a)普通游标卡尺结构

(b)表显游标卡尺 (c)数显游标卡尺

图 1.11 游标卡尺

当游标尺上的两个量爪合拢时，副尺上的50格刚好与主尺上的49 mm对正，如图1.12所示。

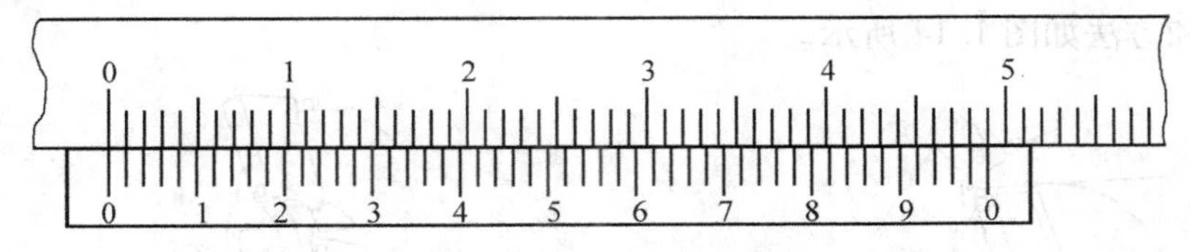

图1.12　游标卡尺原理

主尺上每一小格是1 mm，则副尺上每一小格是$\frac{49}{50}$ mm = 0.98 mm。

因此，主尺与副尺每格之差为：

$$1\ \text{mm} - \frac{49}{50}\ \text{mm} = 0.02\ \text{mm}$$

此差值即为1/50 mm游标卡尺的测量精度。

若一个物体0.02 mm厚，则会出现游标卡尺副尺上的第一条刻度线与主尺上的第一条刻度线对齐。

若一个物体0.04 mm厚，则会出现游标卡尺副尺上的第二条刻度线与主尺上的第二条刻度线对齐。

以此类推。

游标卡尺读数方法如下：

①找游标卡尺的精度。精度 = 1/分度数（即游标尺上的总刻度数）。

②读主尺：读出副尺零线左边与主尺相邻的第一条刻线的整毫米数，其为所测尺寸的整数值。

③读副尺（游标尺）：游标尺上第n个刻度与主尺某刻度对齐，则所测的小数部分读数为$n\times$精度，小数点的位数与精度一致。

④把整毫米数和毫米小数加起来，即为所测零件的尺寸数值。

如图1.13（a）所示游标卡尺的读数为11.18 mm；如图1.13（b）所示游标卡尺的读数为100.86 mm。

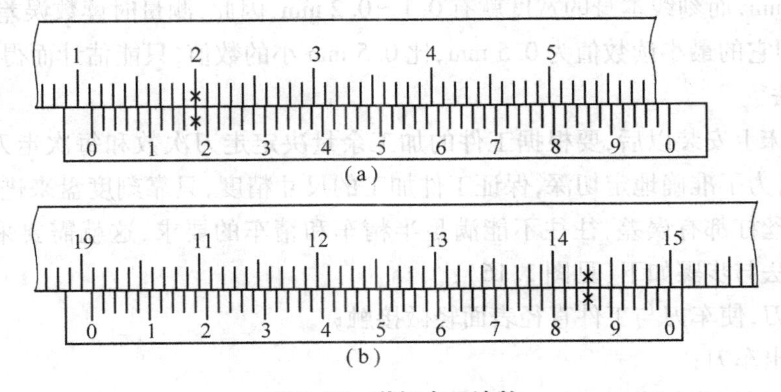

图1.13　游标卡尺读数

2)游标卡尺的使用方法和测量范围

游标卡尺的测量范围很广,可以测量工件外径、孔径、长度、深度以及沟槽宽度等,测量工件的姿势和方法如图 1.14 所示。

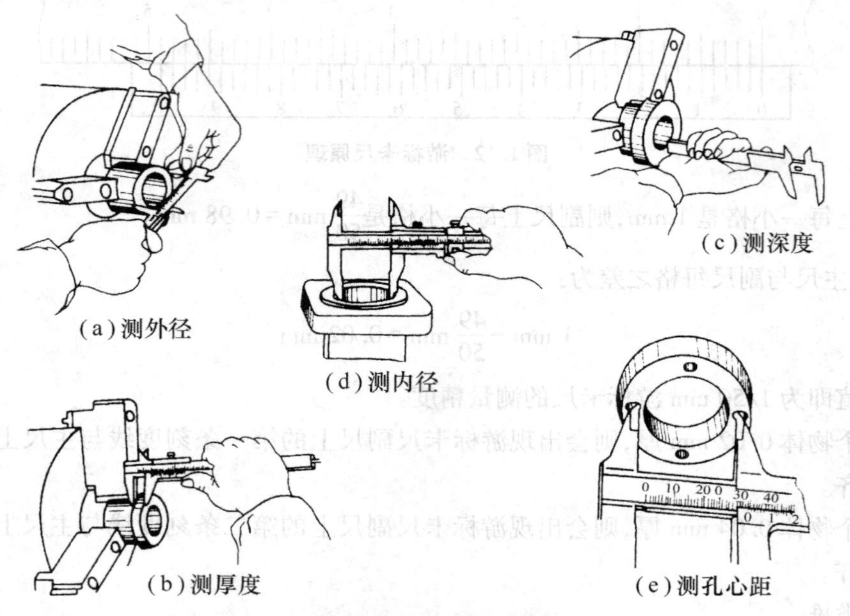

图 1.14 游标卡尺的使用方法

3)钢直尺

钢直尺是最简单的长度量具,它的长度有 150、300、500、1 000 mm 4 种规格(见图 1.15)。

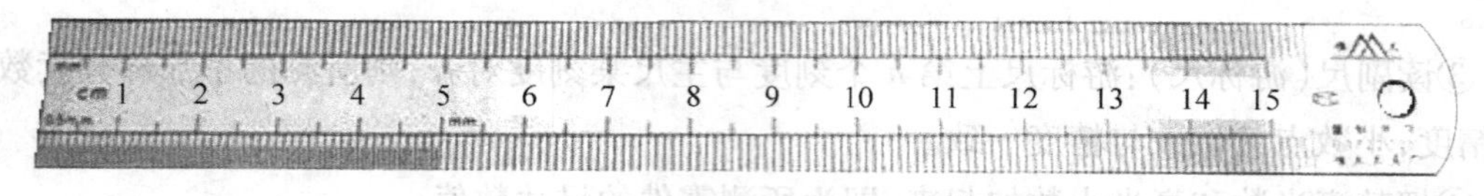

图 1.15 150 mm 钢直尺

钢直尺用于测量零件的长度尺寸,它的测量结果不太准确。这是由于钢直尺的刻线间距最小为 0.5 mm,而刻线本身的宽度就有 0.1 ~0.2 mm,因此,测量时读数误差比较大,只能读出毫米数,即它的最小读数值为 0.5 mm,比 0.5 mm 小的数值,只能估计而得。

(3)试切法

工件在车床上安装以后,要根据工件的加工余量决定走刀次数和每次走刀的切深。半精车和精车时,为了准确地定切深,保证工件加工的尺寸精度,只靠刻度盘来进刀是不行的。因为刻度盘和丝杠都有误差,往往不能满足半精车和精车的要求,这就需要采用试切的方法。试切的方法与步骤如下(见图 1.16):

①开车对刀,使车刀与工件直径表面轻微接触;

②向右退出车刀;

③横向进刀(记住刻度);

④切削纵向长度为 1 ~ 3 mm；

⑤向右快速退出车刀，进行测量；

⑥调整吃刀刻度。

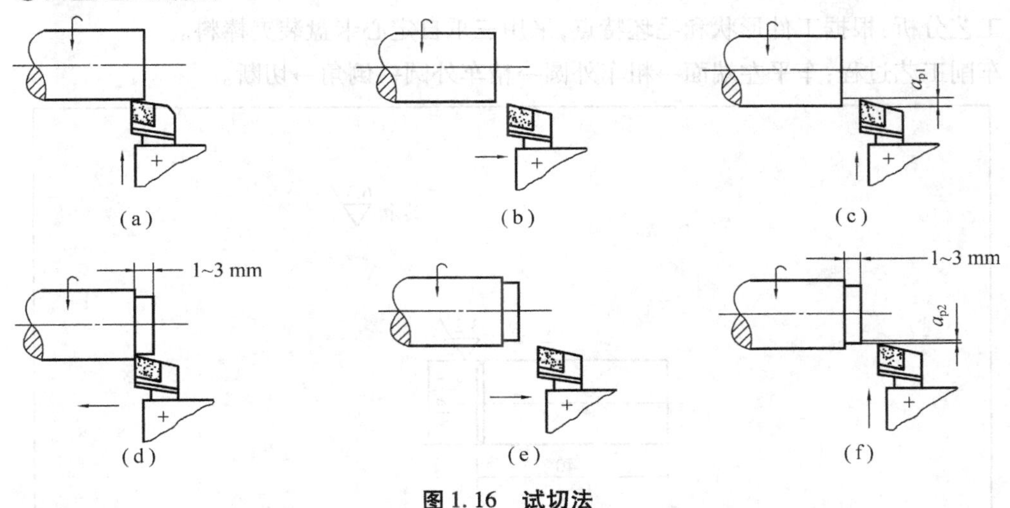

图 1.16 试切法

以上是试切的一个循环，如果尺寸还大，则进刀仍按以上的循环进行试切，如果尺寸合格了，就按确定下来的切深将整个表面加工完毕。

1.2.3 切削用量的初步选择

(1)切削用量选择的意义

合理选择切削用量，可以充分发挥机床的功率(kW)、机床的运动参数(n、f、v_f)、冷却润滑系统、操作系统的功能，可以充分发挥刀具的硬度、耐磨性、耐热性、强度及刀具的几何参数等切削性能，也可以提高产品的加工质量、效率，降低加工成本，确保生产操作安全。

(2)切削用量选择的原则

粗加工时，为充分发挥机床和刀具的性能，以提高金属切除量为主要目的，应选择较大的切削深度、较大的进给量和适当的切削速度。

精加工时，应主要考虑保证加工质量，并尽可能的提高加工效率，应采用较小的进给量和较高的切削速度。

在切削加工性差的材料时，由于这些材料硬度高、强度高、导热系数低，必须首先考虑选择合理的切削速度。

1.2.4 技能训练——光轴车削

如图 1.17 所示为一个光轴零件，毛坯为 ϕ20、Q235 棒料。

(1)零件工艺分析

形状分析:本工件外形简单。

精度分析:本工件加工精度要求低,注意粗、精分开。

工艺分析:根据工件形状和毛坯特点,采用三爪自定心卡盘装夹棒料。

车削工艺过程:车平左端面→粗车外圆→精车外圆→倒角→切断。

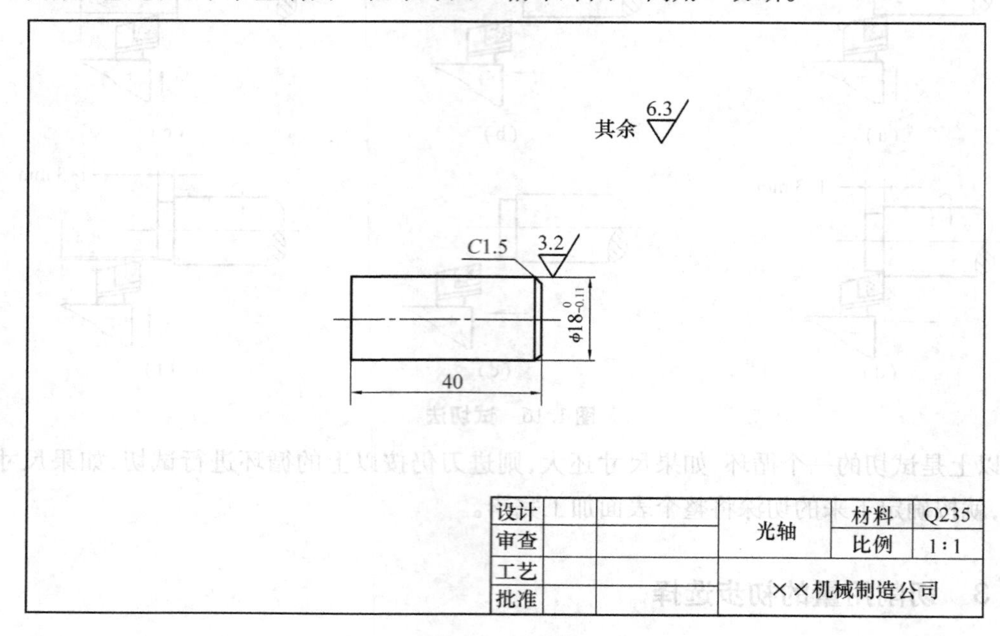

图 1.17 光轴

(2)工量具清单(见表 1.5)

表 1.5 工量具清单

类 型	名称、规格	备 注
夹具	三爪自定心卡盘;切刀盒	
量具	游标卡尺 0 ~ 150 mm;钢直尺 150 mm	
刀具	90°偏刀 YT5;45°车刀 YT5;3 mm 切刀片	

(3)工艺步骤

加工工艺过程见表 1.6。

表 1.6 光轴车削工艺过程

工序	工步	加工内容	加工图形效果	操作要点
车	1	车平端面		用45°弯头车刀车平端面,不留凸头
	2	粗车外圆 $\phi18.5$		用试切法控制尺寸
	3	精车外圆 $\phi18_{0}^{0.11}$		用试切法控制尺寸

续表

工序	工步	加工内容	加工图形效果	操作要点
车	4	倒角 $C1.5$		
	5	切断长度 40		用刻线法控制总长
检验				

(4)评分标准及记录表(见表1.7)

表1.7 评分标准及记录表

尺寸类型及权重	尺寸	配分	学生自评		学生互评		教师评分	
			检测	得分	检测	得分	检测	得分
长度尺寸 20	40	20						
直径 30	$\phi18_{0}^{0.11}$	30						
表面粗糙度 30	$R_a3.2$	15						
	$R_a6.3$	15						
安全纪律 20	安全	10						
	纪律	10						
合计		100						

注:每个精度项目检测超差不得分。

任务1.3 车刀初步及刃磨

1.3.1 常用车刀

(1)常用车刀材料

目前车刀切削部分的常用材料有高速钢和硬质合金两大类。

高速钢是含有W、Mo、Cr、V等合金元素较多的合金工具钢,热处理后硬度为62~66 HRC,抗弯强度约为33 GPa,耐热性为600 ℃左右。高速钢又可分为普通高速钢、高性能高速钢、粉末冶金高速钢及涂层高速钢。常用牌号有W18Cr4V、W6Mo5Cr4V2。

硬质合金:由硬度和熔点很高的碳化物(硬质相,如WC、TiC、TaC、NbC等)和金属(黏结相,如Co、Ni、Mo等)通过粉末冶金工艺制成的。硬质合金按加工对象和切削时排出切削形状可分为3类,其中YG主要用于脆性材料,YT用于碳钢类塑性材料,YW用于不锈钢等难加工材料。

(2)常用车刀种类

车刀按其车削的内容不同分外圆车刀、端面车刀、切断刀、内孔车刀、成形车刀和螺纹车刀(见图 1.18)等。

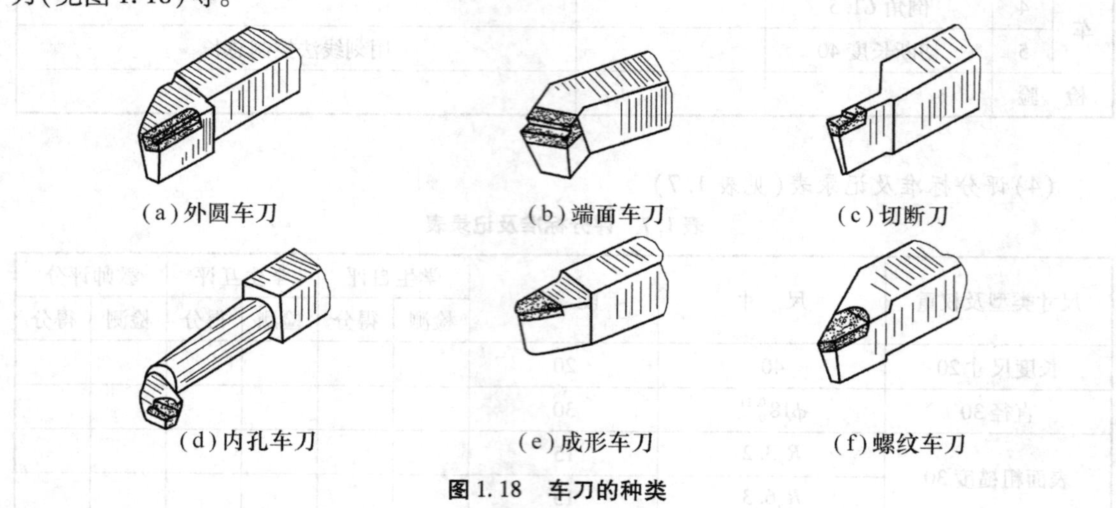

图 1.18 车刀的种类

(3)常用车刀用途

90°车刀又称为偏刀,主要用来车削外圆、端面和阶台。75°车刀用来粗车外圆。45°车刀又称弯头刀,主要用来车外圆、端面和倒角。切断刀用来切断、车槽。成形刀用来车削成形面。螺纹车刀用来车削螺纹,如图 1.19 所示。

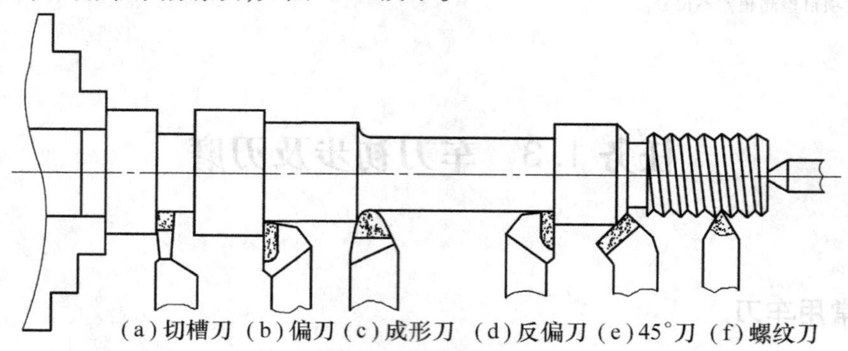

图 1.19 车刀的用途

(4)硬质合金机夹式车刀

机夹车刀的优点在于避免焊接引起的缺陷,刀柄能多次使用,刀具几何参数设计选用灵活。如采用集中刃磨,对提高刀具质量、方便管理、降低刀具费用等方面都有利,机夹车刀可用于加工外圆、端面、内孔,其中车槽车刀、螺纹车刀、刨刀方面应用较为广泛。

1.3.2 车刀的主要角度及车刀角度初步选择

(1)车刀的组成

车刀由刀体和刀柄两部分组成,刀体担负切削任务,因此又称切削部分,刀柄的作用是

把车刀装夹在刀架上。如图1.20所示为车刀的组成图。

①前面(又称前刀面)。刀具上切屑排出时经过的表面。

②后刀面又分主后刀面和副后刀面。主后刀面是和工件上过渡表面相对的车刀刀面;副后刀面是和工件上已加工表面相对的车刀刀面。

③主切削刃。前刀面和主后面相交部位,担负着主要的切削工作。

④副切削刃。前刀面和副后面相交部位,配合主切削刃完成少量的切削工作。

⑤刀尖。主切削刃和副切削刃相交的部位。为提高刀尖的强度,常把刀尖部分磨成圆弧形或直线形,圆弧或直线部分的刀刃称过渡刃(见图1.21)。

⑥修光刃。副切削刃前段近刀尖处的一段平直刀刃称修光刃(见图1.22),装夹车刀时只有把修光刃与进给方向平行,且修光刃的长度大于进给量时才能起到修光工件表面的作用。

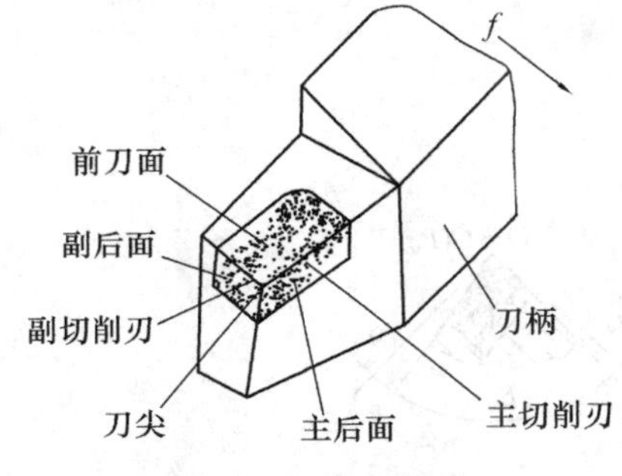

图1.20 车刀组成

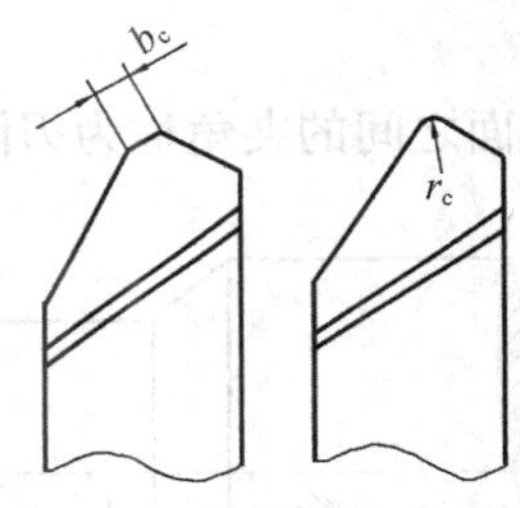

图1.21 车刀的过渡刃

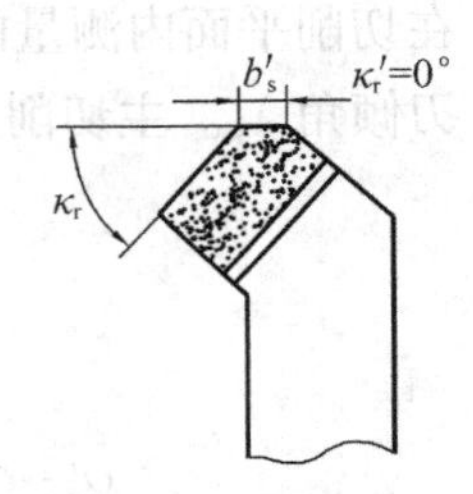

图1.22 车刀的修光刃

(2)确定车刀角度的辅助平面

为了较准确定义车刀设计、制造、刃磨和测量时的参考系,假设了3个辅助平面,即基面、切削平面和截面(见图1.23)。

①基面 P_r。过车刀主切削刃上一个选定点,并与该点切削速度方向垂直的平面称为基面。

②切削平面 P_s。过车刀主切削刃上一个选定点,并与工件过渡表面相切的平面称为切削平面。

③截面。截面有主截面 P_o 和副截面 P_o' 之分(见图1.24)。过车刀主切削刃上一个选定点,垂直于过该点的切削平面与基面的平面称主截面。

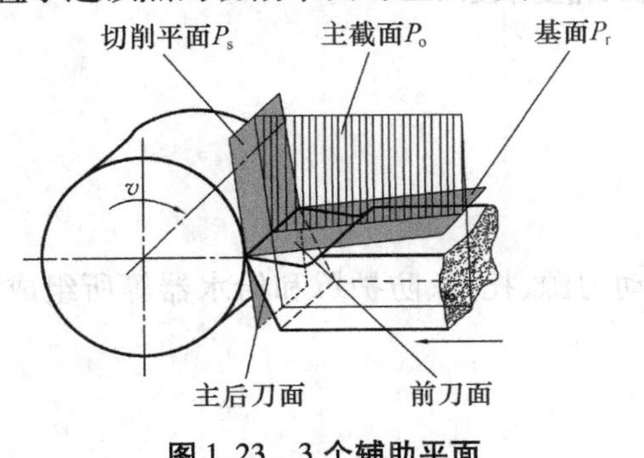

图1.23 3个辅助平面

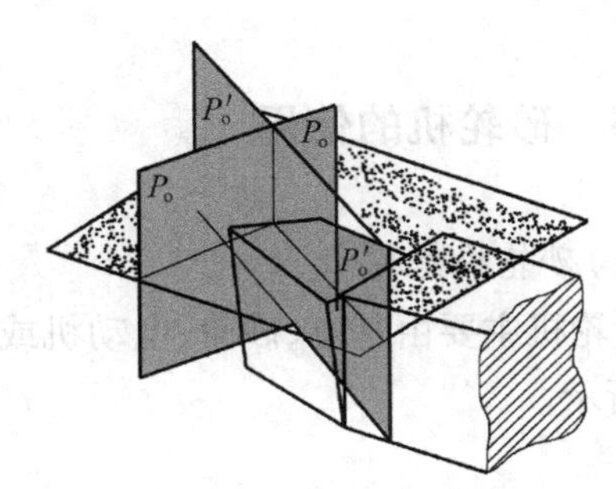

图1.24 主截面和副截面

(3)车刀角度

典型外圆车刀及角度标注如图 1.25 所示。

在主截面内测量的角度：

①前角 γ_o。前刀面与基面之间的夹角称为前角。

②后角 α_o。后刀面与切削平面之间的夹角称为后角。在主截面内测量的为主后角 α_o，在副截面内测量的后角称为副后角 α_o'。

③楔角 β_o。前刀面与后刀面之间的夹角称为楔角，可以看出：$\gamma_o+\alpha_o+\beta_o=90°$。

在基面内测量的角度：

①主偏角 κ_r。主切削刃在基面内的投影与进给方向的夹角称为主偏角。

②副偏角 κ_r'。副切削刃在基面的投影与背离进给方向的夹角称为副偏角。

③刀尖角 ε_r。主切削刃与副切削刃在基面内的投影之间的夹角称为刀尖角，图中可以看出：$\kappa_r+\kappa_r'+\varepsilon_r=180°$。

在切削平面内测量的角：

刃倾角 λ_s。主切削刃与基面之间的夹角称为刃倾角。

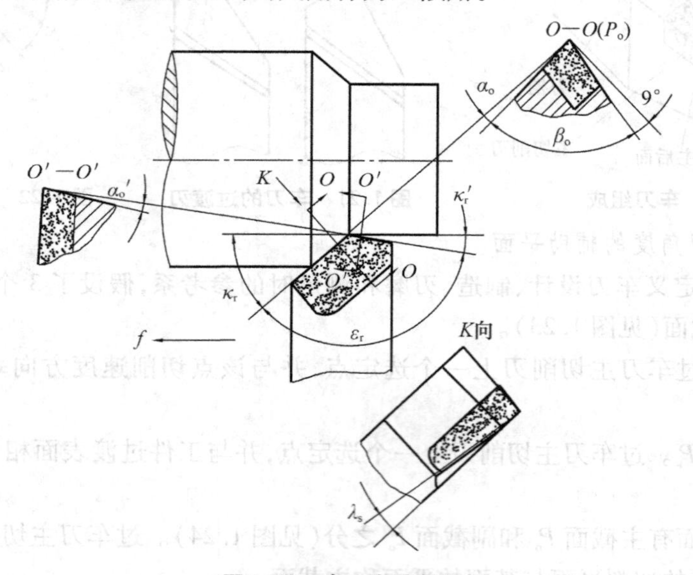

图 1.25 车刀角度标注

1.3.3 砂轮机的使用

(1)砂轮机结构

砂轮机主要由基座、砂轮、电动机或其他动力源、托架、防护罩和给水器等所组成，如图 1.26 所示。

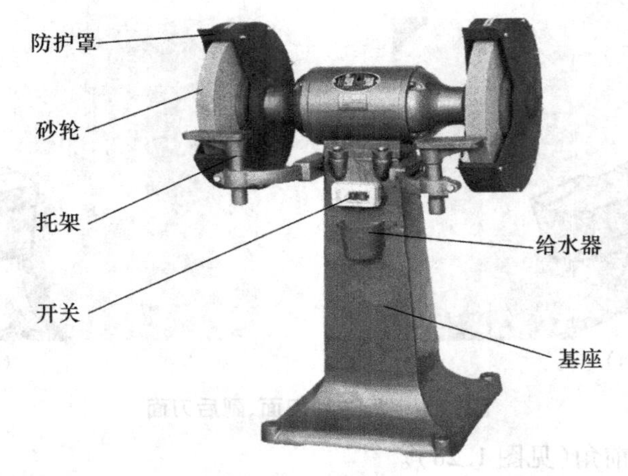

图 1.26　砂轮机

(2)砂轮机安全操作规程

砂轮机安全操作规程如下：

①砂轮机的旋转方向要正确，只能使磨屑向下飞离砂轮。砂轮机必须装有防护罩。

②砂轮机启动后，应在砂轮机旋转平稳后再进行磨削。若砂轮机震动明显，应及时停机修整。

③砂轮机托架和砂轮之间应保持 3 mm 的距离，以防止工件扎入造成事故。刃磨时，刀头不能往下掉，以免卷入砂轮罩中发生严重事故。

④磨削时应站在砂轮机的侧面或侧前面，且用力不宜过大。

⑤安装前如发现砂轮的质量、硬度、粒度和外观有裂缝等缺陷时，不能使用。禁止磨削紫铜、铅、木头等东西，以防砂轮嵌塞。

⑥刃磨车刀时，要戴好防护眼镜，不准戴手套操作。吸尘机必须完好有效，如发现故障，应及时修复，否则应停止磨刀。

1.3.4　车刀刃磨要求

(1)砂轮选择

工厂常用的磨刀砂轮有两种：一种是氧化铝砂轮；另一种是绿色的碳化硅砂轮。氧化铝砂轮砂粒的韧性好，比较锋利但硬度较低，适用于刃磨高速钢车刀及硬质合金的刀柄部分。碳化硅砂轮的砂粒硬度高、切削性能好，但比较脆，适用于刃磨硬质合金车刀。

(2)车刀的刃磨步骤

以硬质合金 90°偏刀刃磨为例。

①粗磨：刃磨主后刀面控制主偏角和主后角，刃磨副后刀面控制副偏角和副后角(见图 1.27)，刃磨前刀面控制刃倾角。

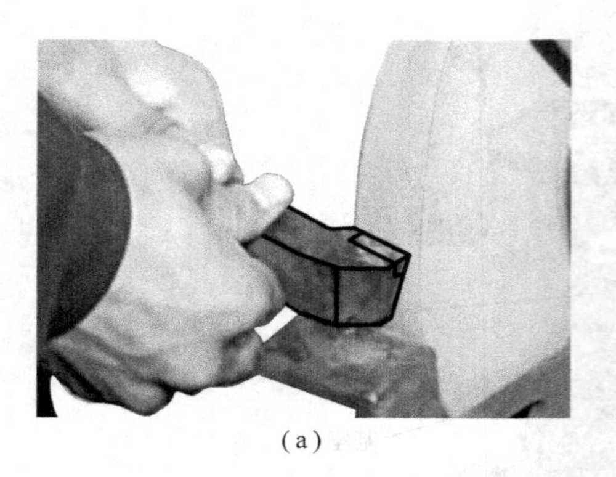
(a)

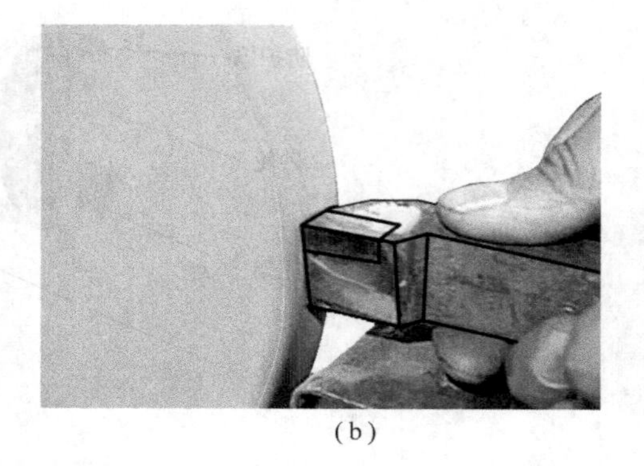
(b)

图 1.27　磨主后刀面、副后刀面

②磨断屑槽控制前角(见图 1.28)。

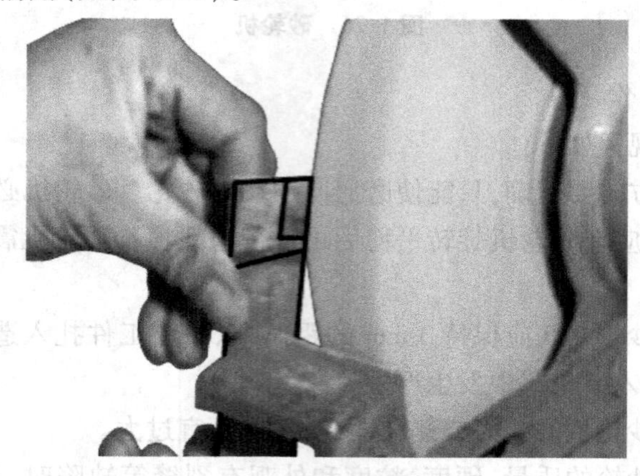

图 1.28　断屑槽的磨削方法

③精磨刀头前刀面、主后刀面和副后刀面,使其符合要求。

④刃磨刀尖控制过渡刃(修光刃),刃磨主刀刃控制负倒棱(见图 1.29)。

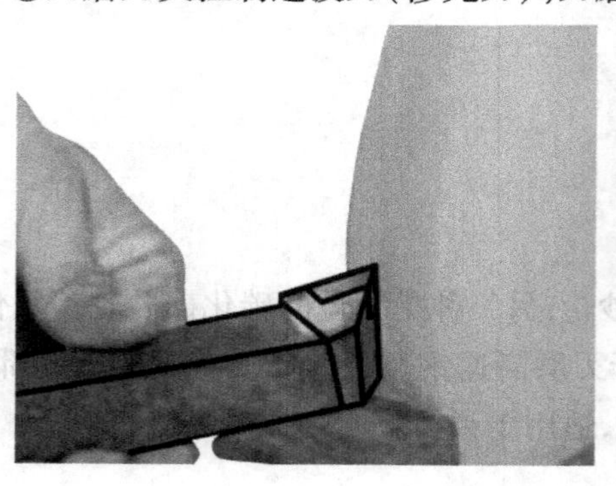

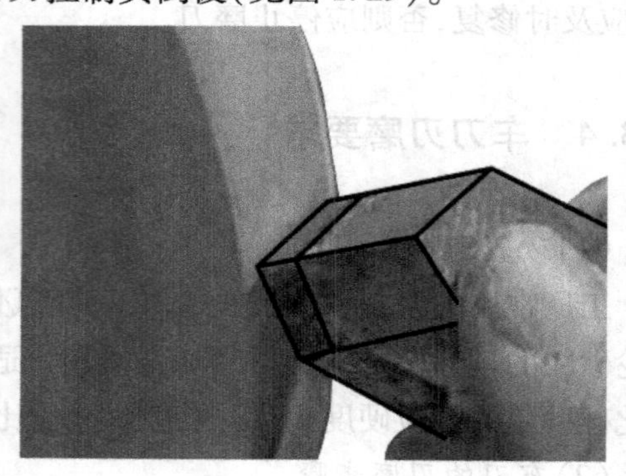

图 1.29　磨过渡刃、负倒棱

刃磨高速钢车刀时一定要注意刀体部分的冷却,防止因磨削温度过高造成车刀退火;刃磨硬质合金车刀一般不用冷却,若刀柄太热可将刀柄浸在水中冷却,绝不允许将高温刀体沾水,以防止刀头断裂。

1.3.5　外圆车刀、切刀刃磨训练

(1)车刀刃磨练习器材清单(见表1.8)

表1.8　车刀刃磨练习器材清单

类　型	名称、规格	备　注
设备	砂轮机、氧化铝和绿色碳化硅砂轮片	
量具	游标卡尺0~150 mm;钢直尺150 mm	
练习毛坯	废刀杆、废锉刀	
刀具	90°偏刀YT5、高速钢3 mm切刀片毛坯	

(2)刃磨外圆车刀

45°和90°偏刀外圆车刀工作图如图1.30所示,先用废刀杆材料刃磨,角度正确后再用硬质合金车刀刃磨。

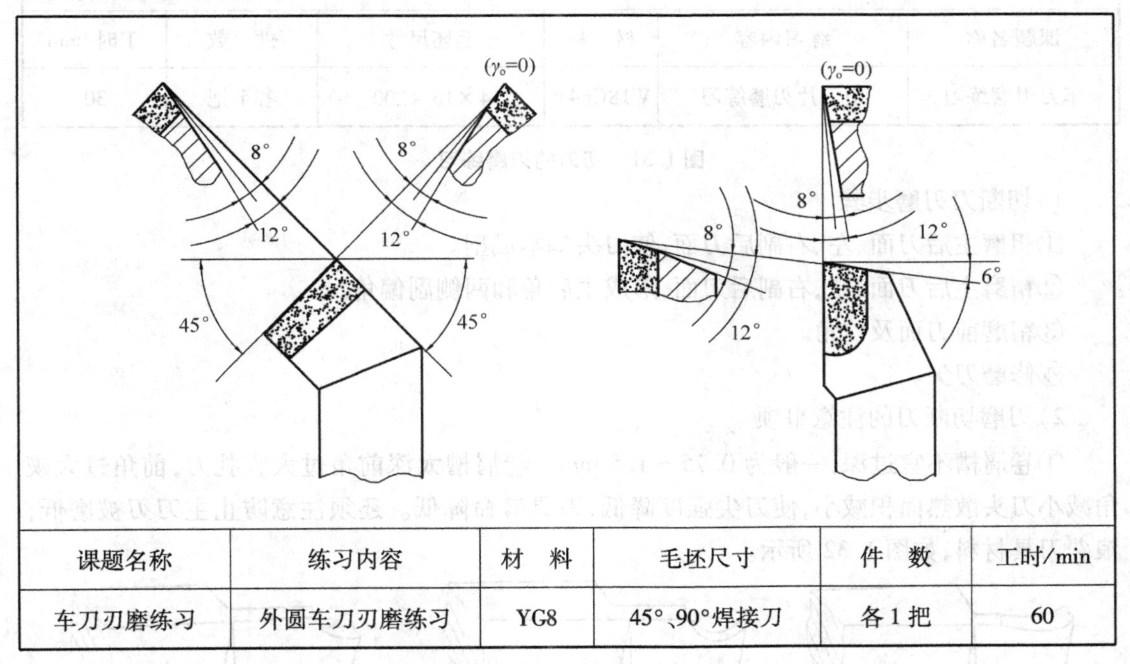

课题名称	练习内容	材　料	毛坯尺寸	件　数	工时/min
车刀刃磨练习	外圆车刀刃磨练习	YG8	45°、90°焊接刀	各1把	60

图1.30　外圆车刀的刃磨练习

刃磨步骤:

①粗磨主后面和副后面。

②粗、精磨前刀面。

③精磨主、副后面。

④刀尖磨出圆弧。

(3) *刃磨切断刀*

切断刀工作图如图 1.31 所示,先用废锉刀练习刃磨,角度正确后再用高速钢车刀刃磨。

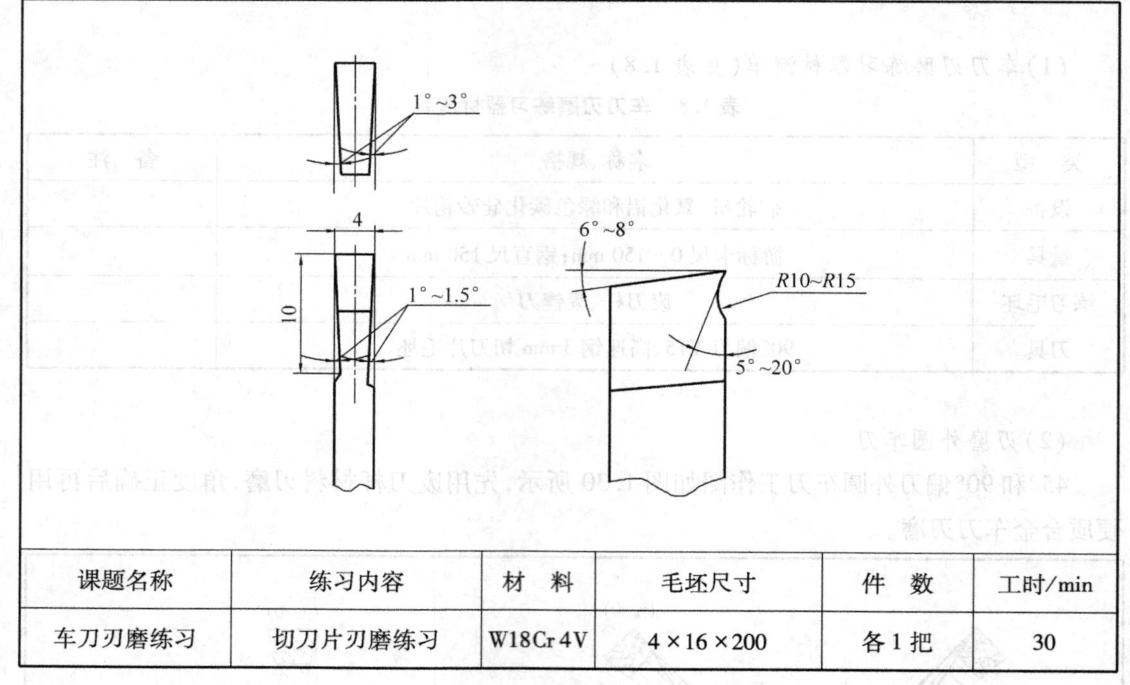

课题名称	练习内容	材　料	毛坯尺寸	件　数	工时/min
车刀刃磨练习	切刀片刃磨练习	W18Cr4V	4×16×200	各 1 把	30

图 1.31　切刀的刃磨练习

1) 切断刀刃磨步骤

①粗磨主后刀面、左、右副后刀面,使刀头基本成型。

②精磨主后刀面、左、右副后刀面,形成主后角和两侧副偏角。

③精磨前刀面及前角。

④修磨刀尖。

2) 刃磨切断刀的注意事项

①卷屑槽不宜过深,一般为 0.75 ~ 1.5 mm。卷屑槽太深前角过大宜扎刀,前角过大楔角减小刀头散热面积减小,使刀尖强度降低,刀具寿命降低。还须注意防止主刀刃被磨低,浪费刀具材料,如图 1.32 所示。

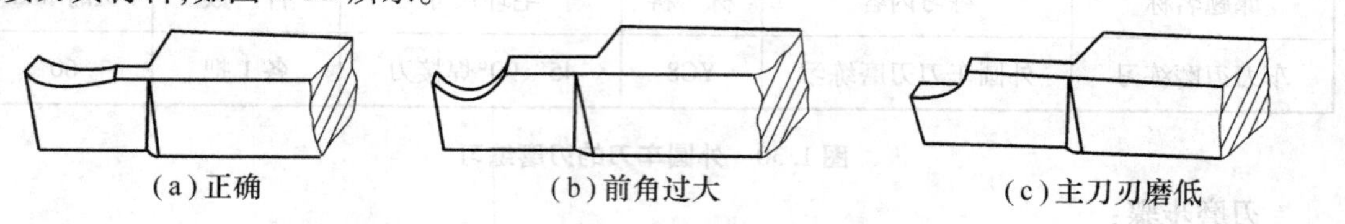

(a) 正确　　(b) 前角过大　　(c) 主刀刃磨低

图 1.32　前角的正确与错误示意图

②两侧副后角对称相等,如两副偏角不同,一侧为副值与工件已加工表面摩擦,造成两切削刃切削力不均衡,使刀头受到一个扭力而折断,如图 1.33 所示。

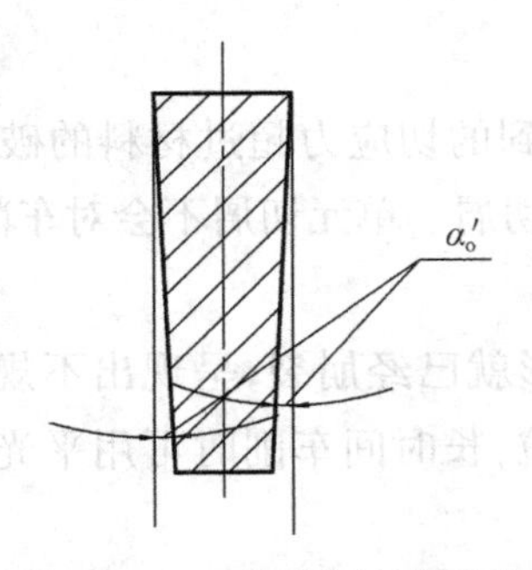

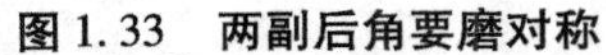
图 1.33　两副后角要磨对称

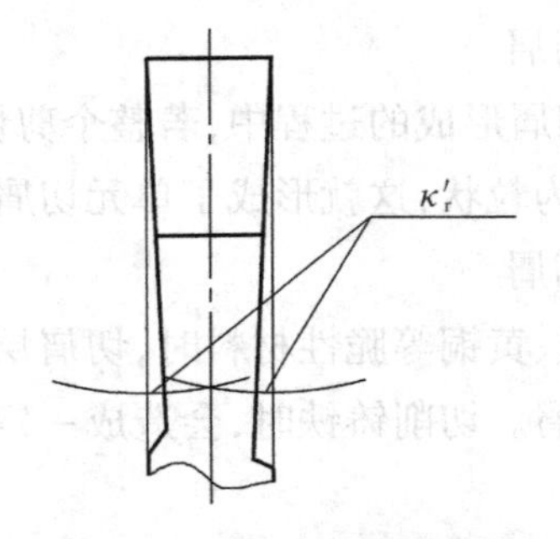

图 1.34　两副偏角要磨对称

③两侧副偏角要对称相等平直、前宽后窄，如图 1.34 所示。

任务 1.4　车床操作入门(二)

1.4.1　切屑与积屑瘤

(1) 切屑种类

在车削过程中，切屑的形成对加工有较大的影响。根据车削条件的不同，有带状、挤裂、单元、崩碎等 4 种切屑类型，如图 1.35 所示。

1) 带状切屑

车削塑性金属材料时，当选择较高的切削速度、较大的车刀前角车削，容易产生内表面光滑而外表毛茸的切屑，称为带状切屑。断屑较好时，带状切屑比较稳定，有利于表面质量的保证，若断屑效果差时，则会妨碍正常切削。

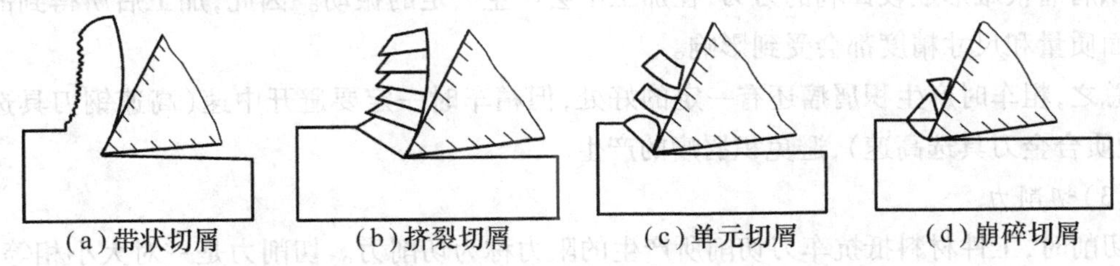
(a) 带状切屑　(b) 挤裂切屑　(c) 单元切屑　(d) 崩碎切屑

图 1.35　切屑的类型

2) 挤裂切屑

当切削塑性金属材料时，若切削速度较低、切削厚度较大、前角较小的情况下，切削时，容易产生内表面有裂纹、外表面呈齿状的切屑，称为挤裂切屑。挤裂切屑变形较大，有利于断屑。

3）单元切屑

在挤裂切屑形成的过程中，若整个剪切面上所受到的切应力超过材料的破裂（极限）强度，切屑就成为粒状，这就形成了单元切屑，又称粒状切屑。单元切屑不会对车削带来干扰。

4）崩碎切屑

切削铸铁、黄铜等脆性材料时，切屑层来不及变形就已经崩裂，呈现出不规则的粒状切屑，称为碎切屑。切削铸铁时，会造成一定的金属尘粒，长时间车削时可用平光眼镜和口罩防护。

（2）积屑瘤

用中等切削速度车削塑性材料的金属时，在车刀前刀面近刀尖处会“冷焊”上一块金属，这块金属就是积屑瘤，如图 1.36 所示。

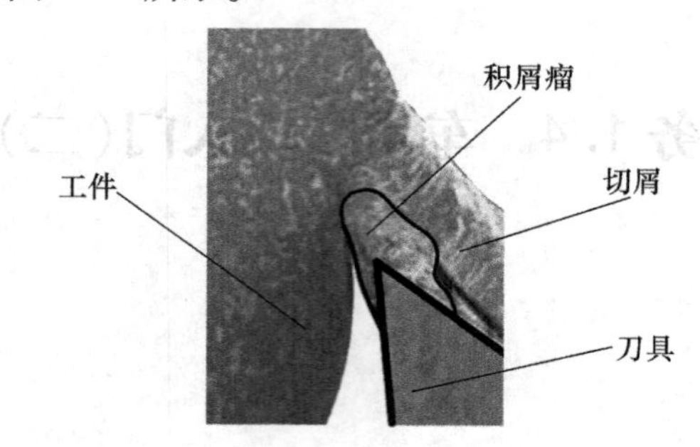

图 1.36 积屑瘤

积屑瘤的产生对加工会带来有利的一面，也有不利的一面：

优点：积屑瘤的硬度比原材料的硬度要高，可代替刀刃进行切削，提高了刀刃的耐磨性；同时积屑瘤的存在使得刀具的实际前角变大，刀具变得较锋利。

缺点：积屑瘤的存在，在实际上是一个形成、脱落、再形成、再脱落的过程。部分脱落的积屑瘤会黏附在工件表面上，而刀具刀尖的实际位置也会随着积屑瘤的变化而改变。同时，由于积屑瘤很难形成较锋利的刀刃，在加工中会产生一定的振动。因此，加工后所得到的工件表面质量和尺寸精度都会受到影响。

总之，粗车时产生积屑瘤还有一定的好处，但精车时一定要避开中速（高速钢刀具选低速、硬质合金刀具选高速），避免积屑瘤的产生。

（3）切削力

切削时，工件材料抵抗车刀切削所产生的阻力称为切削力。切削力是一对大小相等、方向相反，分别作用在工件上和车刀上的作用力与反作用力（见图 1.37）。切削力来源于工件的弹性变形与塑性变形抗力、切屑对前刀面及工件对后刀面的摩擦力。

切削力 F 可分解为 3 个方向的分力：

主切削力 F_z，主要消耗机床动力。

轴向切削力 F_x，是走刀抗力。

径向切削力 F_y，此力易使工件发生弯曲变形，特别对于细长轴，要避免产生或抵消。

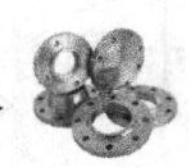

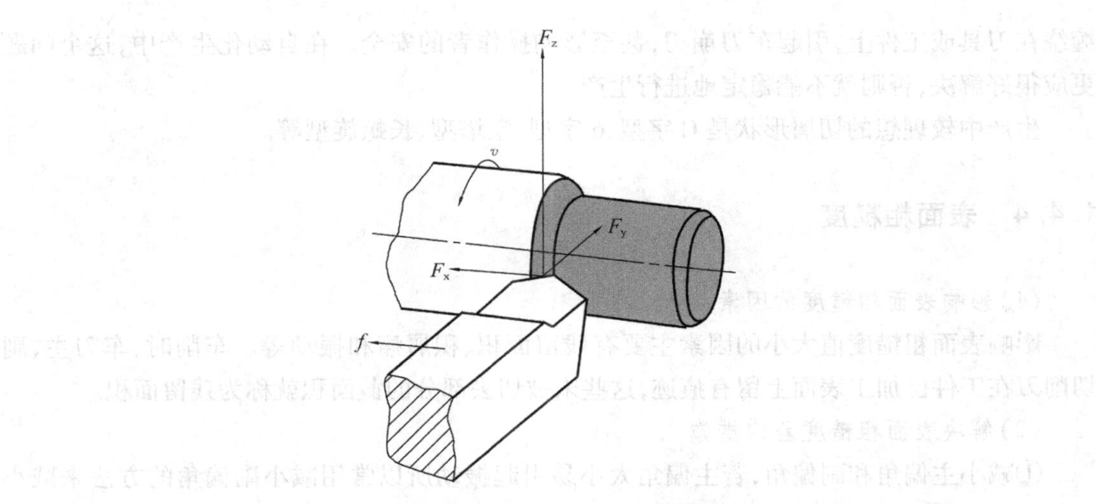

图 1.37 作用在工件上的3个切削分力

1.4.2 切削热与切削温度

切削热与切削温度是金属切削过程中的重要物理现象之一,切削热和切削力产生的原因相同,都是由于工件的弹性、塑性变形及切屑与工件的摩擦而产生的。影响切削热的因素有工件材料、刀具几何角度和切削用量等,其中切削用量中对切削热影响最大的是切削速度,其次是进给量,而影响最小的是背吃刀量。研究切削热与切削温度的目的就是要严格控制刀具上的最高温度,延长刀具的使用寿命。

1.4.3 断屑

(1)断屑原理

控制切屑的流向并适当增大切屑的变形,使切屑在工件表面上或刀具后刀面上碰断,或者使切屑卷成一定的形状。

(2)断屑方法

车削时影响断屑的因素较多,但对断屑影响最大的是:车刀的几何角度、切削用量及断屑槽的尺寸与形状。

①对断屑影响最大的车刀几何角度是前角和主偏角。增大前角,切屑变形小;减小前角,切屑变形大,易断屑。增大主偏角,切屑厚度增大,使切屑卷曲时塑性变形大,易断屑。刃倾角也可通过改变切屑流向影响断屑。

②进刀量和车刀断屑槽大小都是影响车刀断屑的因素,粗车时应深而宽,精车时应窄些效果比较好。

(3)车刀的断屑

硬质合金车刀在切屑钢料时连续不断的长条切屑不仅会损伤工件加工表面,而且常会缠绕在刀具或工件上，引起车刀崩刃，甚至影响操作者的安全。在自动化生产中，这个问题更应很好解决，否则就不能稳定地进行生产。

生产中较理想的切屑形状是C字型、6字型、宝塔型、长螺旋型等。

1.4.4 表面粗糙度

(1)影响表面粗糙度的因素

影响表面粗糙度值大小的因素主要有残留面积、积屑瘤和振动等。车削时，车刀主、副切削刃在工件已加工表面上留有痕迹，这些未被切去部分的截面积就称为残留面积。

(2)解决表面粗糙度差的措施

①减小主偏角和副偏角，若主偏角太小易引起振动所以常用减小副偏角的方法来减小残留面积中的残留高度。

②增大刀尖圆弧半径刀尖圆弧也不宜过大，太大时易引起振动，所以刀尖圆弧半径要大小适当。

③减小进给量。

1.4.5 技能训练——简单阶台轴车削训练

如图1.38所示为一个简单阶台轴零件，毛坯为$\phi30$、Q235棒料。

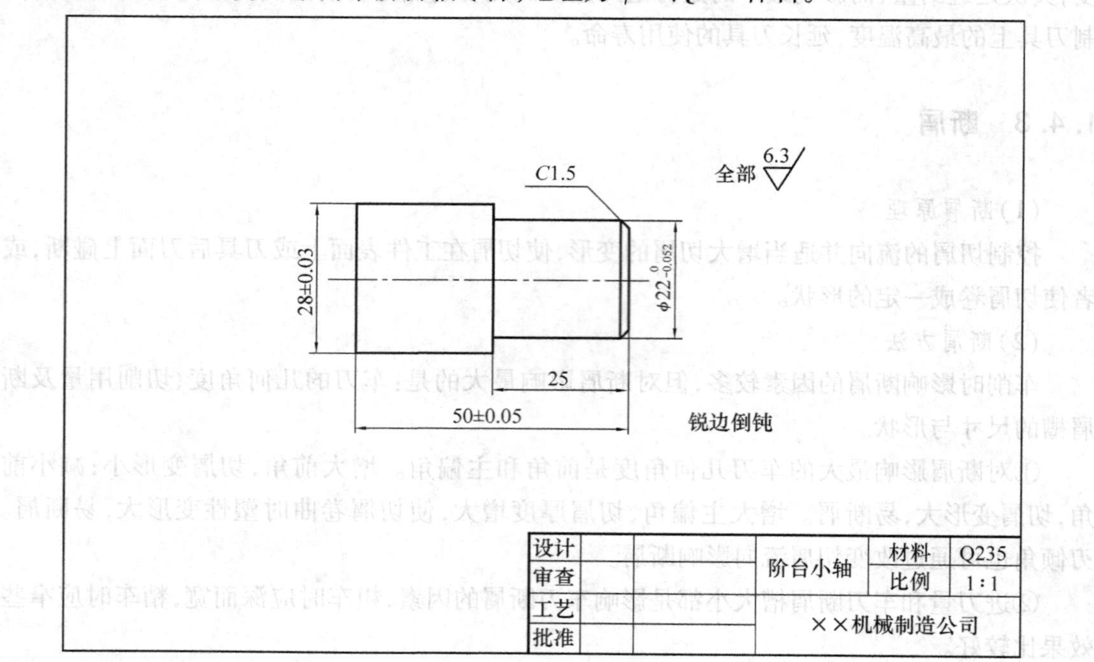

图1.38 阶台轴零件图

(1)零件工艺分析

形状分析:本工件外形简单。

精度分析:本工件加工精度一般,注意粗、精分开。

工艺分析:根据工件形状和毛坯特点,采用三爪自定心卡盘装夹棒料。

车削工艺过程:车平左端面→粗车阶台各外圆→精车阶台各外圆→倒角→切断。

(2)工量具准备清单(见表1.9)

表1.9　工量具准备清单

类　型	名称、规格	备　注
夹具	三爪自定心卡盘	
量具	游标卡尺0～150 mm;钢直尺150 mm	
刀具	90°、45°车刀YT5;4 mm切断刀片W18Gr4V	

(3)加工工艺过程(见表1.10)

表1.10　简单台阶轴车削工艺过程

工序	工步	加工内容	加工图形效果	加工要点
车	1	车端面		用45°弯头车刀车平端面
	2	粗车外形	28±0.03　$\phi22^{\ 0}_{-0.052}$　25　50±0.05	1.用粗车偏刀 2.用试切法控制直径尺寸 3.用刻线法控制长度尺寸
	3	精车外形		1.用精车偏刀 2.用测量法控制直径和长度尺寸
	4	倒角	C1.5	注意用45°弯头车刀的安装角度,倒角宽度
	5	切断		注意控制切刀的几何角度、安装及进给速度。控制切断的长度尺寸
检　验				

(4)评分标准及记录表(见表1.11)

表1.11 评分标准及记录表

尺寸类型及权重	尺寸	配分	学生自评		学生互评		教师评分	
			检测	得分	检测	得分	检测	得分
直径尺寸30	$\phi 28 \pm 0.03$	15						
	$\phi 22_{-0.052}^{0}$	15						
长度尺寸30	25	15						
	50 ±0.05	15						
倒角5	$C1.5$	5						
切断5	切断	5						
表面粗糙度10	全部 $R_a 6.3$	10						
安全纪律20	安全	10						
	纪律	10						
合计		100						

注:每个精度项目检测超差不得分。

●拓展训练与思考题

1.拓展训练题

看生产实习图和确定练习件的加工步骤,如图1.39所示:

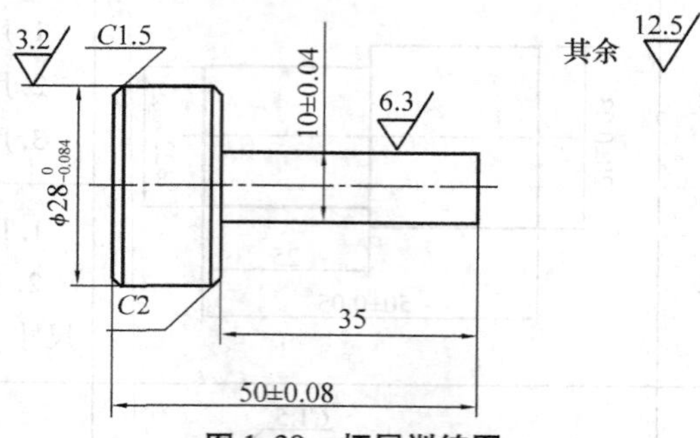

图1.39 拓展训练图

2.思考题

(1)车床由哪些主要部分组成?它们各有什么用途?

(2)车削加工必须具备哪些运动?

(3)什么叫切削深度、进给量和切削速度?

(4)常用车刀有哪几种类型?

(5)车刀由哪几部分组成?

(6)用简图说明车刀切削部分的几何要素。

(7)粗车时,切削用量的选择原则是什么?

(8)影响断屑的因素有哪些?

(9)切削力可分解成哪几个分力？各分力有什么实用意义？

(10)切削液有什么作用？使用时应注意的问题是什么？

(11)在相同切削条件下，欲降低切削力，采用大进给小吃刀或大吃刀小进给哪个较有效？为什么？

(12)常用车刀材料的种类和特点是什么？

项目 2

简单轴类工件的车削

●项目描述

本项目包含短轴车削、一般轴的车削、精密轴的车削、典型轴的车削、轴类工件质量分析等任务，通过学生在完成项目各任务的过程中，掌握轴类工件车削的相关理论知识和操作技能。

●项目目标

知识目标：

●知道轴类工件及类别；

●理解轴类工件常用车刀几何角度及选择；

●掌握轴类工件常用装夹方法；

●掌握轴类工件常见加工方法；

●学会轴类工件的精度控制。

技能目标：

●会根据轴类工件要求刃磨轴类工件车刀角度；

●能完成中级精度的典型轴类零件加工。

情感目标：

●通过完成本项目学习任务的体验过程，增强学生完成对本课程学习的自信心。

●项目实施过程

概述　简单轴类工件

(1)轴类工件

轴是机器上的重要零件,一般都是回转体,主要是在车床上加工。轴类工件的特点是:尺寸精度、表面粗糙度要求较高,还有同轴度、跳动等位置精度要求。常见的简单轴类工件如图2.1所示。在车床上加工轴类工件,要首先注意工件的安装方法,这是保证工件位置精度的关键,还要安排合理的车削工艺顺序、采用正确的检测方法,才能保证轴类工件的加工精度。本项目只介绍简单轴类工件的车削。

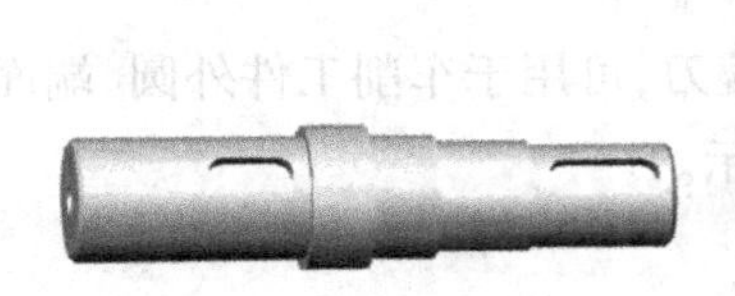

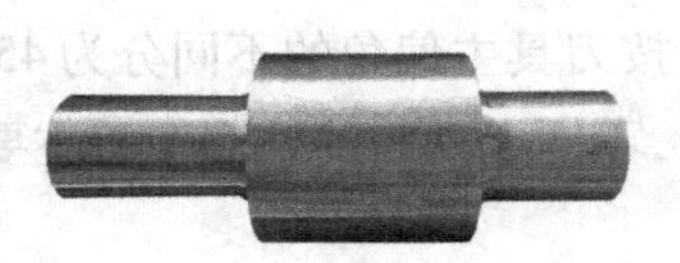

图2.1　常见简单轴类工件

(2)典型轴类工件工作图

如图2.2所示为常见的阶台轴零件,同学们需要正确选用工夹具,正确选用外圆车刀、切断刀,正确使用外径千分尺来测量工件,熟悉加工阶台轴的工艺过程,保证工件各方面精度要求,完成工件的车削加工。

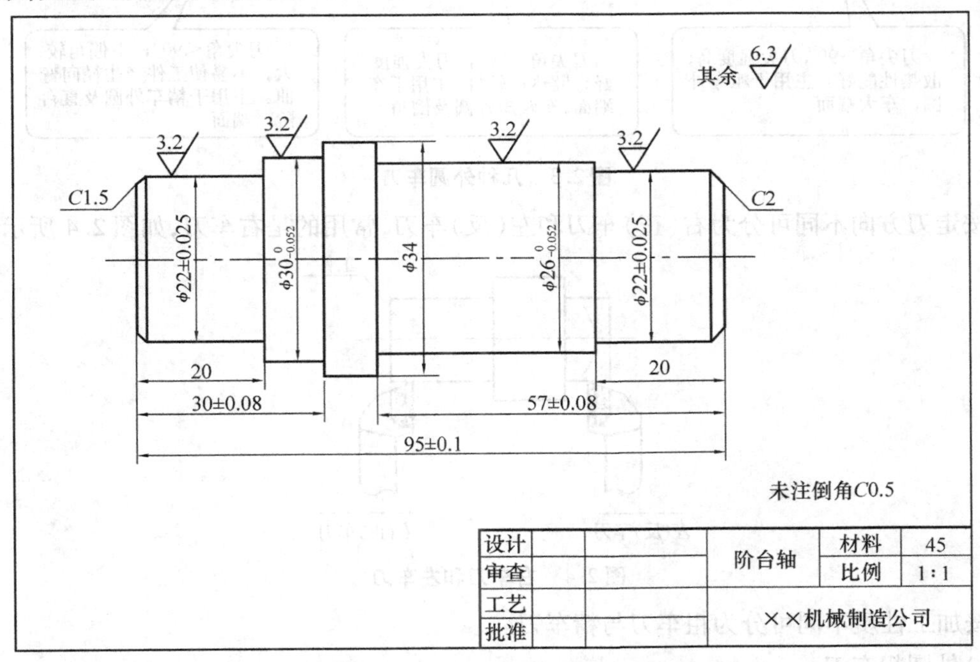

图2.2　典型简单阶台轴零件工作图

任务 2.1　阶台短轴的车削

2.1.1　外圆车刀、切断刀

(1)外圆车刀

按刀具主偏角的不同分为45°弯头刀、75°车刀和90°偏刀,可用于车削工件外圆、端面和阶台,不同主偏角的外圆车刀主要特点和用途如图 2.3 所示。

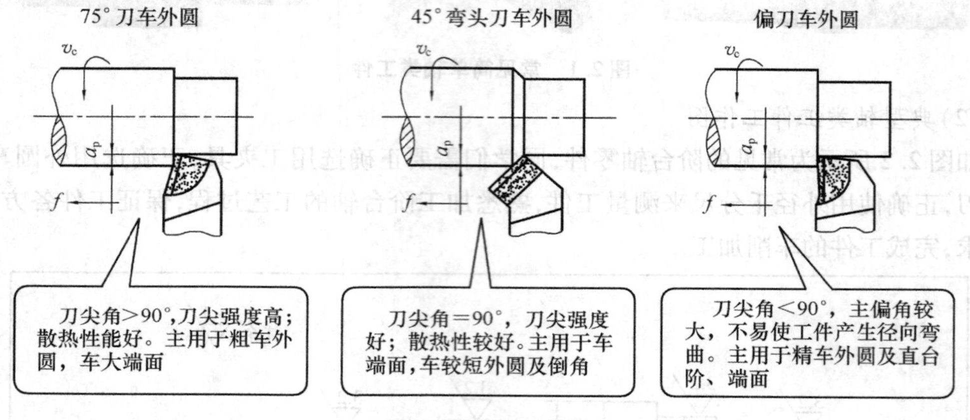

图 2.3　几种外圆车刀

按走刀方向不同可分为右(正)车刀和左(反)车刀,常用的是右车刀,如图 2.4 所示。

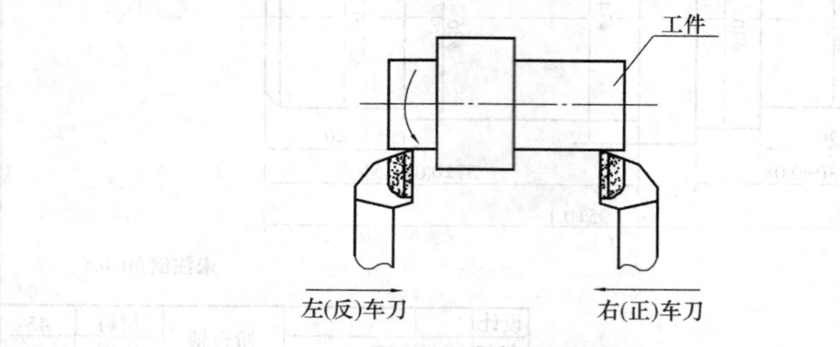

图 2.4　右车刀和左车刀

按加工性质不同可分为粗车刀与精车刀。

1)外圆粗车刀

外圆粗车刀要适应粗车进切削深、进给快的要求,车刀形状角度要保证有足够的强度,能在一次进给中车去较多的加工余量。

典型外圆粗车刀几何角度及选择如图 2.5 所示。

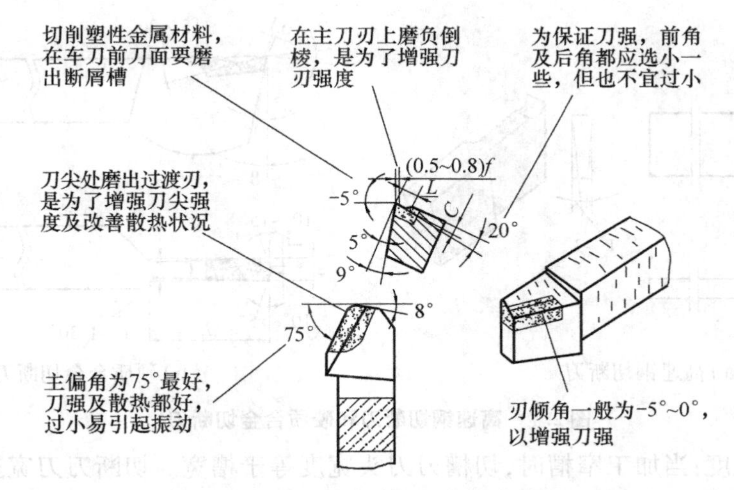

图 2.5 典型粗车刀几何角度及选择

2)外圆精车刀

外圆精车刀要保证工件的尺寸精度和表面粗糙要求,因此外圆精车刀要足够的锋利,切削刃平直光洁。

典型精车偏刀几何角度及其选择如图 2.6 所示。

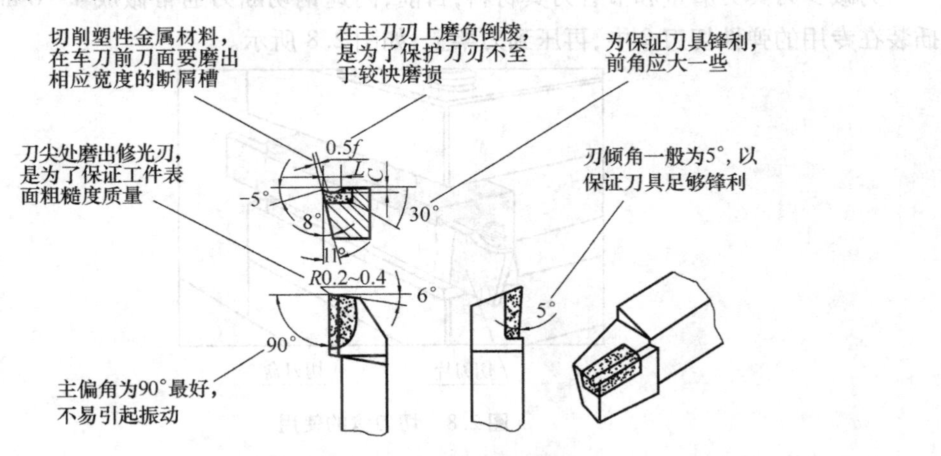

图 2.6 典型精车偏刀几何角度及选择

(2)切槽刀与切断刀

1)常用切断刀

切槽刀与切断刀受加工空间限制,刀片很薄,加之散热不良,排屑不畅,如操作不当很容易折断。

切刀按刀具材料分,有高速钢切断刀和硬质合金切断刀两种,如图 2.7 所示。

切槽刀与切断刀的形状及几何角度大致相同。

切刀刀头长度:根据加工具体情况确定,一般不宜太长。切断刀刀头的长度应大于将工件切断时的切入深度 2 ~ 3 mm。

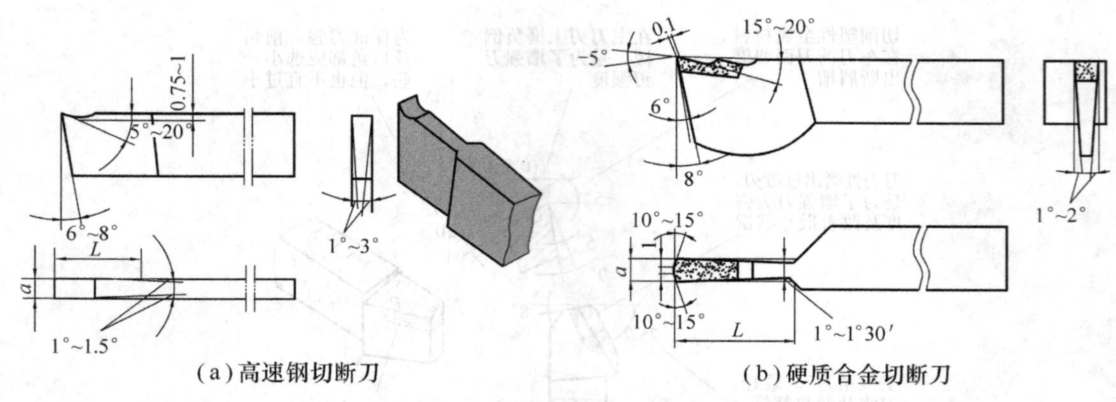

(a) 高速钢切断刀　　(b) 硬质合金切断刀

图 2.7　高速钢切断刀和硬质合金切断刀

切刀刀头宽度:当加工窄槽时,切槽刀刀头宽度等于槽宽。切断刀刀宽虽不受槽宽限制,但也不能太宽,浪费金属材料及因切削力太大而引起振动;太窄,刀头容易折断。通常切断刀刀头宽度 a 可按下列经验公式确定。

$$a \approx (0.5 \sim 0.6)\sqrt{D}$$

式中　D——工件直径,mm。

为减少刀具刃磨量和节省刀具材料,目前,高速钢切断刀通常做成 4 ~ 6 mm 的切刀片,插装在专用的弹性切刀盒中,再压到刀架上,如图 2.8 所示。

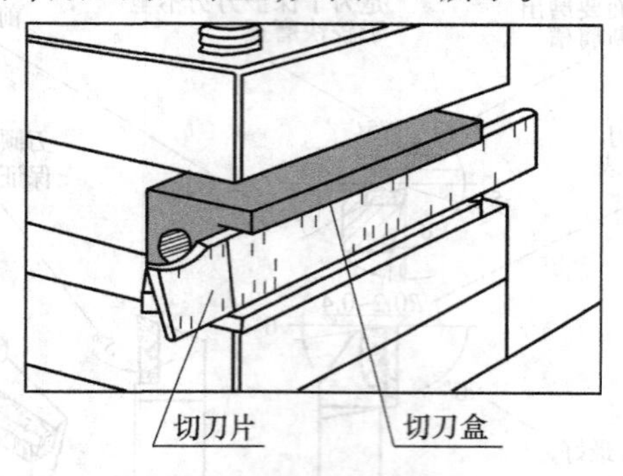

图 2.8　切刀盒的使用

2) * 其他切断刀

除以上常规切断刀外,还有弹性切断刀、反切断刀、机夹式硬质合金切断刀等形式,具体可参见参考文献。

切断刀的安装要求:

①切断刀不宜伸出过长,同时切断刀的中心线必须装得与工件轴线垂直,以保证两副偏角的对称。

②切断实心工件时,切断刀必须装得与工件轴线等高,否则不能切到中心,而且容易崩刃甚至折断车刀。

③切断刀底平面如果不平,安装时会引起两副后角不对称。

2.1.2 轴类工件的测量(一)——外径千分尺的使用

外径千分尺的示值精度为0.01 mm,是精车外圆时常用的量具。

(1)千分尺的结构原理

外径千分尺有0~25 mm、25~50 mm、50~75 mm等规格,即每25 mm为一个量程级差,如图2.9所示。外径千分尺的小砧、固定套管(其上有间隔为0.5 mm的主尺刻度)固定在尺架上,而测微螺杆与微分筒(其圆周上有50格刻度)组装为一体,转动微分筒时,测微螺杆随之前后移动。

千分尺测微螺杆上的精密螺纹的螺距是0.5 mm,微分筒刻度有50个等分刻度,微分筒刻度旋转一周,测微螺杆可前进或后退0.5 mm,因此旋转每个小分度,相当于测微螺杆前进或后退0.5/50=0.01 mm。可见,微分筒刻度每一小分度表示0.01 mm,所以以螺旋测微器可准确到0.01 mm。

当小砧和测微螺杆并拢时,微分筒刻度的零点应与固定刻度的零点重合;测量时,旋转微分筒使测微螺杆旋出,并使小砧和测微螺杆的面正好接触待测长度的两端,那么测微螺杆向右移动的距离就是所测的长度。这个距离的整半毫米数由固定刻度上读出,小数部分则由微分筒刻度读出,如图2.10所示的读数为11.5 mm+0.263 mm=11.765 mm(千分位为估计数)。

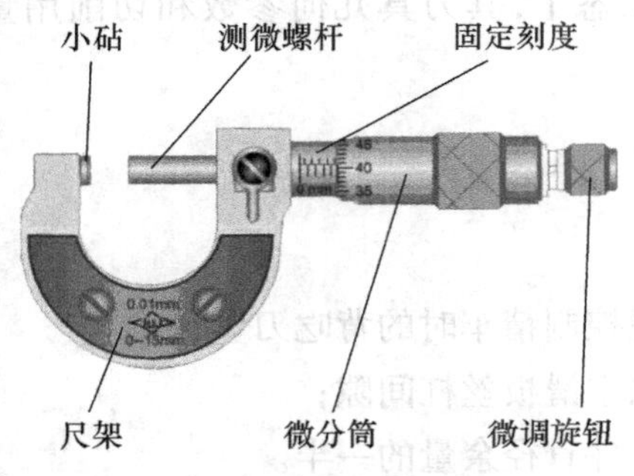

图2.9 外径千分尺

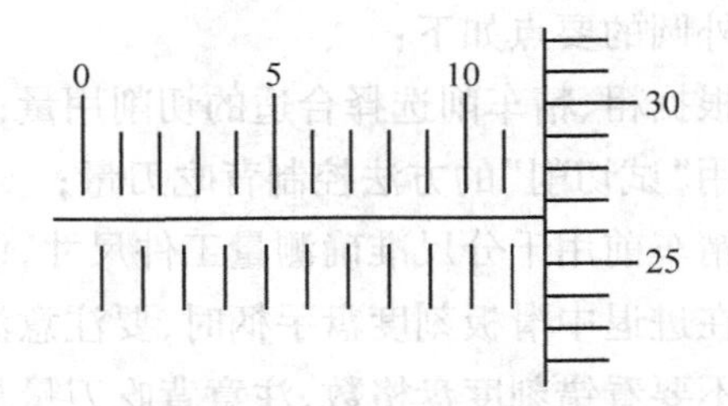

图2.10 外径千分尺的读数

(2)车床上使用千分尺的方法

车床上使用千分尺的方法如图2.11所示,在测量时须注意以下几点:

①在工件完全停止旋转后才能进行测量;

②工件温度较高时,要等待其自然冷却后再进行测量;

③测量时,千分尺要摆正,并前后左右微微摆动,保证千分尺测量头与工件直径贴合。

④取出千分尺时要先锁紧,小心取出,防止损坏量具。

⑤读数时不要读错千分尺主尺的半格数,最好是在使用千分尺前,先用游标卡尺预测一下,这样心中有数,不易读错千分尺主尺的半格数。

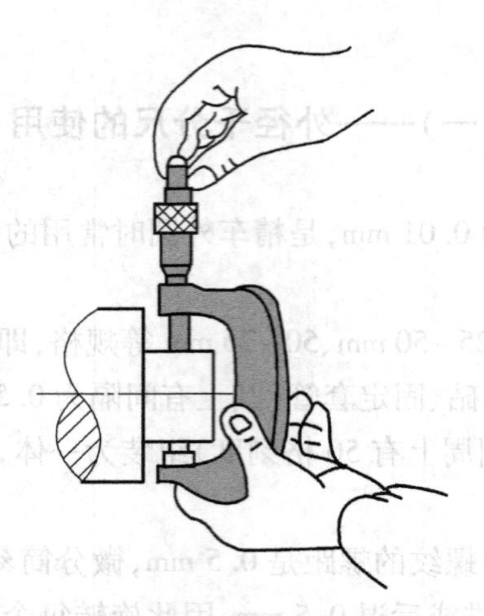

图 2.11　在车床上使用千分尺

2.1.3　车削外圆、阶台和端面、车外沟槽和切断

(1)外圆车削的方法

为保证加工精度，要体现粗、精分的原则；粗车的主要目的是要尽快地去除毛坯上的加工余量，粗车的加工精度降为次要；精车加工余量小，主要目的是全面达到工件的尺寸精度和表面粗糙度要求；因此，在粗车和精车两种状态下，其刀具几何参数和切削用量都有所不同。

车外圆的要点如下：

①根据粗、精车削选择合适的切削用量；

②用“试切削”的方法控制背吃刀量；

③精车前用千分尺准确测量工件尺寸，以便控制精车时的背吃刀量；

④在进退中滑板刻度盘手柄时，要注意消除中滑板丝杠间隙；

⑤不要看错刻度盘格数，注意背吃刀量是工件直径余量的一半。

(2)阶台长度的控制

在车削低阶台时，要注意控制阶台长度，单件生产一般采用刻线法、利用床鞍上纵向刻度盘来控制。

1)刻线法

先用钢直尺、样板或外卡钳量取工件阶台长度，然后用刀尖在旋转的工件上刻上一条细线作为长度尺寸标记，然后车至标记处停下，如图 2.12(a)所示。

2)用床鞍上纵向刻度盘

CA6140 车床床鞍上纵向刻度盘每格代表纵向 1 mm，可以根据工件长度计算出刻度盘需要转过的格数，并用粉笔做好标记，然后车到标记格数处停下，如图 2.12(b)所示。

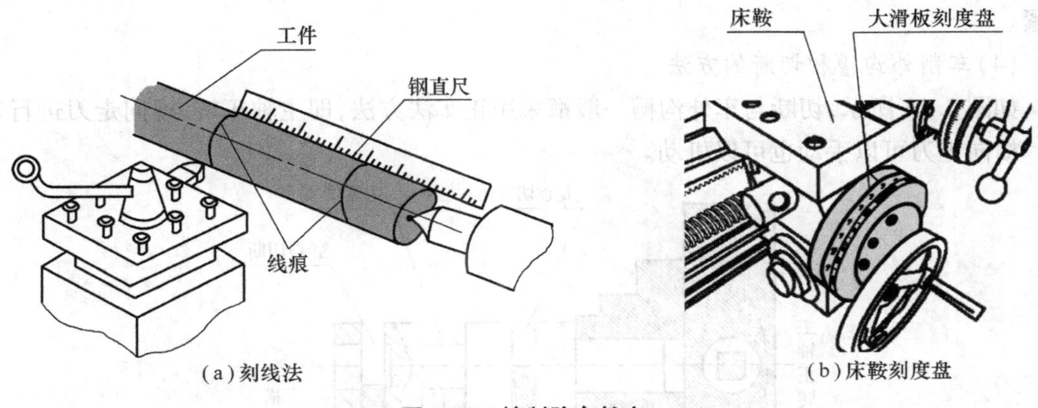

(a)刻线法　　(b)床鞍刻度盘

图 2.12　控制阶台长度

3)* 在批量生产时,可使用相应长度尺寸的挡块来控制多阶台的长度尺寸,具体可参见参考文献。

要注意的是,使用纵向自动进给时,要快接近标记位置时,要改为手动进给达到标记位置,防止车过标记位置导致工件报废。

(3)车削端面的方法

常用 45°弯头刀车刀和偏刀来车端面,如图 2.13 所示。

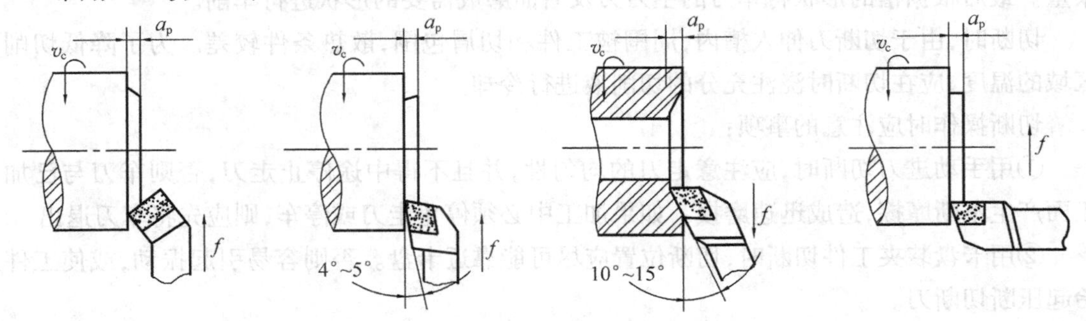

图 2.13　45°弯头刀车刀和偏刀车端面

对于既车外圆又车端面的场合,常使用弯头车刀和偏刀来车削端面。弯头车刀是用主切削刃担任切削,适用于车削较大的端面。

偏刀从外向里车削端面,是用车外圆时的副切削刃担任切削,副切削刃的前角较小,切削不够轻快,如果从里向外车削端面,便没有这个缺点,不过工件必须有孔才行。

车削端面时应注意的要点如下:

①车刀的刀尖应对准工件中心,以免车出的端面中心留有凸台。

②偏刀车端面,当背吃刀量较大时,容易扎刀。背吃刀量 a_p 的选择:粗车时 a_p = 0.2 ~ 1 mm,精车时 a_p = 0.05 ~ 0.2 mm。

③端面的直径从外到中心是变化的,切削速度也在改变,在计算切削速度时必须按端面的最大直径计算。

④车直径较大的端面,若出现凹心或凸肚时,应检查车刀和方刀架,以及大拖板是否

锁紧。

(4)车削外沟槽和切断的方法

如图2.14所示,切断与车外沟槽一般都采用正车法方法,即主轴正转,横向走刀进行车削。横向走刀可以手动也可以机动。

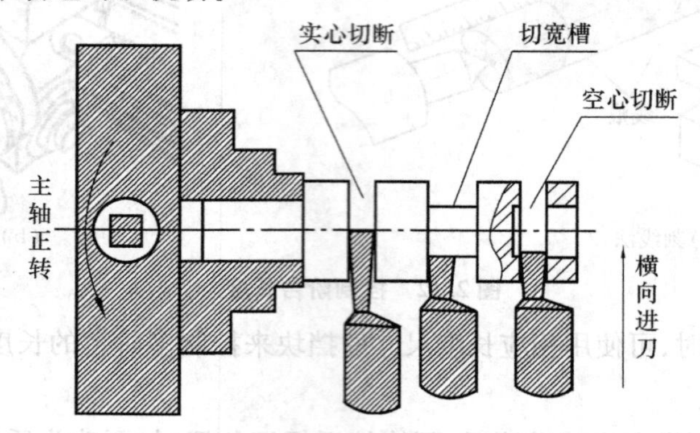

图2.14 车削外沟槽和切断

切槽的方法:车削宽度不大的沟槽,可以用主刀刃宽度等于槽宽的车刀一次直进车出。对较宽的沟槽,用切槽刀分几次吃刀,先把柄的大部余量车去,在槽的两侧和底部留有精车余量。最后根据槽的形状将车刀的主刀刃及后面磨成需要的形状进行车削。

切断时,由于切断刀伸入槽内,周围被工件和切屑包围,散热条件较差。为了降低切削区域的温度,应在切断时浇注充分的切削液进行冷却。

切断操作时应注意的事项:

①用手动进刀切断时,应注意走刀的均匀性,并且不得中途停止走刀,否则车刀与已加工面产生不断摩擦,造成迅速磨损。如果加工中必须停止走刀或停车,则应先将车刀退出。

②用卡盘装夹工件切断时,切断位置应尽可能靠近卡盘。否则容易引起振动,或使工件抬起压断切断刀。

2.1.4 技能训练——阶台轴车削

本次训练工件为如图2.15所示的阶台轴工件。

(1)零件工艺分析

形状分析:本工件为一短阶台轴,采用三爪自定心卡盘安装工件;

精度分析:本工件直径尺寸精度要求较高、其余要求一般,无特殊技术要求。

工艺分析:

①根据工件形状和毛坯特点,采用三爪自定心卡盘装夹棒料,加工后切下工件。

②根据工件直径精度要求,采用粗精分开的原则,精车余量为1 mm。

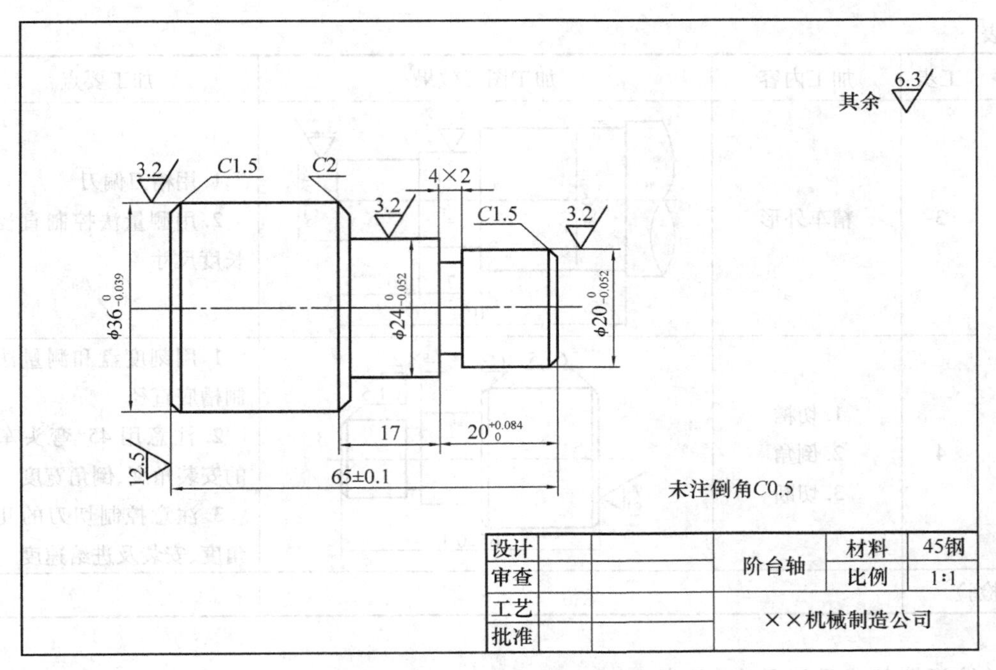

图 2.15　阶台轴零件图

(2)工量具清单(见表 2.1)

表 2.1　工量具准备清单

类　型	名称、规格	备　注
工夹具	三爪自定心卡盘	
量具	游标卡尺 0 ~ 150 mm;钢直尺 150 mm;千分尺 0 ~ 25 mm,25 ~ 50 mm	
刀具	45°车刀 YT5;外圆粗车刀 YT15;外圆精车刀 YT15;高速钢 4 mm 切断刀片	配切刀盒

(3)工艺步骤

加工工艺过程见表 2.2。

表 2.2　阶台轴车削工艺过程

工序	工步	加工内容	加工图形效果	加工要点
车	1	用三爪自定心卡盘装夹工件		工件伸出长度 80 mm
	2	粗车外形	φ37±0.2　φ25±0.2　φ21±0.2　17　19.8　70	1. 用 45°弯头车刀车平端面 2. 用粗车偏刀,试切法控制直径尺寸 3. 用刻线法控制长度尺寸

续表

工序	工步	加工内容	加工图形效果	加工要点
车	3	精车外形	3.2 3.2 $\phi36_{-0.039}^{0}$ $\phi24_{-0.052}^{0}$ $\phi20_{-0.052}^{0}$ 17 $20_{0}^{+0.084}$ 70	1. 用精刀偏刀 2. 用测量法控制直径和长度尺寸
	4	1. 切槽 2. 倒角 3. 切断	C1.5 C2 4×2 C1.5 12.5 65±0.1	1. 用刻度盘和测量法控制槽底直径 2. 注意用 45° 弯头车刀的安装角度、倒角宽度 3. 注意控制切刀的几何角度、安装及进给速度
检验				

(4)评分标准及记录表(见表 2.3)

表 2.3 评分标准及记录表

尺寸类型及权重	尺寸	配分	学生自评		学生互评		教师评分	
			检测	得分	检测	得分	检测	得分
直径尺寸 30	$\phi36_{-0.039}^{0}$	12						
	$\phi24_{-0.052}^{0}$	9						
	$\phi20_{-0.052}^{0}$	9						
长度尺寸 24	$20_{0}^{+0.064}$	10						
	17	7						
	65 ±0. 1	7						
倒角 6	C1. 2(2 处)	4						
	C2	2						
切槽 5	4 ×2	5						
切断 5	切断	5						
表面粗糙度 20	R_a3. 2(3 处)	12						
	其余 R_a6. 3	6						
	R_a12. 5	2						
安全纪律 10	安全	5						
	纪律	5						
合计		100						

注:每个精度项目检测超差不得分。

任务2.2　多阶台轴的车削

2.2.1　用一夹一顶装夹工件

(1)一夹一顶安装方法

车削加工前,必须将工件放在机床夹具中定位和夹紧,使工件在整个切削过程中始终保持正确的安装位置。由于轴类工件形状、大小的差异和加工精度及数量的不同,应分别采用不同的装夹方法(本节只介绍最为常用的一夹一顶装夹工件)。

对于一般较短的回转体类工件,较适用于用三爪自定心卡盘装夹,但对于较长的回转体类工件,用此方法则刚性较差。因此,对一般较长的工件,尤其是较重的工件,不能直接用三爪自定心卡盘装夹,而需用一端用卡盘夹住,另一端用后顶尖顶住的装夹方法,如图2.16所示。这种装夹方法称为一夹一顶装夹。

采用一夹一顶装夹工件,其特点是装夹刚性好,能承受较大的轴向切削力,安全可靠。

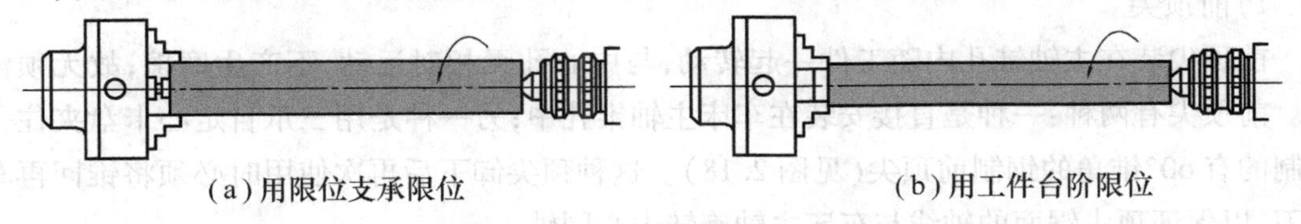

(a)用限位支承限位　　(b)用工件台阶限位

图2.16　一夹一顶车轴类工件

(2)一夹一顶车轴类工件时的工艺要求

一夹一顶车削轴类工件时,为了保证零件的技术要求、保护机床、保护工具,应注意以下几点:

①工件端面必须钻中心孔;

②为了防止工件由于切削力的作用而产生轴向位移,必须在卡盘内装一限位支承(见图2.16(a)),或利用工件的阶台作限位(见图2.16(b))。

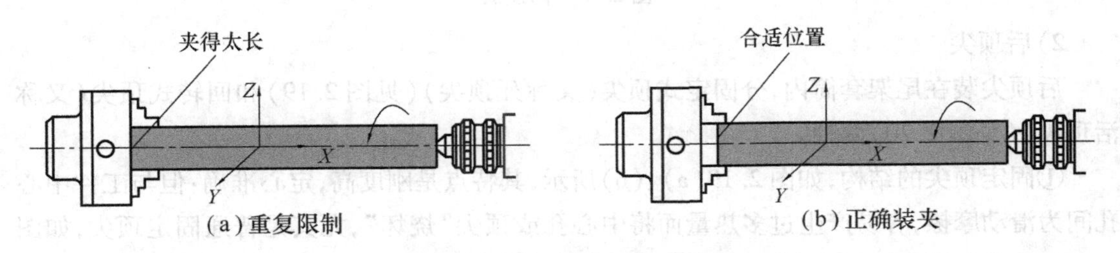

(a)重复限制　　(b)正确装夹

图2.17　一夹一顶安装工件

③卡盘夹持部分不宜过长。

一夹一顶安装轴类零件,若卡盘夹持工件的部分过长(见图2.17(a)),卡爪与后顶尖一起将重复限制工件绕 Z 轴和 Y 轴的转动自由度,因此,当卡爪夹紧工件后,后顶尖往往顶不到中心处。如果强行顶入,工件会产生弯曲变形,加工时,后顶尖及尾座套筒容易摇晃。加工后,中心孔与外圆不同轴。当后顶尖的支承力卸去后,工件会产生弹性恢复而弯曲。因此,用一夹一顶安装工件时,卡盘夹持部分应短些。

④车床尾座的轴线必须与车床主轴的旋转轴线重合。一夹一顶安装轴类零件,若车床尾座的轴线与车床主轴的旋转轴线不重合,车削外圆后,用千分尺检测会发现,加工的外圆一端大一端小,是一个圆锥体,产生锥度。前端小后端大,称为顺锥,反,称为倒锥。

⑤车床尾座套筒伸出长度不宜过长,在不影响车刀进刀的前提下,应尽量伸出短些,以增加工艺系统的刚性。

2.2.2 顶尖和中心孔的使用

(1)顶尖的类型

顶尖是用来确定中心,承受工件重力和切削力。根据顶尖在车床上装夹位置的不同,可分为前顶尖和后顶尖。

1)前顶尖

前顶尖装在主轴锥孔内随工件一起转动,与中心孔无相对运动,不产生摩擦,故无须淬火。前顶尖有两种:一种是直接安装在车床主轴锥孔中;另一种是用三爪自定心卡盘夹住一自制的有60°锥角的钢制前顶尖(见图2.18)。这种顶尖卸下后再次使用时必须将锥回再车一刀,以保证顶尖锯面的轴线与车床主轴旋转中心同轴。

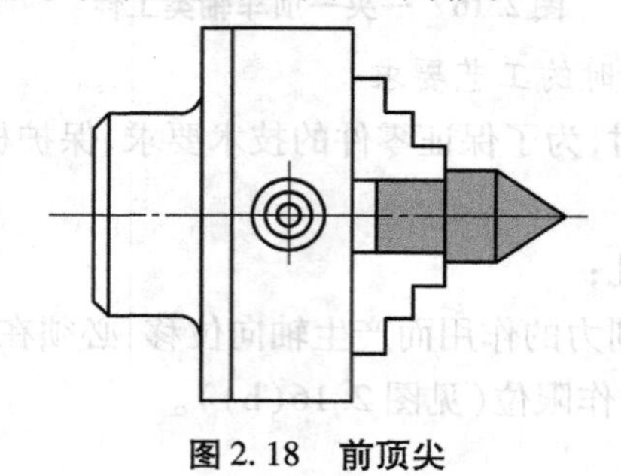

图2.18 前顶尖

2)后顶尖

后顶尖装在尾架套筒内,分固定式顶尖(又称死顶尖)(见图2.19)和回转式顶尖(又称活顶尖)(见图2.20)两种。

①固定顶尖的结构,如图2.19(a)、(b)所示,其特点是刚度高,定心准确:但与工件中心孔间为滑动摩擦,容易产生过多热量而将中心孔或顶尖“烧坏”,尤其是普通固定顶尖,如图2.19(a)所示。因此,固定顶尖只适用于低速加工精度要求较高的工件。目前,大多使用镶硬质合金的固定顶尖,如图2.19(b)所示。

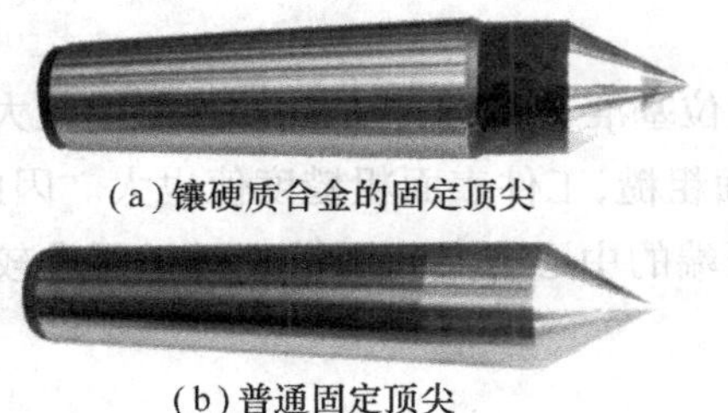

(a) 镶硬质合金的固定顶尖

(b) 普通固定顶尖

图 2.19　固定顶尖

图 2.20　回转顶尖

②回转顶尖，如图 2.20 所示。这种顶尖将顶尖与工件中心孔之间滑动摩擦改成顶尖内部轴承的滚动摩擦，能在很高的转速下正常工作，克服了固定顶尖的缺点，应用较为广泛。但是，由于回转顶尖存在一定的装配累积误差。且滚动轴承磨损后会使顶尖产生径向圆跳动，从而降低了定心精度。

(2) 中心孔的类型

一夹一顶车削轴类工件时，用后顶尖安装支顶工件，必须在工件端面上先钻出中心孔。

中心孔的种类及用途：

国家标准 GB/T 145—2001 规定，中心孔有 A 型（不带护锥）、B 型（带护锥）、C 型（带螺孔）和 R 型（弧形）4 种，如图 2.21 所示。

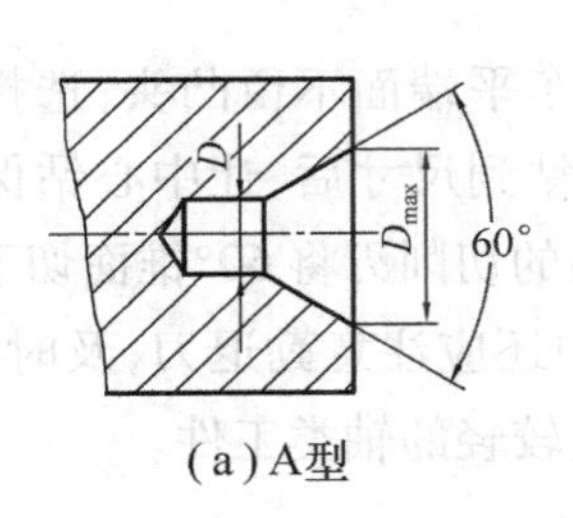

(a) A型

(b) B型

图 2.21　A 型和 B 型中心孔

①A 型中心孔由圆柱孔和圆锥孔两部分组成，圆锥孔的圆锥角一般是 60°（重型工件用 90°）。它与顶尖配合，用来承受工件质量、切削力和定中心，圆柱孔用来储存润滑油和保证顶尖的锥面和中心孔的圆锥面配合紧密，不使顶尖端与中心孔底部相碰，保证定位正确。精度要求不高、不需要保留中心孔的轴类工件车削，一般采用 A 型中心孔。

②B 型中心孔是在 A 型中心孔的基础上，端部另加上 120°的圆锥孔，用以保护 60°锥面不致碰毛，并使端面容易加工。B 型中心孔适用于精度要求较高、工序较多、需要保留中心孔的轴类零件精加工。

③ * C 型中心孔是在 R 型中心孔的 60°锥孔后加一短圆柱孔（保证攻制螺纹时不致碰毛 60°锥孔），后面有一内螺纹。当需要把其他工件轴向固定在轴上时，可采用 C 型中心孔。

④ * R 型中心孔的形状与 A 型中心孔相似，只是将 A 型中心孔的 60°圆锥改成圆弧面。这样与顶尖锥面的配合变成线接触，在装夹轴类工件时，能自动纠正少量的位置偏差。轻型和高精度轴上采用 R 型中心孔。

中心孔的尺寸按 GB/T 145—2001 规定。中心孔的尺寸以圆柱孔直径 d 的基本尺寸为标准,中心孔的大小,即圆柱孔直径 d 的基本尺寸。

中心孔是轴类工件精加工(如精车、磨削)的定位基准,对工件的加工质量影响很大。中心孔圆度差,则加工出的工件圆度也差;中心孔锥面粗糙,工件表面粗糙度值也大。因此,中心孔必须圆整,锥孔表面粗糙度值小,角度正确,两端的中心孔必须同轴。对于要求较高的中心孔,还需经过精车修整或研磨。

(3)中心钻的使用方法

中心孔一般是用中心钻直接钻出。常用的中心钻用高速钢制造,如图 2.22 所示。直径 ϕ6.3 mm 以下的中心孔,通常用整体式中心钻直接钻出。直径较大的中心孔,通常用相应的钻头、圆锥形锪钻配合加工而成。中心钻可用钻夹头夹持,然后直接或用锥形套过渡插入车床尾座套筒的锥孔中。

(a)A型中心钻　　(b)B型中心钻

图 2.22　中心钻

1)钻中心孔的方法

常用的钻中心孔的方法:在车床上钻中心孔。

把工件夹在卡盘上并找正,工件尽可能伸出短些;车平端面不留凸头;选择较高的工件转速,然后缓慢均匀地摇动尾座手轮,钻出中心孔。待钻到尺寸后,让中心钻保持原位置不动数秒,使中心孔圆整后再退出;或轻轻进给,使中心钻的切削刃将 60°锥面切下薄薄一层切屑,以减小中心孔的表面粗糙度值。钻中心孔的过程中还应注意勤退刀,及时清除切屑,并进行充分的冷却润滑。此种方法适用于直径较小、质量较轻的轴类工件。

2)中心钻折断的原因及预防

钻中心孔时,由于中心钻切削部分的直径较小,承受不了过大的切削力,稍不注意就容易折断。导致中心钻折断的原因有:

①中心钻轴线与工件旋转轴线不一致,使中心钻受到一个附加力的影响而弯曲折断。通常是由车床尾座偏位,装夹中心钻的钻夹头锥柄弯曲及与尾座套筒锥孔配合不准确而引起偏位等原因造成。因此,钻中心孔前必须严格找正中心钻的位置。

②工件端面不平整或中心处留有凸头,使中心钻不能准确地定心而折断。所以工件端面必须车平。

③切削用量选择不当,如工件转速太低,而中心钻进给太快,会使中心钻折断。

④中心钻磨钝后,强行钻入工件,使中心钻折断,因此,中心钻磨损后应及时修磨或调换。

⑤没有浇注充分的切削液或没有及时清除切屑,导致切屑堵塞在中心孔内而挤断中心钻。

钻中心孔操作虽然较简单,但如果不注意会使中心钻折断,而且,还会给工件加工带来

困难。因此,必须熟练地掌握钻中心孔的方法。如果中心钻折断,必须将折断部分从中心孔中取出,并将中心孔修整后才能继续加工。

2.2.3　技能训练——一般轴的车削

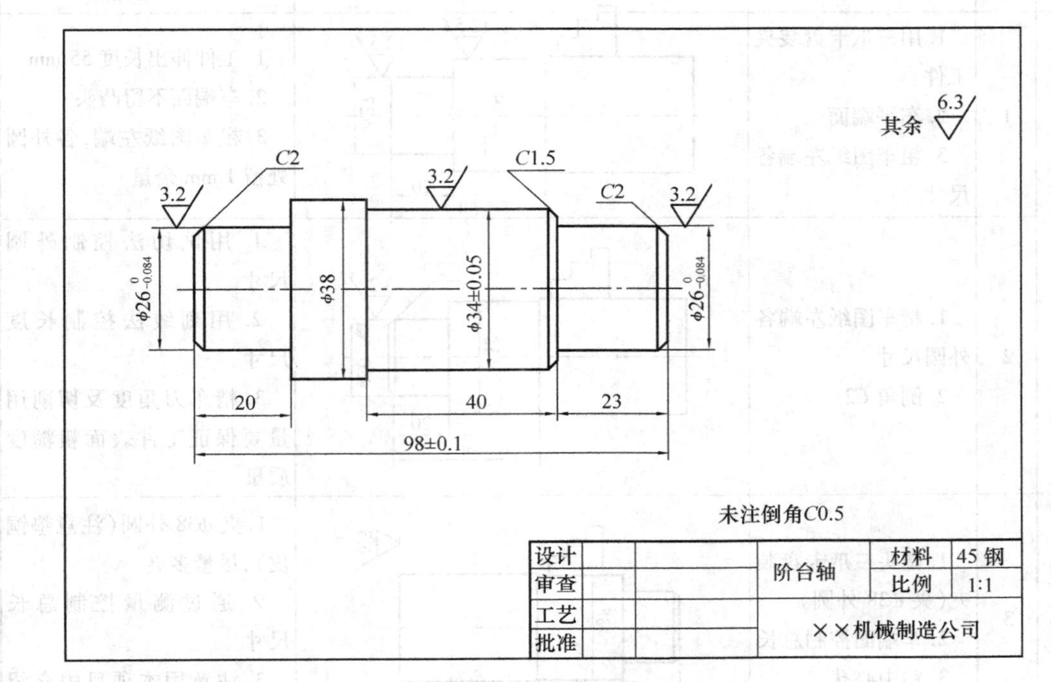

图 2.23　多台阶轴

本次训练工件如图 2.23 所示的一般轴的车削,毛坯为 $\phi40\times100$ 的 45 钢棒料。

(1)零件工艺分析

形状分析:本工件为一般阶台轴,因工件较长,故采用一夹一顶装夹工件;

精度分析:本工件直径尺寸精度要求较高、其余要求不太高,无特殊技术要求。

工艺分析:

①根据工件形状和毛坯较长的特点,采用一夹一顶装夹工件装夹,加工好一端后调头加工另一端。

②根据工件直径精度要求,采用粗精分开的原则,精车余量为 1 mm。

(2)工量具准备清单(见表 2.4)

表 2.4　工量具准备清单

类　型	名称、规格	备　注
夹具	三爪自定心卡盘、铜皮	
量具	游标卡尺 0 ~ 150 mm;钢直尺 150 mm	
刀具	45°车刀 YT5;中心钻 $\phi3$;外圆粗车刀 YT5;外圆精车刀 YT5;4 mm 切刀片	配切刀盒

(3)操作步骤

多阶台轴车削加工工艺过程见表2.5。

表2.5 多阶台轴车削加工工艺

工序	工步	加工内容	加工图形效果	加工要点
车	1	1.用三爪卡盘装夹工件 2.车平端面 3.粗车图纸左端各尺寸	12.5　12.5　ϕ39　ϕ27　20　50	1.工件伸出长度55 mm 2.车端面不留凸头 3.粗车图纸左端,各外圆处留1 mm余量
	2	1.精车图纸左端各外圆尺寸 2.倒角 $C2$	C2　3.2　ϕ38　$\phi26_{-0.084}^{0}$　20　50	1.用试切法控制外圆尺寸 2.用刻线法控制长度尺寸 3.精车刀角度及切削用量要保证工件表面粗糙度质量
	3	1.调头三爪卡盘装夹(夹 ϕ38 外圆) 2.车端面控制总长 3.钻中心孔	6.3　ϕ38　98±0.1	1.夹 ϕ38 外圆(注意垫铜皮),尽量多夹 2.通过测量控制总长尺寸 3.注意用本项目中介绍的方法防止中心钻折断
	4	1.一夹一顶,夹 ϕ26 外圆,车图纸右端 2.粗车图纸右端各尺寸	12.5　12.5　ϕ35±0.1　$\phi27_{-0.2}^{0}$　40　22.7	夹 ϕ26 外圆时,要注意垫铜皮校正
	5	1.精车图纸右端各尺寸至所需要求 2.倒角	3.2　C1.5　C2　3.2　ϕ34±0.05　$\phi26_{-0.084}^{0}$　40　23	1.用试切法控制外圆尺寸 2.用刻线法控制长度尺寸 3.精车刀角度及切削用量要保证工件表面粗糙度质量
检验				

(4)工件评分标准及记录表(见表2.6)

表2.6　评分标准及记录表

尺寸类型及权重	尺　寸	配　分	学生自评		学生互评		教师评分	
			检测	得分	检测	得分	检测	得分
直径尺寸30	两处 $\phi 26_{-0.084}^{\ 0}$	16						
	$\phi 34 \pm 0.05$	8						
	$\phi 38$	6						
长度尺寸25	98±0.1	10						
	20	5						
	40	5						
	23	5						
倒角10	C1.5	4						
	C2(2处)	6						
表面粗糙度15	$R_a 3.2$(3处)	10						
	其余 $R_a 6.3$	5						
安全纪律20	安全	10						
	纪律	10						
合　计		100						

注:每个精度项目检测超差不得分。

任务2.3　典型简单轴类工件训练

车轴类工件时,如果轴的毛坯余量较大又不均匀,或精度要求较高,应将粗加工与精加工分开进行。另外,根据工件的形状特点、技术要求、数量的多少和工件的安装方法,轴类工件的车削步骤应考虑以下几个方面:

①车短小的工件时,一般先车端面,这样便于确定长度方向的尺寸。车铸件时,最好先倒角再车削,刀尖就不会遇到外皮和型砂,避免损坏车刀。

②当工件车削后还需磨削时,这时只需粗车和半精车,但要注意留磨削余量。

③车削阶台轴时,应先车削直径较大的一端,以避免过早地降低工件刚性。

④在轴上车槽,一般安排在粗车和半精车之后、精车之前。如果工件刚性好或精度要求不高,也可在精车以后再车槽。

⑤车螺纹一般可以在半精车之后车削,螺纹车好以后再精车各级外圆,避免车螺纹时轴弯曲。如果工件精度要求不高,螺纹可以放在最后车削。

本项目典型车削训练工件如图 2.24 所示(也是本项目的图 2.2),毛坯采用 $\phi32\times98$ 的 45 钢棒料(也可采用图 2.23 训练图作为本次训练毛坯)。同学们根据本项目所学的知识技能,自行对工件进行工艺分析,制订加工工艺路线,分组完成本次训练任务。

(1)填写零件工艺分析

形状分析:

精度分析:

工艺分析:

车削工艺顺序:

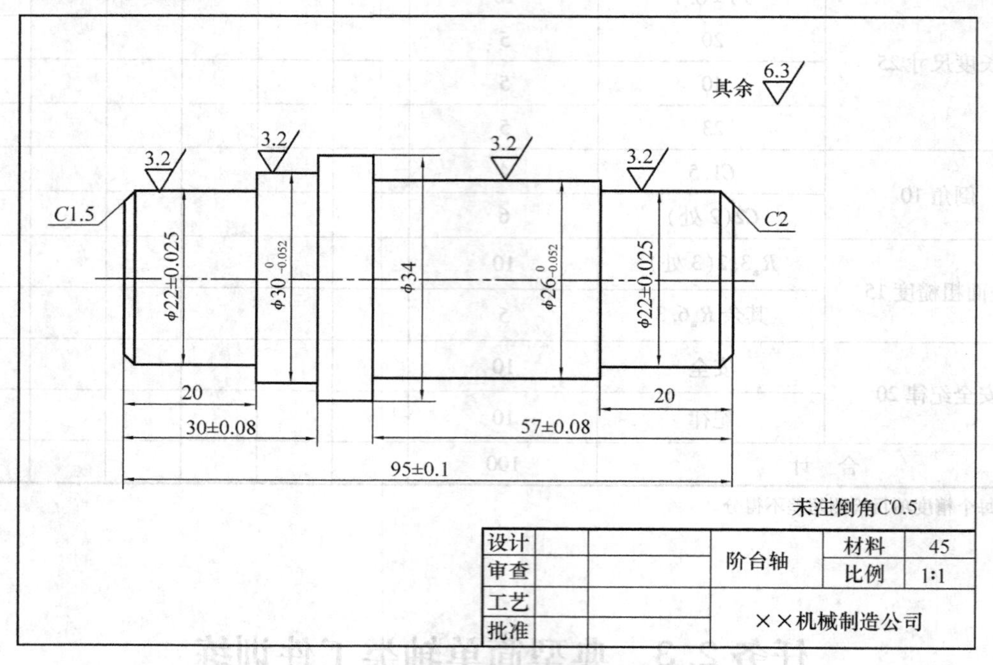

图 2.24 典型简单阶台轴零件工作图

(2)填写工量具清单(见表 2.7)

表 2.7 工量具清单

类 型	名称、规格	备 注
夹具		
量具		
刀具		

(3)评分标准及记录表(见表2.8)

表2.8　评分标准及记录表

尺寸类型及权重	尺　寸	配　分	学生自评		学生互评		教师评分	
			检测	得分	检测	得分	检测	得分
直径尺寸32	两处 $\phi22 \pm 0.025$	12						
	$\phi30_{-0.052}^{0}$	8						
	$\phi26_{-0.052}^{0}$	8						
	$\phi34$	4						
长度尺寸26	20(2处)	10						
	30 ±0.08	6						
	57 ±0.08	6						
	95 ±0.1	4						
倒角4	C1.5,C2(2处)	4						
表面粗糙度18	R_a3.2(4处)	12						
	其余 R_a6.3	6						
安全纪律20	安全	10						
	纪律	10						
合　计		100						

注:每个精度项目检测超差不得分。

(4)注意事项

①夹持工件必须牢固可靠。

②车端面时车刀刀尖一定要对准工件中心。

③车阶台时,阶台面和外圆相交处一定要清角,不允许出现凹坑和凸台。

④钻中心孔时要复习一下中心钻折断的原因,防止中心钻折断。

⑤精车阶台时,为保证阶台面和工件轴线垂直,装夹90°车刀应使主偏角大于90°。当阶台长度车至尺寸后,应手动进给由中心向外缘方向退出,以保证阶台外圆和轴线垂直。

任务2.4　轴类工件质量分析

车削轴类工件时,可能产生废品的种类、原因及预防措施见表2.9。

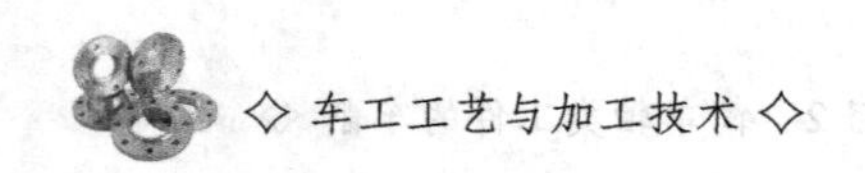

表 2.9　车削轴类工件时产生废品的原因及预防措施

废品种类	产生原因	预防措施
工件表面留有黑皮	加工余量不足	检查坯料要有足够的加工余量
	工件弯曲变形未校直	校直工件
	中心孔打偏	防止中心孔打偏，校正工件中心
尺寸精度达不到要求	看错图样或刻度盘使用不当	认真看清图样尺寸要求，正确使用刻度盘，看清刻度值
	没有进行试切削	根据加工余量算出背吃刀量，进行试切削，然后修正背吃刀量
	测量不正确或量具有误差	正确使用量具，使用量具前，必须检查和调整零位
	由于切削热的影响，使工件尺寸发生变化	不能在工件温度较高时测量，如测量应掌握工件的收缩情况，或浇注切削液，降低工件温度
	尺寸计算错误，槽深度不正确	仔细计算工件的各部分尺寸，对留有磨削余量的工件，车槽时应考虑磨削余量
	机动进给没及时关闭，使车刀进给长度超过阶台长度	注意及时关闭机动进给或提前关闭机动进给，用手动进给到长度尺寸
	车槽时，车槽刀主切削刃太宽或太窄，使槽宽不正确	根据切槽宽度，刃磨车槽刀主切削刃的宽度
圆柱度超差	用一夹一顶或两顶尖装夹工件时，后顶尖轴线与主轴轴线不同轴	车削前，找正后顶尖，使之与主轴轴线同轴
	用卡盘装夹工件纵向进给车削时，产生锥度是由于车床床身导轨跟主轴轴线不平行	调整车床主轴与床身导轨的平行度
	用小滑板车外圆时，圆柱度超差是由于小滑板的位置不正，即小滑板刻线与中滑板的刻线没有对准“0”线	必须先检查小滑板的刻线是否与中滑板刻线的“0”线对准
	工件装夹时悬伸较长，车削时因切削力影响使前端让开，造成圆柱度超差	尽量减少工件的伸出长度，或另一端用顶尖支撑，增加装夹刚性
	车刀中途逐渐磨损	选择合适的刀具材料或适当降低切削速度
圆度超差	车床主轴间隙太大	车削前，检查主轴间隙，并调整合适。如因轴承磨损太多，则需更换轴承
	毛坯余量不均匀，切削过程中背吃刀量发生变化	分粗、精车
	用两顶尖装夹工件时，中心孔接触不良，前后顶尖顶得不紧，前后顶尖产生径向圆跳动等	用两顶尖装夹工件时，必须松紧适当。若回转顶尖产生径向圆跳动，需及时修理或更换

续表

废品种类	产生原因	预防措施
表面粗糙度达不到要求	车床刚性不足，如滑板塞铁太松，传动零件（如带轮）不平衡或主轴太松引起振动	消除或防止由于车床刚性不足而引起的振动（如调整车床各部件的间隙）
	车刀刚性不足或伸出部分太长而引起振动	增加车刀刚性和正确装夹车刀
	工件刚性不足引起振动	增加工件的装夹刚性
	车刀几何参数不合理，如选用过小的前角、后角和主偏角	合理选择车刀角度（如适当增大前角，选择合理的前角、后角和主偏角）
	切削用量选用不当	进给量不宜太大，精车余量和切削速度应选择恰当

●拓展训练与思考题

1. 拓展实训练习

拓展实训多台阶轴如图 2.25 所示。

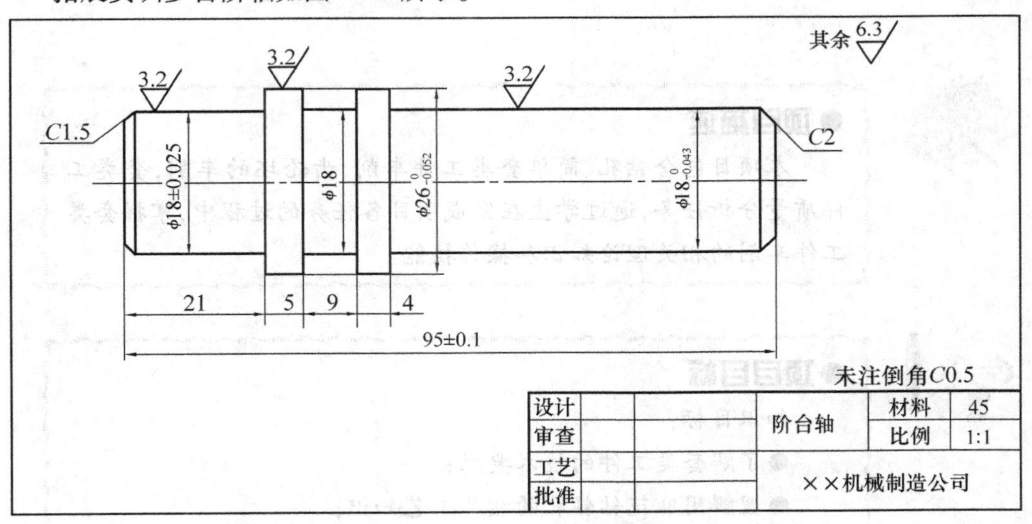

图 2.25　拓展实训多台阶轴

2. 思考题

(1) 轴类工件一般有哪些技术要求？

(2) 车轴类工件时，常采用哪些装夹方法？各有什么特点？分别适用于什么场合？

(3) 中心孔有哪几种类型？如何选用？

(4) 用两顶尖装夹工件时应注意什么问题？

(5) 粗、精车刀各有哪些特点？如何选择粗、精车刀的几何参数？

(6) 车端面的方法有哪些？

(7) 车阶台时正确控制阶台长度尺寸的方法有哪些？

(8) 车削轴类工件时，表面粗糙度达不到要求的原因是什么？

项目 3

简单套类工件的车削

●项目描述

本项目包含钻孔、简单套类工件车削、齿轮坯的车削，套类工件质量分析任务，通过学生在完成项目各任务的过程中，掌握套类工件车削的相关理论知识和操作技能。

●项目目标

知识目标：

●了解套类工件的技术要求；

●理解用麻花钻钻孔的相关工艺知识；

●掌握套类工件常用装夹方法及对位置精度的影响；

●掌握套类工件钻孔和车削加工方法；

●学会套类工件的精度控制。

技能目标：

●会根据套类工件要求选择及刃磨孔加工刀具；

●能完成初级精度的简单套类零件加工。

情感目标：

●通过完成本项目学习任务的体验过程，增强学生完成对本课程学习的自信心。

●项目实施过程

概述　套类零件

(1)套类工件

套类工件是车削加工的重要内容,其主要作用是支承、导向、连接以及与轴组成配合等。一般有轴承座、轴套等零件,齿轮、带轮等轮盘类零件都是套类工件(见图3.1)。套类工件主要由有圆跳动、同轴度、垂直度等要求的内、外回转表面以及端面、阶台、沟槽等部分组成,本项目主要学习简单套类工件的车削。

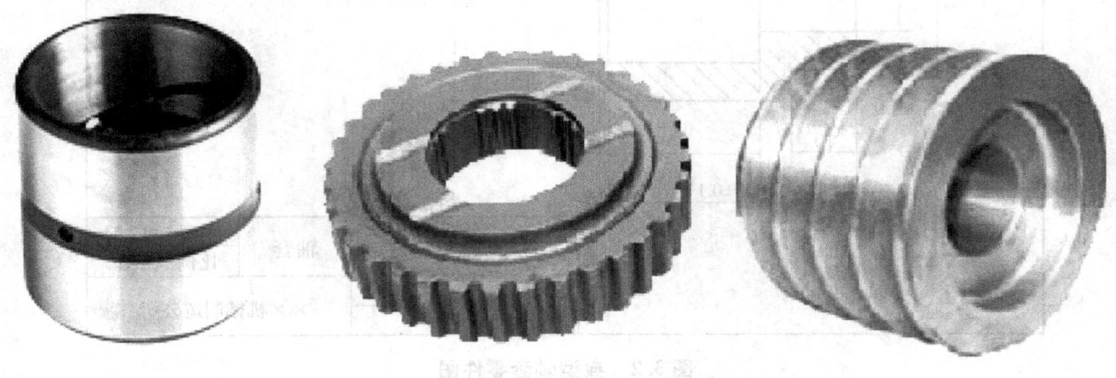

图3.1　常见套类工件

(2)典型简单套类零件工作图

典型轴套的工作图如图3.2所示。本任务为常见的轴套零件,同学们需要正确选用工夹具,正确选用麻花钻、内孔车刀等刀具,正确使用游标卡尺测量工件内孔尺寸、用百分表测量工件位置精度,熟悉加工套类工件的工艺过程,保证工件各方面精度要求,完成工件的车削加工。

(3)套类工件的技术要求

①套类工件的各部分尺寸应达到一定的精度要求。如图3.2所示中的$\phi28_{0}^{0.062}$ mm。

②套类工件要保证一定的形状或位置精度,一般是圆度、圆柱度和直线度,同轴度、垂直度、平行度、径向圆跳动和端面圆跳动等。如图3.2所示中左端的$\phi30\pm0.01$ mm外圆对右端$\phi28_{0}^{0.062}$孔轴线的径向圆跳动公差为0.05 mm。

③表面粗糙度指各表面应达到图样要求的表面粗糙度,如图3.2所示中的标注。

孔加工因为观察和测量困难、排屑和散热不良、刀杆刚性不足等原因,其加工难度一般较轴类工件要大一些。

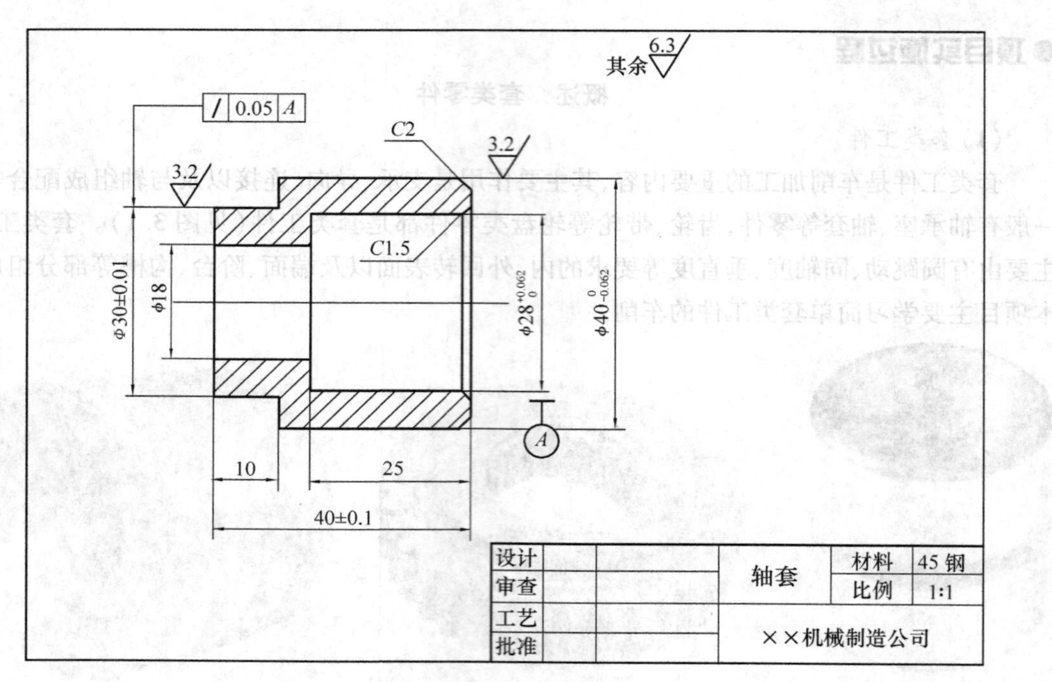

图 3.2　典型轴套零件图

任务 3.1　钻孔、扩孔、铰孔

本任务为一个钻、扩、铰孔零件加工（见图 3.12）。同学们需要正确选用工夹具，正确选用麻花钻、扩孔钻来完成加工任务。

3.1.1　麻花钻及钻孔

用钻头在实心材料上加工孔的方法称为钻孔，钻孔是一种效率较高的孔粗加工方法。钻孔的精度一般可达 IT11 ~ IT12。钻孔所用的刀具种类较多，有麻花钻、扩孔钻、扁钻、锪孔钻、深孔钻等，这里只介绍最常用的麻花钻。

（1）麻花钻的几何形状

1）麻花钻的组成如图 3.3 所示。

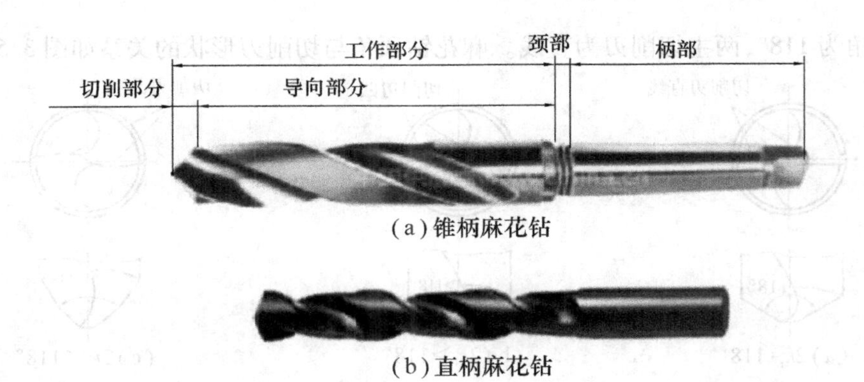

(a)锥柄麻花钻

(b)直柄麻花钻

图 3.3　麻花钻的组成

①柄部。作为钻头的夹持部分，装夹时起定心作用，切削时起传递扭矩的作用，柄部有锥柄和直柄两种。

②颈部。颈部是钻头的工作部分与柄部的连接部分。直径较大的钻头在颈部标有钻头直径、材料牌号及商标等。

③工作部分是钻头的主要部分，由切削部分和导向部分组成，起切削和导向作用，导向部分还为切削部分提供刃磨储备。

2)麻花钻工作部分的几何形状(见图 3.4)

①螺旋槽。钻头的工作部分有两条对称的螺旋槽，构成了切削刃，还起着排屑和通入切削液的作用。

②螺旋角 β。螺旋槽上最外缘螺旋线的切线与轴线之间的夹角。

③前刀面也是切削部分的螺旋槽面。

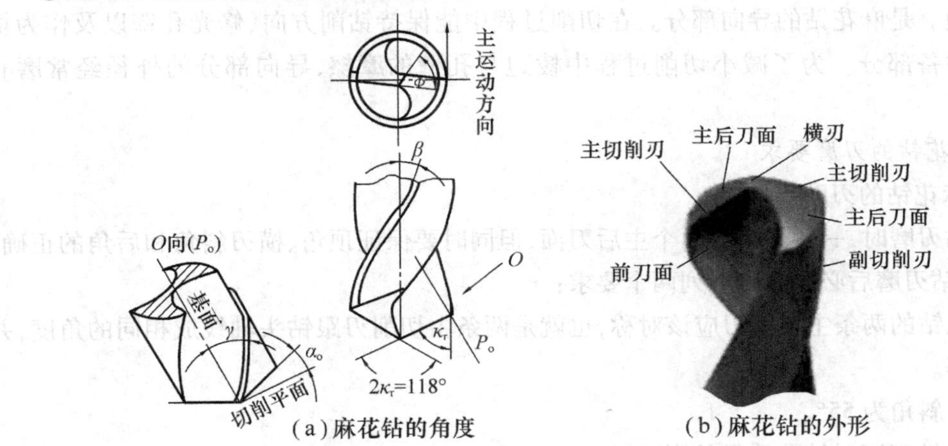

(a)麻花钻的角度　　(b)麻花钻的外形

图 3.4　麻花钻的几何形状

④主后刀面指钻顶的螺旋圆锥面，也就是与工件孔底表面相对的表面。

⑤主切削刃是前刀面与主后刀面的交线，主要担负着切削工作。两个主切削刃是相互对称的。

⑥顶角 $2\kappa_r$。钻头的顶角是两主切削刃在与其平行的平面上投影之间的夹角。标准麻

花钻的顶角为 118°，两主切削刃为直线。麻花钻顶角与切削刃形状的关系如图 3.5 所示。

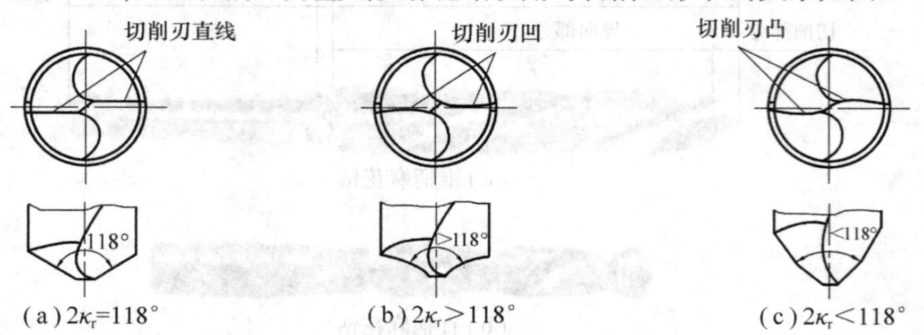

(a) $2\kappa_r=118°$　(b) $2\kappa_r>118°$　(c) $2\kappa_r<118°$

图 3.5　麻花钻顶角与切削刃的关系

⑦前角 γ_o。主切削刃上任一点的前角是过该点的基面与前刀面之间的夹角。主切削刃上各点的前角是变化的，靠近外缘处前角最大，自外缘向中心逐渐减小，在大约 1/3 钻头直径以内开始为负前角，前角的变化范围为 -30° ~ +30°。

⑧后角 α_o。主切削刃上任一点的后角是过该点的切削平面与主后刀面之间的夹角。后角也是变化的，变化范围为 8° ~ 14°，其变化趋势与前角变化相反，靠近外缘处最小，接近中心处最大。

⑨横刃。两个主后刀面的交线，也就是两主切削刃的连接线。横刃太短会影响麻花钻的钻尖强度。横刃太长，会使轴向力增大，对钻削不利。

⑩横刃斜角 ψ。在垂直于钻头轴线的端面投影中，横刃与主切削刃之间所夹的锐角。横刃斜角的大小与后角有关。后角大时，横刃斜角减小，横刃变长；后角小时，情况相反。横刃斜角一般为 55°，通常横刃斜角能反映出后角的合理性。

⑪棱边。是麻花钻的导向部分。在切削过程中能保持钻削方向、修光孔壁以及作为切削部分的后备部分。为了减小切削过程中棱边与孔壁的摩擦，导向部分的外径经常磨有倒锥。

(2) 麻花钻的刃磨要求

1) 对麻花钻的刃磨要求

麻花钻刃磨时，一般只刃磨两个主后刀面，但同时要保证顶角、横刃斜角和后角的正确。因此，麻花钻刃磨后必须达到下列两个要求：

①麻花钻的两条主切削刃应该对称，也就是两条主切削刃跟钻头轴线成相同的角度，并且长度相等。

②横刃斜角为 55°。

2) 麻花钻刃磨对钻孔质量的影响

麻花钻顶角不对称，当顶角对称但切削刃长度不等、顶角不对称且切削刃长度又不等时，会出现孔径扩大或孔轴线歪斜等问题，如图 3.6 所示。

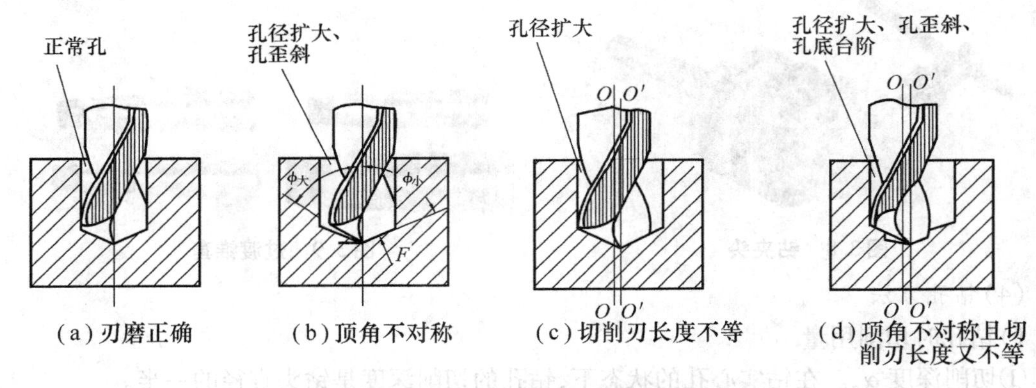

图 3.6　钻头刃磨情况对加工的影响

3)麻花钻的缺点及修磨

麻花钻的主要缺点如下：

①一是外缘处前角较大(+30°),外缘处刀刃强度弱、散热差,而钻心处前角为很大的负前角,(−54°),挤压严重,切削条件差;二是横刃长,钻心挤刮严重,发热量大,定心也差。

②麻花钻的简单修磨方法

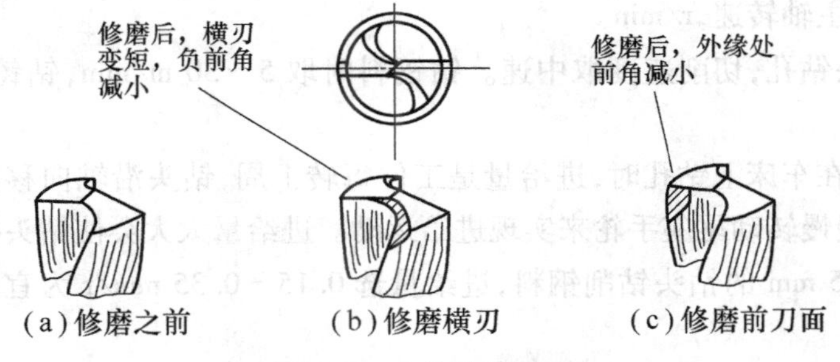

图 3.7　麻花钻的修磨

一是修磨外缘处的前刀面以减小外缘处的前角;二是修磨横刃以缩短横刃长度,增大横刃处前角,减小钻削力,如图 3.7 所示。

(3)麻花钻的装夹

1)直柄麻花钻的装夹

直柄麻花钻(一般直径小于 13 mm)先用钻夹头(见图 3.8)装夹,然后将钻夹头锥柄插入车床尾座套筒锥孔。

2)锥柄麻花钻的装夹

当钻头锥柄的号数与尾座套筒锥孔的号数相同时,可直接把钻柄装入尾座锥孔内。

当两者的号数不相同时,就必须在钻柄处装一个与尾座套筒号数相同的过渡锥套(又称变径套),然后再将过渡锥套(见图 3.9)装入尾座套筒锥孔内。

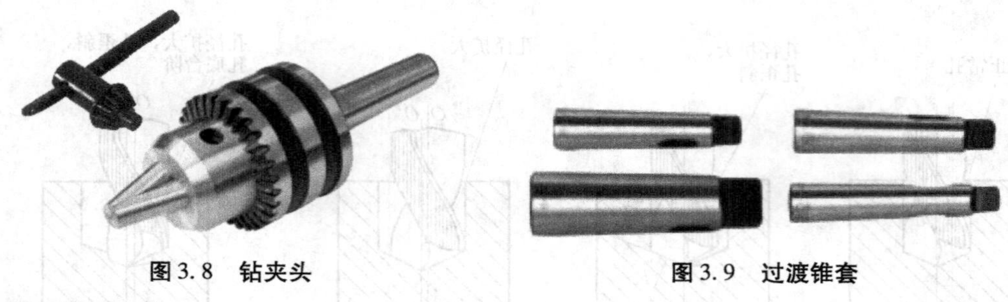

图 3.8　钻夹头　　　　图 3.9　过渡锥套

(4)钻孔方法

1)钻孔时切削用量

①切削深度 α_p。在钻实心孔的状态下，钻孔的切削深度是钻头直径的一半。

②切削速度 v_c。钻孔时的切削速度是指钻头主切削刃外缘处的线速度，对钻孔时的切削热、切削温度和钻头磨损有很大影响。

$$v_c = \frac{\pi D n}{1\,000}$$

式中　v_c——切削速度，m/min；

D——钻头的直径，mm；

n——车床主轴转速，r/min。

用高速钢钻头钻孔，切削速度取中速。钻钢料时取 5 ~ 30 m/min，钻铸铁时取 10 ~ 25 m/min。

③进给量 f。在车床上钻孔时，进给量是工件每转 1 周，钻头沿轴向移动的距离。在车床上用手动方式慢慢转动尾座手轮来实现进给运动。进给量太大会使钻头折断。

直径为 12 ~ 25 mm 的钻头钻削钢料，进给量选 0.15 ~ 0.35 mm/r 为宜；钻铸铁时，进给量可略大些。

2)钻孔操作注意事项

①将钻头装入尾座套筒中，检查并调整尾座位置，找正钻头轴线与工件旋转轴线相重合，否则会使钻头折断。

②钻孔前，必须将端面车平，中心处不允许有凸头，否则钻头定心不良，易使钻头折断。

③当钻头刚接触工件端面和钻通孔快要钻透时，会感觉钻削较轻松，这时要降低进给量，以防钻头折断。

④钻小而深孔时，应先用中心钻钻中心孔，便于麻花钻定心，避免将孔钻歪。

⑤钻深孔时，切屑不易排出，要经常把钻头退出清除切屑并冷却钻头。

⑥钻削钢料时，必须浇注充分的切削液，使钻头冷却。钻铸铁时可不用切削液。

3.1.2　扩孔与铰孔

(1)扩孔

用扩孔工具将原工件孔径扩大的加工过程称为扩孔。

扩孔与钻孔相比，生产率高，加工质量好，精度可达 IT9 ~ IT10，表面粗糙度 R_a 为 10 ~ 5 μm，可作为孔的半精加工。

1）用麻花钻扩孔

实心工件上钻孔时，如果孔径较小，可一次钻出；如果孔径较大，可分两次或多次钻削。例如钻孔中 ϕ50 mm 的孔，可先用 ϕ25 mm 的钻头钻孔，然后用中 ϕ50 mm 的钻头扩孔。

用麻花钻扩孔时，由于钻头横刃不参加切削，轴向切削力小，进给省力，但因钻头外缘处前角较大，容易把钻头拉进去，使钻头在尾座套筒内打滑。因此在扩孔时，应把钻头外缘处的前角修磨得小些，并适当地控制进给量，防止因为钻削轻松而使进给量过快，用麻花钻扩孔只适应单件少量加工。

2）用扩孔钻扩孔

扩孔钻有高速钢扩孔钻和整体硬质合金扩孔钻两种，如图 3.10 所示。

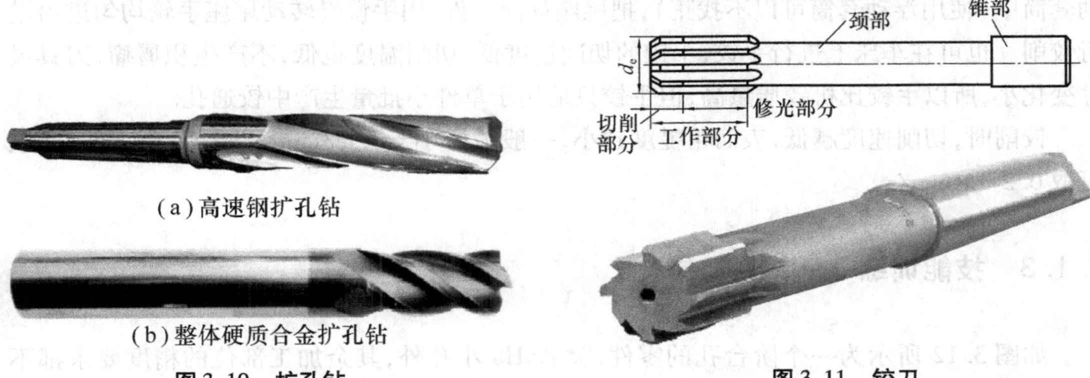

（a）高速钢扩孔钻

（b）整体硬质合金扩孔钻

图 3.10　扩孔钻

图 3.11　铰刀

扩孔钻的主要特点是：扩孔钻的齿数较多（一般有 3 ~ 4 齿），导向性好，切削平稳；无横刃，切削刃不必自外缘一直到中心，可避免横刃对切削的不利影响；钻心粗，刚性好，可选较大的切削用量。

（2）铰孔

铰孔（见图 3.11）是用铰刀对未淬硬孔进行精加工的一种加工方法。铰刀是尺寸精确得多刃刀具，它具有加工余量小、切削速度低、排屑及润滑性能好等优点。铰刀的刚性比内孔车刀好，因此，更适合加工不便车削的小孔、深孔。铰孔不仅尺寸精确，而且表面粗糙度值又小，其精度可达 IT7 ~ IT9，表面粗糙度 R_a 可达 1.6 ~ 3.2 μm。

1）铰刀

①铰刀的几何形状。铰刀是由工作部分、颈部和柄部组成（见图 3.11）。

柄部用来夹持和传递扭矩。铰刀有直柄、锥柄和方榫 3 种。工作部分是由引导部分、切削部分、修光部分和倒锥组成。

铰刀的齿数一般为 4 ~ 8 齿，多采用偶数齿。

②铰刀的种类。按用途分为手用铰刀和机用铰刀。机用铰刀的柄部有直柄和锥柄两种。铰孔时由车床尾座定向，因此机用铰刀工作部分较短。手用铰刀因定心的需要，工作部

分较长。

按切削部分材料分有高速钢和硬质合金两种。

2)铰孔方法

①铰刀尺寸的选择。铰刀的基本尺寸与孔的基本尺寸相同。铰孔的精度主要取决于铰刀的尺寸,因此,铰刀的规格(公差带)要根据孔的公差带来选用。

②铰孔余量。铰孔前,一般先经过车孔或扩孔,并留有一定的铰削余量。余量的大小直接影响到孔的质量。余量太小时,往往不能把前道工序的加工痕迹全部铰去。余量太大时,切屑挤满在铰刀的齿槽中,使切削液不能进入切削区,影响表面粗糙度或使切削刃负荷过大而迅速磨损,甚至崩刃。

铰孔余量是:高速钢铰刀为 0.08 ~0.12 mm;硬质合金铰刀为 0.15 ~0.20 mm。

③铰孔的操作。使用机用铰刀在车床上进行机铰时,先把铰刀装夹在尾座套筒中或浮动套筒中(使用浮动套筒可以不找正),把尾座移向工件,用手慢慢转动尾座手轮均匀进给进行铰削。也可在车床上进行手铰,手铰的切削速度低,切削温度也低,不产生积屑瘤,刀具尺寸变化小,所以手铰比机铰质量高,但手铰只适用于单件小批量生产中铰通孔。

铰削时,切削速度越低,表面粗糙度越小,一般最好小于 5 m/min。进给量取大些,一般可取 0.2 ~1 mm/r。

3.1.3 技能训练——钻、扩、铰孔

如图 3.12 所示为一个阶台孔的零件,除 ϕ8H8 小孔外,其余加工部位的精度要求都不高,可以用钻、扩、铰孔方法来完成本工件的加工。

(1)零件工艺分析

形状分析:本工件有一个阶台孔,采用三爪自定心卡盘安装工件。

精度分析:本工件外形不加工,小孔 ϕ8H8 精度要求较高,其余加工部位精度要求低。

工艺分析:

①根据工件形状和毛坯特点,采用三爪自定心卡盘装夹棒料。

②根据工件精度要求,因 ϕ8H8 孔较小,不使用车孔的方法,适宜采用铰孔方法,先钻孔后铰孔。

③大孔采用先钻孔后扩孔的方法进行加工。

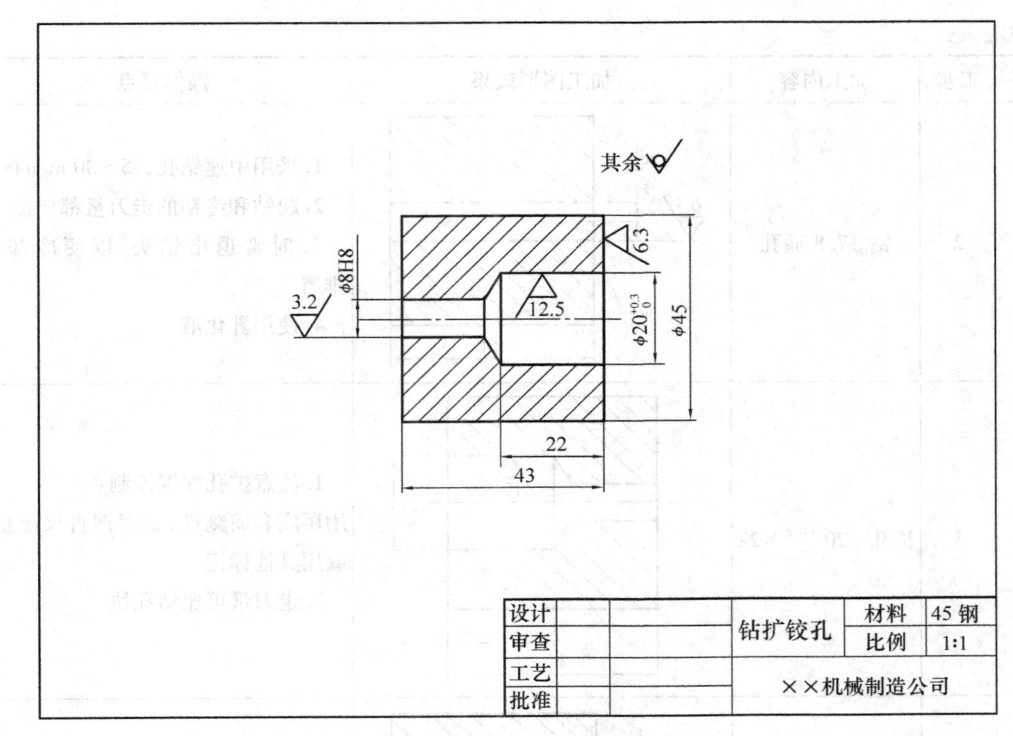

图 3.12　阶台孔零件图

(2)工量具准备清单(见表 3.1)

表 3.1　工量具准备清单

类型	名称、规格	备注
夹具	三爪自定心卡盘	
量具	游标卡尺 0 ~ 150 mm;钢直尺 150 mm	
刀具	45°车刀 YT5;中心钻 ϕ2;麻花钻 ϕ7.8、ϕ20;铰刀 ϕ8H8	

(3)工艺步骤

阶台孔车削加工工艺过程见表 3.2。

表 3.2　阶台孔车削工艺过程

工序	工步	加工内容	加工图形效果	操作要点
车	1	1. 车平端面 2. 钻 ϕ2 中心孔		1. 用 45°弯头车刀车平端面,不留凸头 2. 防折断:高速起钻,先慢后稍快

续表

工序	工步	加工内容	加工图形效果	操作要点
车	2	钻 ϕ7.8 通孔		1. 采用中速钻孔,15~30 m/min 2. 起钻和终钻的走刀量都要慢 3. 时常退出钻头,以便冷却和排屑 4. 使用乳化液
	3	扩孔 $\phi20^{+0.3}_{0}\times22$		1. 注意扩孔深度控制: 用尾座套筒刻度;或用钢直尺测量;或用其他标记 2. 走刀量可比钻孔快
	4	铰 ϕ8H8 孔		注意铰孔用量的合理使用: 1. 切削速度小于 5 m/min 2. 进给量稍快为 0.2~1 mm/r
检验				

(4)评分标准及记录表(见表 3.3)

表 3.3　评分标准及记录表

尺寸类型及权重	尺　寸	配　分	学生自评		学生互评		教师评分	
			检测	得分	检测	得分	检测	得分
长度尺寸 20	43	8						
	22	12						
直径 40	ϕ8H8	20						
	$\phi20^{+0.3}_{0}$	20						
表面粗糙度 30	$R_a3.2$	12						
	$R_a6.3$	9						
	$R_a12.5$	9						

续表

尺寸类型及权重	尺　寸	配　分	学生自评		学生互评		教师评分	
			检测	得分	检测	得分	检测	得分
安全纪律	安全	5						
10	纪律	5						
合　计		100						

注：每个精度项目检测超差不得分。

任务3.2　简单轴套的车削

本任务为简单轴套零件的车削加工（见图3.26）。同学们需要正确选用工夹具，正确选用麻花钻、外圆车刀和内孔车刀来完成加工任务。

3.2.1　一次装夹安装套类工件

车削套类工件时，为了保证工件的位置精度，应选择合理的装夹方式及正确的车削方法，主要有一次装夹安装工件、用软卡爪装夹工件和用心轴装夹工件等方法。这里先介绍一次装夹安装工件的方法。

在单件小批量生产中，可以在卡盘上一次装夹就把工件的全部或关键表面加工完毕。这种方法没有定位误差，位置精度靠车床精度来保证，对于精度较高的车床，可获得较高的形位精度。但采用这种方法车削，一次安装中的工步较多，需要经常换刀，尺寸较难掌握，切削用量变换频繁，生产效率较低，适用于单件小批生产，如图3.13所示。

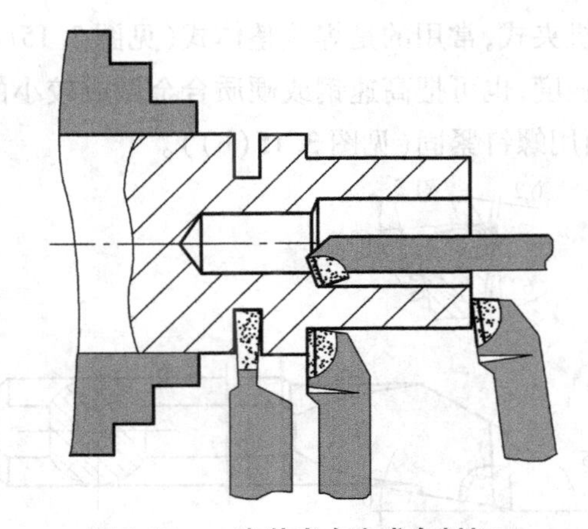

图3.13　一次装夹中完成车削加工

3.2.2 内孔车刀

(1)内孔车刀的种类

根据不同的加工要求,内孔车刀可分为通孔车刀(见图 3.14(a))和盲孔车刀(见图 3.14(b))两种,还有车削内沟槽和端面沟槽的车刀。

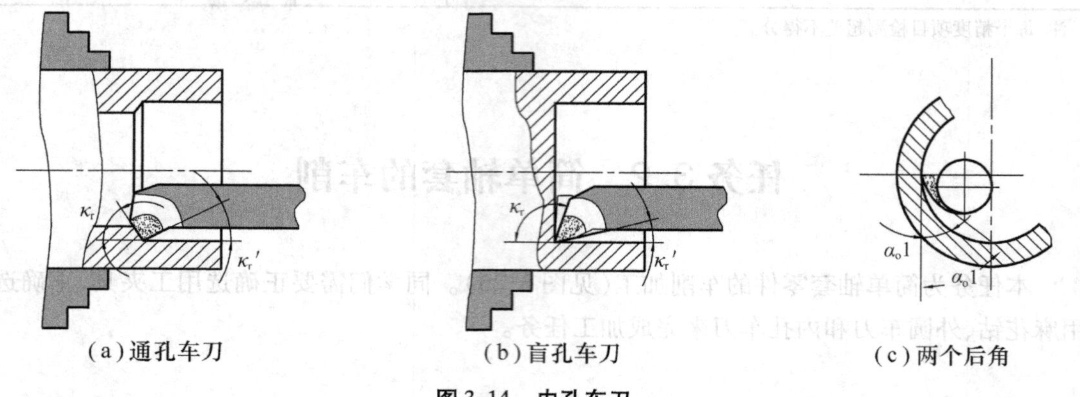

(a)通孔车刀　(b)盲孔车刀　(c)两个后角

图 3.14　内孔车刀

(2)内孔车刀的几何形状

通孔车刀的几何形状基本上与外圆车刀相似,为了减小径向切削力,防止振动,主偏角 κ_r 应取得大些,一般为 60°~75°,副偏角 κ_r' 一般为 15°~30°;采用正的刃倾角,控制前排屑;内孔车刀一般磨成两个后角,靠近刀刃的后角为正常后角(6°~8°),后刀面的靠下面部分磨出较大的后角,是为了防止内孔车刀后刀面和孔壁产生摩擦或干涉(见图 3.14(c))。

盲孔车刀是用来车盲孔或阶台孔的,切削部分的几何形状基本上与偏刀相似,它的主偏角较大,κ_r 大于 90°(κ_r=92°~95°),刀尖在刀杆的最前端,刀尖强度和散热体积不如通孔车刀;采用副的刃倾角,控制后排屑;后角的要求和通孔车刀一样。

内孔车刀有整体式和机夹式,常用的是焊接整体式(见图 3.15(a)),刀头强度较好。为节省刀具材料和增加刀杆强度,也可把高速钢或硬质合金做成较小的刀头,装夹在刀杆前端的方孔中,并在顶端或上面用螺钉紧固(见图 3.15(b))。

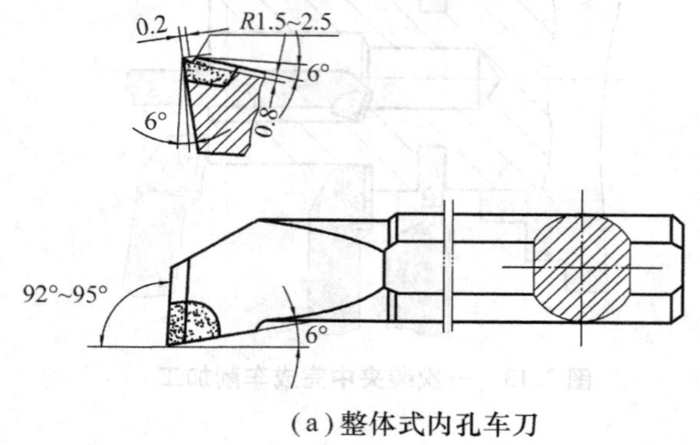

(a)整体式内孔车刀

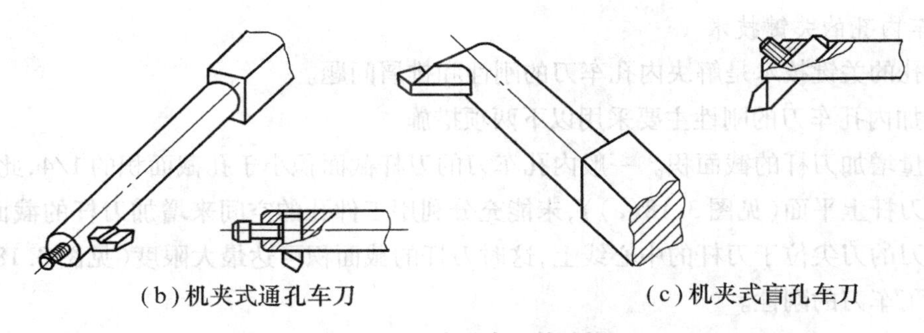

(b)机夹式通孔车刀　　　　(c)机夹式盲孔车刀

图 3.15　内孔车刀的结构

(3)内沟槽车刀

内沟槽的截面形状有矩形(直槽)、圆弧形、梯形(见图 3.16)等几种,内沟槽在机器零件中起退刀、密封、定位、通气等作用。

内沟槽车刀与外槽切断刀的几何形状相似,只是主刀刃方向相反,且在内孔中车槽。加工小孔中的内沟槽车刀做成整体式(见图 3.17)。在大直径内孔中车内沟槽的车刀,可做成车槽刀刀头,然后装夹在刀杆上使用。

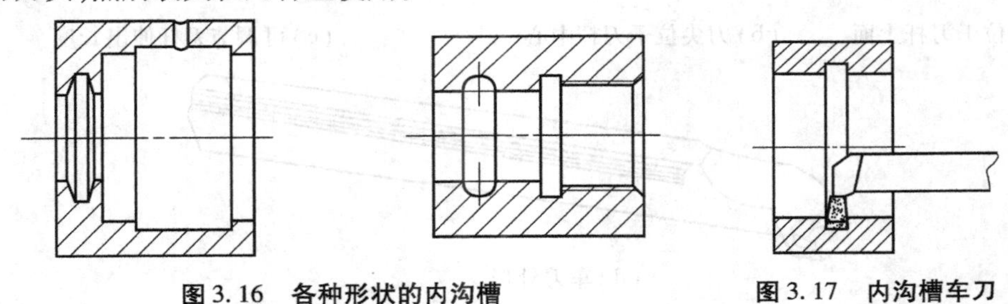

图 3.16　各种形状的内沟槽　　　　**图 3.17　内沟槽车刀**

(4)内孔车刀的装夹

内孔车刀装夹得是否正确,会影响车削情况及孔的精度,内孔车刀装夹时应注意以下几点:

①刀尖应与工件中心等高或稍高。若装得低于中心,由于切削力的作用,容易将刀杆压低而产生扎刀现象,并可能减小后角造成摩擦,还可能造成孔径扩大。

②刀杆伸出刀架不宜过长。否则会降低刀杆刚性,如果刀杆需伸出较长,可在刀杆下面垫一块垫铁支承刀杆。

③刀杆要平行于工件轴线,否则车削时,刀杆容易碰到内孔表面。

3.2.3　内孔车削方法

经过铸造、锻造出来的孔或用钻头加工的孔,还需要经过车孔(或铰孔)才能达到所需要的各种精度要求。车孔(又称镗孔)可以作为粗加工,也可以作为精加工。车孔的精度一般可达 IT7 ~ IT8,表面粗糙度 R_a 为 1.6 μm。精车时,表面粗糙度 R_a 达 0.8 μm 或更小。

车内孔的方法

(1)车内孔的关键技术

车内孔的关键技术是解决内孔车刀的刚性和排屑问题。

1)增加内孔车刀的刚性主要采用以下两项措施

①尽量增加刀杆的截面积。一般内孔车刀的刀杆截面积小于孔截面积的1/4,此时车刀刀尖位于刀杆上平面(见图3.18(a)),未能充分利用工件孔的空间来增加刀杆的截面积;如果内孔车刀的刀尖位于刀杆的中心线上,这时刀杆的截面积可达最大限度(见图3.18(b)),从而提高了车刀的刚性。

②尽可能缩短刀杆的伸出长度也能增加刀杆刚性,刀杆伸出长度只要确保刀架不与工件碰撞即可,最好是刀杆的伸长能根据孔深加以调节(见图3.18(c))。

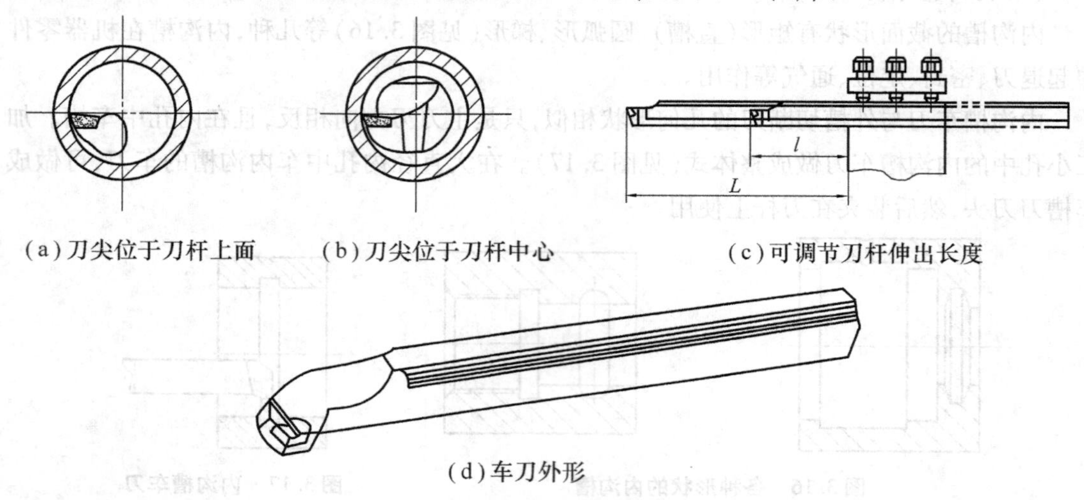

(a)刀尖位于刀杆上面　(b)刀尖位于刀杆中心　(c)可调节刀杆伸出长度

(d)车刀外形

图3.18　可调节刀杆长度的内孔车刀

2)解决排屑问题

主要是控制加工通孔和盲孔两种情境下的切屑流出方向。精车通孔时要求切屑流向待加工表面(前排屑),内孔表面不受切屑影响,可以采用正值刃倾角的内孔车刀。加工盲孔时,为防止切屑在孔内阻塞,则不得不采用负值刃倾角,使切屑从孔口排出(后排屑)。

(2)车内孔的方法

车内孔的方法基本上与车外圆相同,只是车内孔的工作条件较差,加上刀杆刚性差,容易引起振动,因此切削用量应比车外圆时要相应低一些。

需要注意的是,车内孔时,用中滑板刻度盘手柄控制吃刀的方向与车外圆的吃刀方向正好相反,特别是在试切削时,一定要注意这一点。

1)内孔车刀的安装

内孔车刀装夹得是否正确,会直接影响车削情况及孔的精度,内孔车刀装夹时要注意以下几点:

①刀尖应与工件中心等高或稍高。若装得低于中心,由于切削力的作用,容易将刀杆压低而产生扎刀现象,并可能因后角减小造成摩擦,还可能造成孔径扩大。

②刀杆伸出刀架不宜过长。否则会降低刀杆刚性,如果刀杆需伸出较长,可在刀杆下面垫一块垫铁支承刀杆。

③刀杆要平行于工件轴线,否则车削时,刀杆容易碰到内孔表面,在正式车削之前,可手动移动大拖板,将车孔刀移至孔底附近,观察刀杆是否会与孔壁相干涉。

④用盲孔刀加工平底孔时,要注意加工过程中刀杆与工件孔壁不能有摩擦;安装盲孔车刀要保证刀具能通过工件轴心线,而不致刀杆与孔壁摩擦,否则车不平盲孔孔底如图 3.19 所示。

2)孔深的控制

单件少量生产可用车床的纵向刻度盘、在刀杆上作刻线标记(见图 3.19)、在刀架上压标记铜皮等方法,但最终要通过测量来保证孔深尺寸;对于批量生产可使用调节好位置的挡铁来控制孔的深度。

3)盲孔孔底的车削方法

使用盲孔车刀车削盲孔时,先要粗车,留出 0.5 ~ 1 mm 的孔径余量和 0.2 mm 的孔底余量;精车时,要先试切削,确定正确孔径,自动走刀距孔底 2 ~ 3 mm 时,改手动走刀,用小滑板刻度准确控制孔深,最后用中滑板横向走刀从中心向外走刀车平孔底(见图 3.19)。

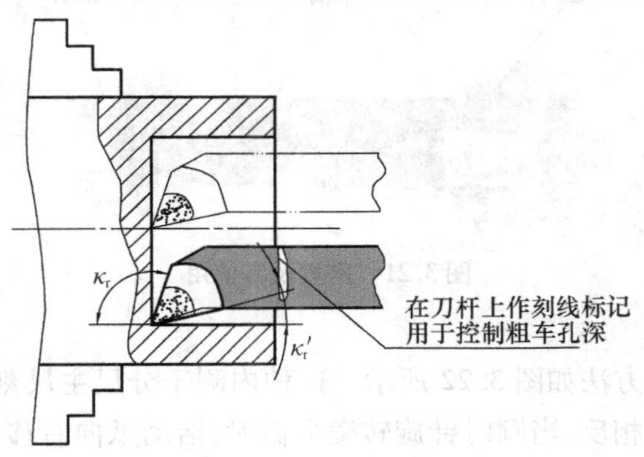

图 3.19　车内孔的方法

3.2.4　套类工件内孔尺寸的检测

测量孔径尺寸时,应根据工件的尺寸大小、生产批量以及精度要求,采用相应的量具进行测量。如果孔径精度要求不高时,可采用钢直尺、内卡钳或游标卡尺测量。精度要求较高时,可采用以下几种方法测量。

(1)内孔直径的测量

1)内卡钳与千分尺配合测量

在位置狭小或位置较深的孔时,使用内卡钳显得灵活方便,如图 3.20 所示。内卡钳与外径千分尺配合使用也能测出较高精度的孔径,测量精度可以达到 IT7 ~ IT8。

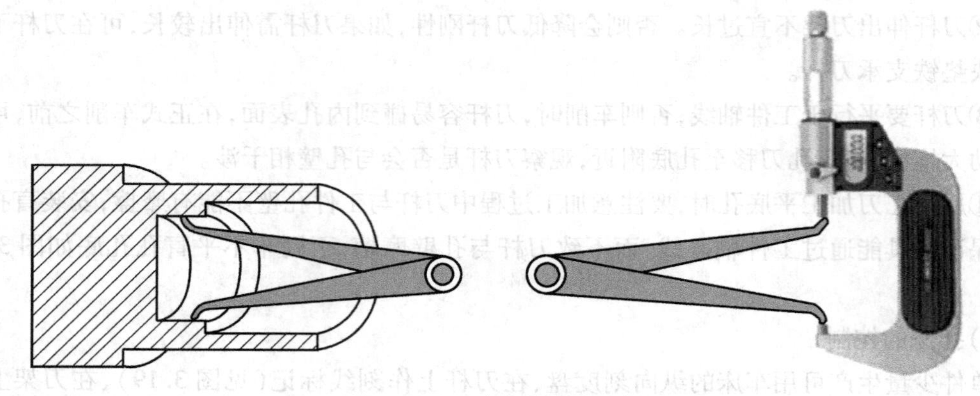

图 3.20　用内卡钳测量孔径

2）塞规

塞规是一种快捷检验孔径是否合格的量具，如图 3.21 所示，用于成批生产检验中。塞规由通端、止端和手柄组成。通端的尺寸按孔的最小极限尺寸设计；止端的尺寸按孔的最大极限尺寸设计。为使通端与止端有所区别，塞规通端宽度要比止端宽度要宽一些。测量时，尺寸合格的条件是，通端通过，而止端不能通过，说明尺寸合格，否则都不合格。

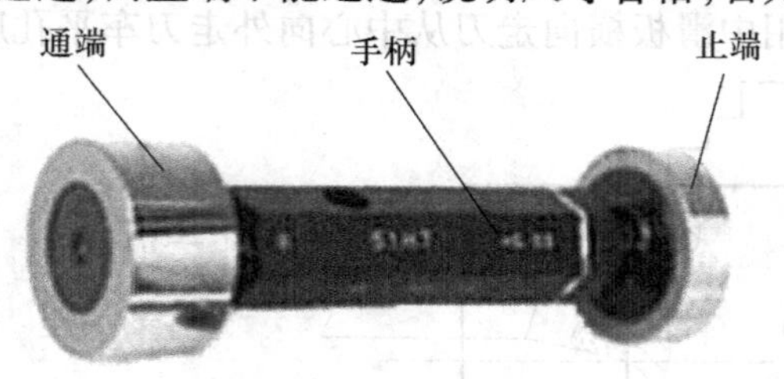

图 3.21　塞规及其使用

3）内测千分尺

内测千分尺的使用方法如图 3.22 所示。这种内测千分尺主尺刻线与微分筒刻线的方向都与外径千分尺正好相反，当顺时针旋转微分筒时，活动爪向右移动，测量值增大。内测千分尺测量的孔径至少要大于 5 mm，主要用于精密测量孔深较浅的孔径。

(2) 内沟槽的检验

1）内沟槽的直径一般用弹簧内卡钳测量（见图 3.23）

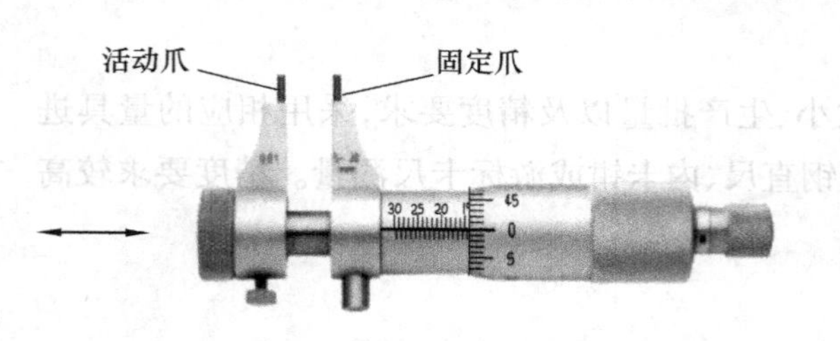

图 3.22　内测千分尺

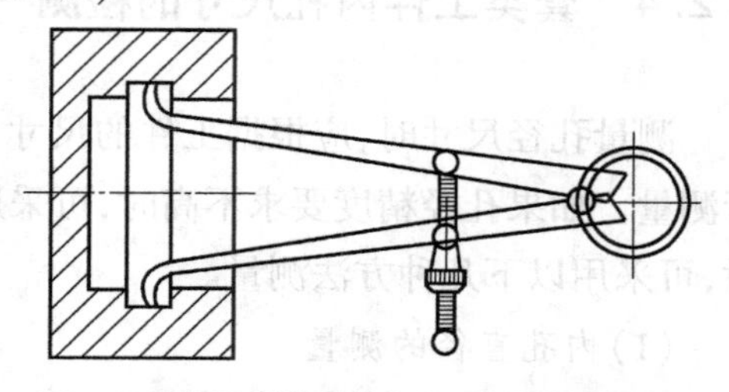

图 3.23　用弹簧内卡钳测量内沟槽尺寸

测量时，先将弹簧内卡钳的卡脚收缩，放入内沟槽，卡住内沟槽直径，再小心调节螺钉位置，然后将内卡钳收缩取出，恢复到原来的尺寸，再用游标卡尺或外径千分尺测出内卡钳的

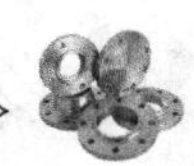

张开距离，就得到内沟槽直径。

2）内沟槽的轴向尺寸可用钩形深度游标卡尺测量（见图 3.24）

内沟槽的宽度可用样板测量，如图 3.25 所示。

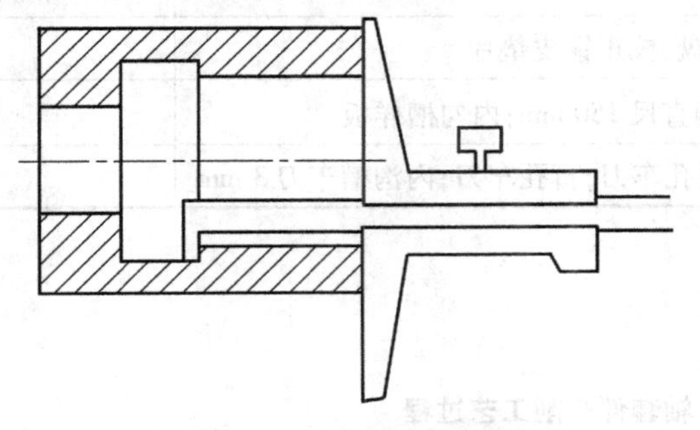

图 3.24　内沟槽轴向测量方法

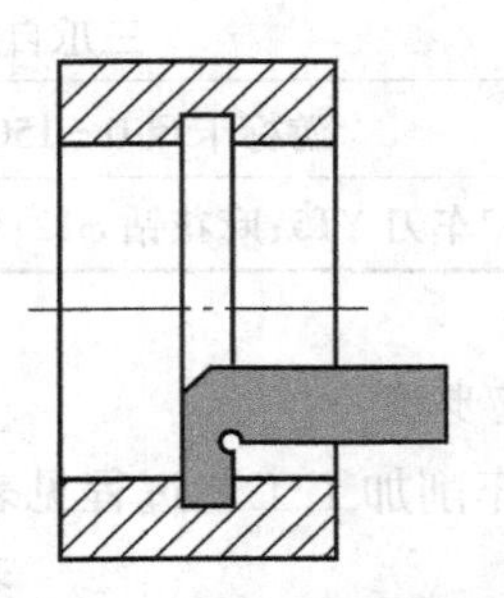

图 3.25　用样板测量槽宽

3.2.5　技能训练——轴套零件的车削

如图 3.26 所示为一个简单轴套零件，加工难度不高。毛坯 $\phi 45\times 45$ 棒料，也可以采用上次工件（见图 3.12）做毛坯。

(1) 零件工艺分析

形状分析：本工件为一个阶台孔，内有一个小沟槽，毛坯直径、长度有几个毫米的余量。

精度分析：本工件外形要加工，内孔精度为 IT9 级，粗糙度要求一般。

工艺分析：根据工件形状精度要求，毛坯带有阶台孔，加工余量为 2 mm，全部加工均为车削；采用三爪自定心卡盘安装工件，三次安装完成，注意在安装时要校正工件，外圆车削要接刀。

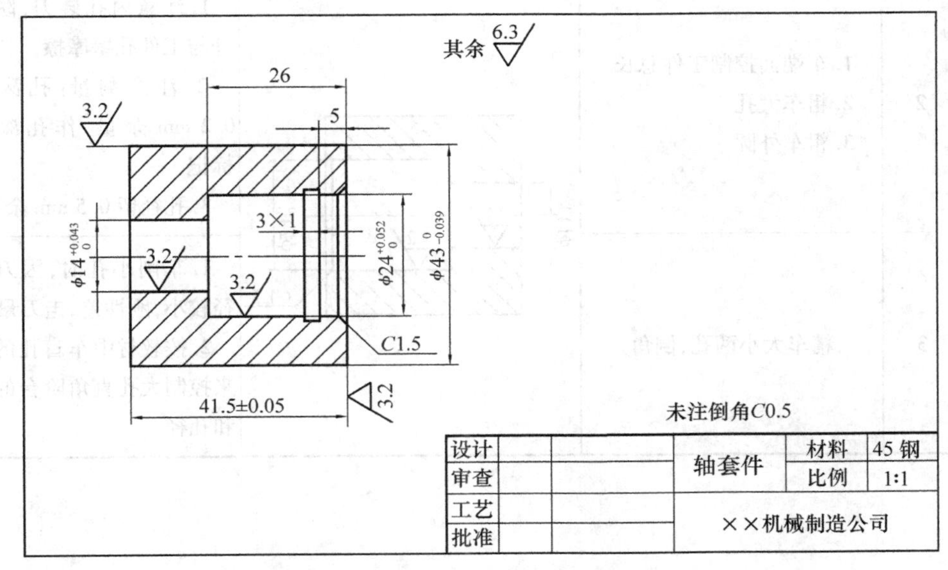

图 3.26　轴套零件图

(2)工量具准备清单(见表3.4)

表3.4 工量具准备清单

类　型	名称、规格	备　注
夹具	三爪自定心卡盘、校正铜皮垫片	
量具	游标卡尺0~150 mm;钢直尺150 mm;内勾槽样板	
刀具	45°车刀YT5;麻花钻 $\phi12$;偏刀;通孔车刀;盲孔车刀;内沟槽车刀3 mm	

(3)工艺步骤

轴套件车削加工工艺过程见表3.5。

表3.5 轴套件车削工艺过程

工序	工步	加工内容	加工图形效果	加工要点
		三爪卡盘安装工件		小孔端朝外(用图3.12毛坯)
	1	1. 车平小孔端面 2. 车调头安装需要的夹持外圆 3. 扩小孔	6.3 12.5 $\phi12$ $\phi43.5$ 6.3 20	车调头安装需要的夹持外圆时,要防止刀具与卡盘碰撞
		调头用三爪卡盘安装工件		校正工件端面(观察法)
车	2	1. 车端面控制工件总长 2. 粗车大孔 3. 粗车外圆	$\phi14^{+0.043}_{0}$ 3.2 3.2 $\phi24^{+0.052}_{0}$ C1.5	1. 注意内孔装刀,防止刀杆与工件孔壁摩擦 2. 注意测量:孔深度留0.2 mm余量,作孔深控制标记 3. 孔径留0.5 mm余量
	3	精车大小两孔,倒角		1. 车削小孔时,因刀杆直径较小,刚性差,走刀量要小 2. 按教材中车盲孔的方法来控制大孔直角阶台的孔深和孔径

续表

工序	工步	加工内容	加工图形效果	加工要点
车	4	车内沟槽精车外圆	5　3.2　3×1　6.3　$\phi 43_{-0.039}^{0}$	1. 内沟槽的位置控制，这里可用内沟槽车刀在端面试切，然后用小滑板轴向进 8 mm 确定位置 2. 沟槽深度用中滑板刻度盘控制
	5	调头安装工件		1. 注意夹持长度 2. 用垫铜皮的方法校正工件 3. 防止出现明显接刀痕迹
	6	接刀精车外圆	3.2　$\phi 43_{-0.039}^{0}$	
检　验				

(4)评分标准及记录表(见表3.6)

表3.6　评分标准及记录表

尺寸类型及权重	尺　寸	配　分	学生自评		学生互评		教师评分	
			检测	得分	检测	得分	检测	得分
长度尺寸20	41.5±0.05	8						
	26	8						
	5	4						
直径30	$\phi 43_{-0.039}^{0}$	10						
	$\phi 24_{0}^{+0.052}$	10						
	$\phi 14_{0}^{+0.043}$	10						
沟槽与倒角10	沟槽3×1	5						
	倒角 $C1.5$	2						
	未注倒角 $C0.5$	3						
表面粗糙度30	$R_a3.2$(4处)	20						
	其余 $R_a6.3$	10						

续表

尺寸类型及权重	尺　寸	配　分	学生自评		学生互评		教师评分	
			检测	得分	检测	得分	检测	得分
安全纪律 10	安全	5						
	纪律	5						
合　计		100						

注：每个精度项目检测超差不得分。

任务 3.3　轴套典型工作任务训练

如图 3.2 所示为一个典型轴套工件，毛坯为 $\phi45\times45$ 钢棒料，也可采用上次工件（见图 3.26）做毛坯。

（1）零件工艺分析

形状精度分析：

工艺分析：

工艺步骤：

（2）工量具准备清单（见表 3.7）

表 3.7　工量具准备清单

类型	名称、规格	备　注
夹具		
量具		
刀具		

（3）评分标准及记录表（见表 3.8）

表 3.8　评分标准及记录表

尺寸类型及权重	尺　寸	配　分	学生自评		学生互评		教师评分	
			检测	得分	检测	得分	检测	得分
长度尺寸 20	20	12						
	5	8						
直径 30	$\phi40^{\ 0}_{-0.1}$	10						
	$\phi16^{+0.043}_{\ 0}$	12						
	$\phi30$	8						
倒角 10	倒角 $C2$（2 处）	4						
	倒角 $C1.5$（2 处）	6						

续表

尺寸类型及权重	尺 寸	配 分	学生自评		学生互评		教师评分	
			检测	得分	检测	得分	检测	得分
表面粗糙度 20	R_a3.2(1 处)	6						
	R_a6.3(2 处)	8						
	其余 R_a12.5	6						
位置精度 10	↗ 0.06 A	10						
安全纪律 10	安全	5						
	纪律	5						
合 计		100						

任务 3.4 一般套类工件车削质量分析

钻孔、车削套类工件时，产生废品的原因及预防措施见表 3.9。

表 3.9 钻孔时产生废品的原因及预防措施

废品种类	产生原因	预防措施
孔歪斜	钻孔前，工件端面不平，或与轴线不垂直 钻孔时尾座偏移 钻头刚性差，初钻时，进给量过大	钻孔前车平端面，中心不能有凸头 调整尾座轴线与主轴轴线同轴 选用较短的钻头或用中心钻先钻导向孔，初钻时进给量要小
孔尺寸扩大	钻头顶角不对称 钻头直径选错 钻头主切削刃不对称 钻头未对准工件中心 车孔时，没有仔细测量 铰孔时，主轴转速太高，铰刀温度上升，切削液供应不足	正确刃磨钻头 看清图样，仔细检查钻头直径 仔细刃磨，使两主切削刃对称 检查钻头是否弯曲，钻夹头、钻套是否装夹正确 仔细测量和进行试切削 降低主轴转速，充分加注切削液
孔的圆柱度超差	铰孔时，铰刀尺寸大于要求，尾座偏位 车孔时，刀杆过细，刀刃不锋利，造成让刀现象，使孔外大里小 车孔时，主轴中心线与导轨在水平面内或垂直面内不平行	检查铰刀尺寸，校正尾座轴线，采用浮动套筒 增加刀杆刚性，保证车刀锋利 调整主轴轴线与导轨的平行度

续表

废品种类	产生原因	预防措施
孔的表面粗糙度值大	铰孔时,孔口扩大,主要原因是尾座偏位	校正尾座,采用浮动套筒
	车孔时,内孔车刀磨损,刀杆产生振动	修磨内孔车刀,采用刚性较大的刀杆
	铰孔时,铰刀磨损或切削刃上有崩口、毛刺	修磨铰刀,刃磨后保管好,不许碰毛
	切削速度选择不当,产生积屑瘤	铰孔时,采用 5 m/min 以下的切削速度,并加注切削液

●拓展训练与思考题

1. 拓展实训图

拓展实训图如图 3. 27 所示。

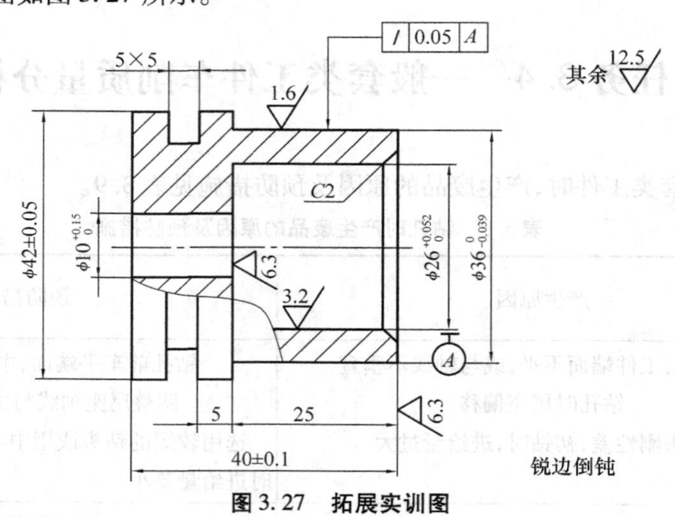

图 3. 27 拓展实训图

2. 思考题

(1)车内孔与车外圆相比有哪些困难?

(2)当你采用一次安装方法加工工件时,如果你要下班了,而这个工件加工还没有完成,这时可以把工件取下来等下次再重新安装上去吗?说说理由?

(3)若要钻削较软的低碳钢,麻花钻的顶角怎么选?此时麻花钻主切削刃应该呈什么形状?

(4)麻花钻的横刃斜角一般为多少度?刃磨麻花钻时为什么要观察横刃斜角的大小?

(5)在麻花钻刃磨时,如果出现两刃长度不对称,这样去钻孔会出哪些问题?

(6)说说修磨普通麻花钻外缘前角的作用?

(7)通孔车刀与盲孔车刀的区别在哪些地方?

(8)车孔的关键技术是什么?车孔刀的刀尖在刀杆的中心有哪些好处?

项目4

简单圆锥工件的车削

●项目描述

本项目包含内外圆锥的车削、齿轮坯的车削、典型圆锥工件车削、圆锥工件质量分析共4个任务,通过学生在完成项目各任务的过程中,掌握锥度工件车削的相关理论知识和操作技能。

●项目目标

知识目标:

●知道锥度工件的基本知识及种类;理解锥度组成部分尺寸的计算方法;

●掌握锥形齿轮坯的加工方法和工艺安排;

●掌握锥度工件的几种常用加工方法;

●学会锥度工件的精度控制方法;

●了解圆锥零件的工艺要求;掌握典型工件的加工工艺和加工方法。

技能目标:

●掌握车削圆锥的加工方法及测量方法;

●能完成初级精度的典型锥度类零件加工。

情感目标:

●通过完成本项目学习任务的体验过程,增强学生完成对本课程学习的自信心。

●项目实施过程

概述　圆锥零件

(1)圆锥工件

圆锥零件在机器上较常见,如圆锥齿轮、圆锥销、顶尖、工具圆锥等,还可以形成各种锥度配合。几种锥形零件如图 4.1 所示。本项目只涉及简单圆锥工件的车削加工。

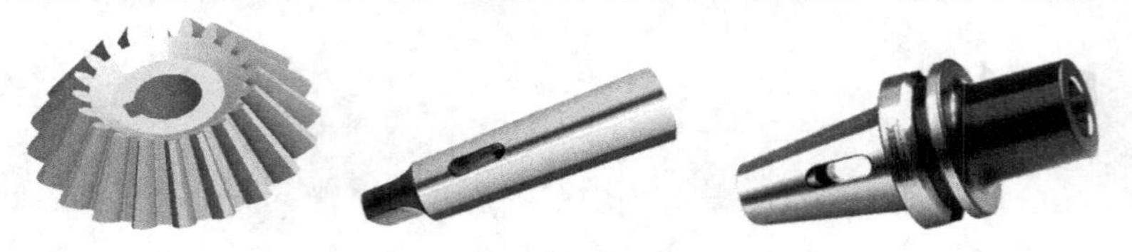

图 4.1　几种内外锥形工件

(2)圆锥形工件的工艺分析

在普通车床上加工锥形工件,根据工件锥度大小、生产批量的不同,有相应的加工方法。本项目只讨论适用一般锥形零件加工的转动小滑板法。

(3)典型简单圆锥零件工作图

1)本项目典型工件任务描述

如图 4.2 所示为典型简单圆锥零件,同学们需要了解圆锥零件的应用,熟悉加工圆锥的工艺过程,通过万能角度尺及样板等量具的检测,保证工件各方面精度要求,完成工件的车削加工。

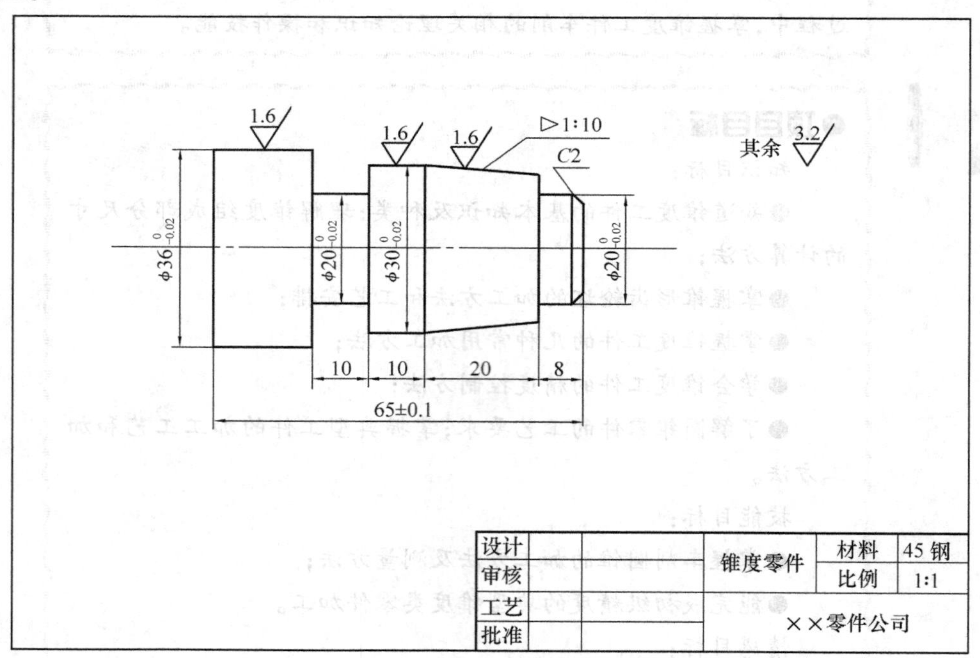

图 4.2　典型简单圆锥零件

2)圆锥零件工艺技术要求

①在加工圆锥零件时,要保证锥度的侧母线是直线。

②圆锥零件的对中性好,即易保证配合的同轴度要求。

③圆锥结合具有较好的自锁性和密封性。

④圆锥零件的结构复杂,影响互换性的参数比较多,加工和检验都比较困难,不适合于孔、轴向相对位置要求较高的场合。

任务 4.1　内外圆锥的车削

本任务如图 4.3 所示为常见的阶台轴零件,同学们需要正确选用工夹具,正确选用外圆车刀、切断刀,正确使用万能角度尺来测量工件,熟悉加工锥度的工艺过程,保证工件各方面精度要求,完成工件的车削加工。

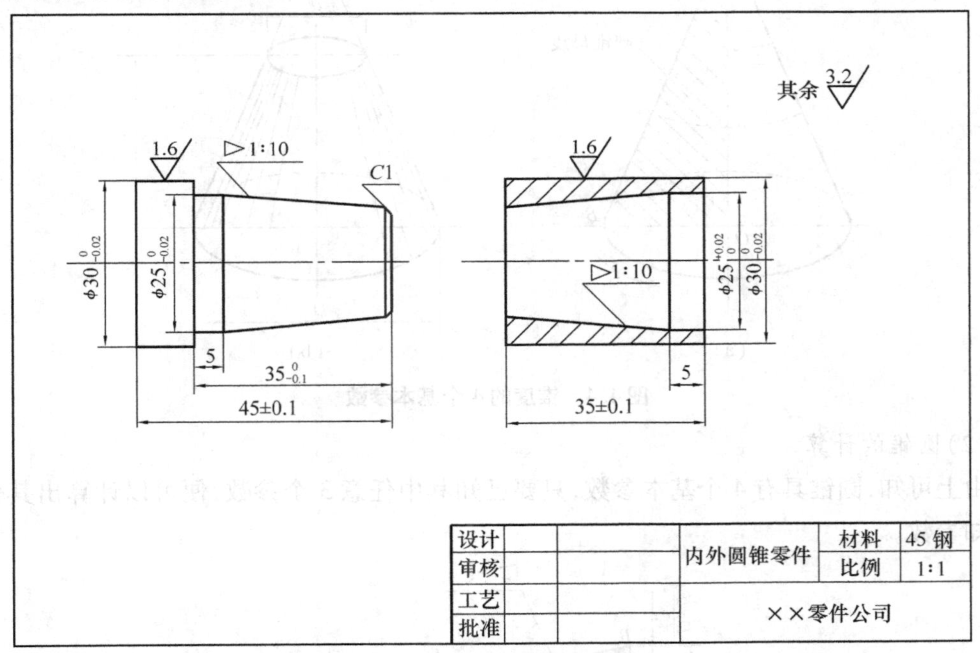

图 4.3　内外圆锥零件图

4.1.1　圆锥组成部分尺寸计算

(1) 圆锥各部分尺寸

圆锥的 4 个基本参数如下：

①圆锥半角$\frac{\alpha}{2}$:圆锥角 α 在通过圆锥轴线的截面内,两条素线间的夹角。在车削时,常

用到的是圆锥角 α 的一半——圆锥半角$\frac{\alpha}{2}$。

②最大圆锥直径 D:简称大端直径。

③最小圆锥直径 d:简称小端直径。

④圆锥长度 L:最大圆锥直径处与最小圆锥直径处的轴向距离。

锥度 C:圆锥大、小端直径之差与长度之比,即

$$C=\frac{D-d}{L}$$

圆锥半角$\frac{\alpha}{2}$与锥度 C 同属于同一基本参数,如图 4.4 所示。

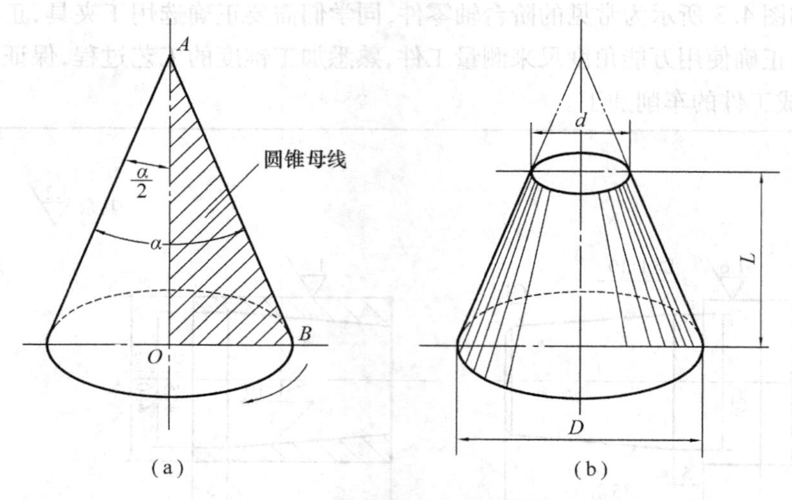

图 4.4　锥度的 4 个基本参数

(2)圆锥的计算

由上可知,圆锥具有 4 个基本参数,只要已知其中任意 3 个参数,便可以计算出其他一个未知参数。

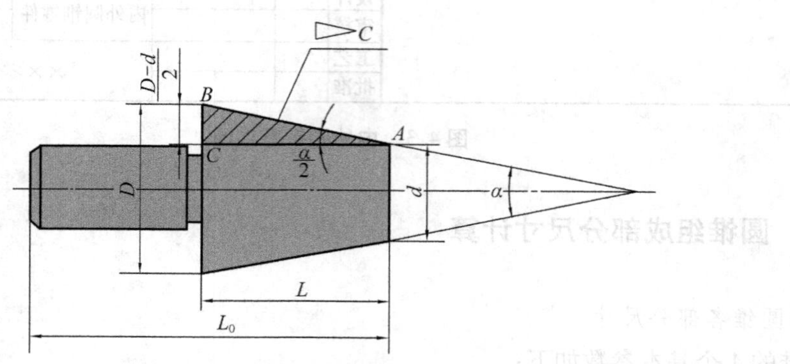

图 4.5　圆锥的各部分尺寸

由图 4.5 可知,圆锥的各部分尺寸计算,实质是解直角三角形。

为了便于同学们学习与查阅,特制作《圆锥的各部分名称、代号及计算公式》一览表,仅供

参考。运用时根据不同的已知基本参数，选用相应的计算公式，圆锥的计算方法，见表4.1。

表4.1　圆锥各部分名称、代号及计算公式

名　称	代　号	已知基本参数	计算公式	已知基本参数	计算公式
圆锥半角	$\frac{\alpha}{2}$	大端直径 D 小端直径 d 圆锥长度 L	$\tan\frac{\alpha}{2}=\frac{D-d}{2L}$	锥度 C	$\tan\frac{\alpha}{2}=\frac{C}{2}$
大端直径	D	小端直径 d 圆锥长度 L 圆锥半角 $\frac{\alpha}{2}$	$D=d+2L\tan\frac{\alpha}{2}$	小端直径 d 圆锥长度 L 锥度 C	$D=d+CL$
小端直径	d	大端直径 D 圆锥长度 L 圆锥半角 $\frac{\alpha}{2}$	$d=D-2L\tan\frac{\alpha}{2}$	大端直径 D 圆锥长度 L 锥度 C	$d=D-CL$
圆锥长度	L	大端直径 D 小端直径 d 圆锥半角 $\frac{\alpha}{2}$	$L=\frac{D-d}{2\tan\frac{\alpha}{2}}$	大端直径 D 小端直径 d 锥度 C	$L=\frac{D-d}{C}$
锥度	C	大端直径 D 小端直径 d 圆锥长度 $\frac{\alpha}{2}$	$C=\frac{D-d}{L}$	圆锥半角 $\frac{\alpha}{2}$	$C=2\tan\frac{\alpha}{2}$

例4.1　有一外圆锥，已知大端直径 $D=28$ mm，小端直径 $d=25$ mm，圆锥长度 $L=32$ mm。试计算圆锥半角 $\frac{\alpha}{2}$。

解　根据表4.1的公式

$$\tan\frac{\alpha}{2}=\frac{D-d}{2L}=\frac{28-25}{2\times32}\text{ mm}\approx0.046\,88\text{ mm}$$

$$\frac{\alpha}{2}=2°40'6''$$

例4.2　有一带外圆锥的主轴，如图4.6所示，已知锥度 $C=1:5$，大端直径 $D=50$ mm，圆锥长度 $L=60$ mm。试求小端直径 d 和圆锥半角 $\frac{\alpha}{2}$。

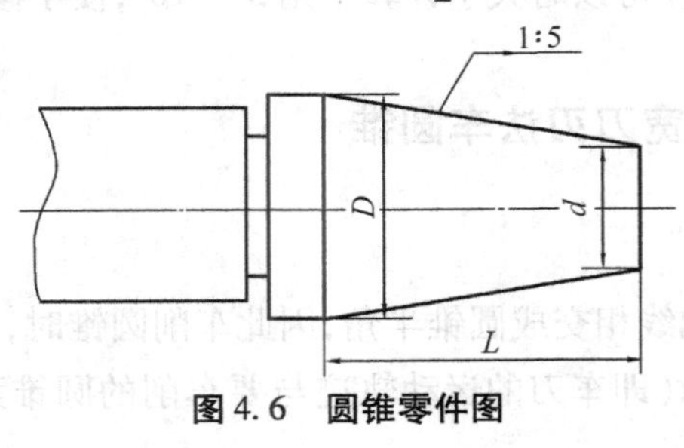

图4.6　圆锥零件图

解 根据表4.1的公式

$$d = D - CL = 50\ \text{mm} - \frac{1}{5} \times 60\ \text{mm} = 38\ \text{mm}$$

根据公式可得

$$\tan\frac{\alpha}{2} = \frac{C}{2} = \frac{\frac{1}{5}}{2} = 0.1$$

$$\frac{\alpha}{2} = 5°42'38''$$

应用上述公式计算圆锥半角时须查三角函数表，当$\frac{\alpha}{2} < 6°$时，可用近似公式计算圆锥半角

$$\frac{\alpha}{2} \approx 28.7° \times \frac{D-d}{L}$$

或

$$\frac{\alpha}{2} \approx 28.7° \times C$$

计算结果为“度”，是十进位的制，而角度是60进位制。

如：$2.35° \neq 2°35'$

$2.35° = 2° + 0.35 \times 60' = 2°21'$

例4.3 计算锥度$C = 1:5$时的圆锥半角$\frac{\alpha}{2}$。

解 查三角函数表法：

$$\tan\frac{\alpha}{2} = \frac{D-d}{2L} = \frac{C}{2} = \frac{1}{5 \times 2} = 0.1$$

$$\frac{\alpha}{2} = 5°42'$$

近似法

$$\frac{\alpha}{2} \approx 28.7° \times D - \frac{d}{L} \approx 28.7° \times C \approx 28.7° \times \frac{1}{5}$$
$$\approx 5.74° = 5°44'$$

注意：小滑板的转动角度可以略大于计算半角5′~10′，便于修正圆锥长度。

4.1.2 转动小滑板法、宽刀刃法车圆锥

(1)转动小滑板法

①由于圆锥的素线与轴线相交成圆锥半角，因此车削圆锥时，车刀必须沿着与圆锥轴线相交成圆锥半角的方向运动(即车刀的运动轨迹与要车削的圆锥素线平行)，才能车削出正

确的圆锥。将工件车削成圆锥表面的方法称为车圆锥。下面介绍转动小滑板法车外圆锥面的方法。

②当加工锥面不长的工件时，可用转动小滑板法车削。车削时，将小滑板下面的转盘上螺母松开，把转盘转至所需要的圆锥半角$\frac{\alpha}{2}$的刻线上，与基准零线对齐，然后固定转盘上的螺母，如果锥角不是整数，可在锥附近估计一个值，试车后逐步找正，如图4.7所示。

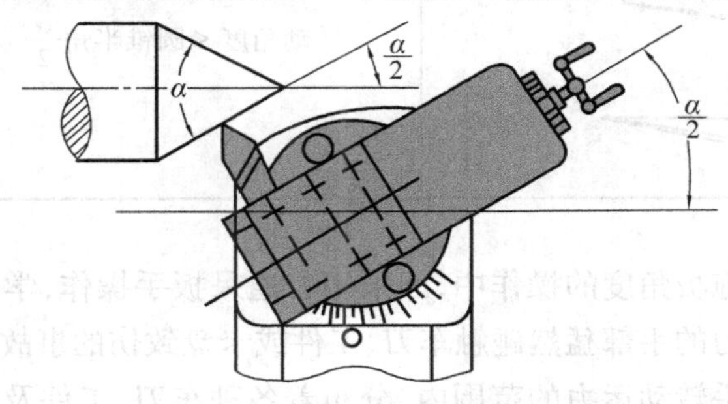

图4.7　转动小滑板车圆锥

③转动小滑板法车削圆锥的优点：角度调整范围大；可车削各种角度的圆锥；能车削内、外圆锥；在同一零件上车削几种圆锥角时调整范围较方便。

缺点：因受小滑板的行程限制，只能加工长度较短的圆锥，车削时只能手动进给，劳动强度大，表面粗糙度难以控制。

④小拖板转动角度的调整方法（见表4.2）。

表4.2　小拖板转动角度的调整方法

当前情形图示	转动角度与圆锥半角$\frac{\alpha}{2}$的关系	调整方法
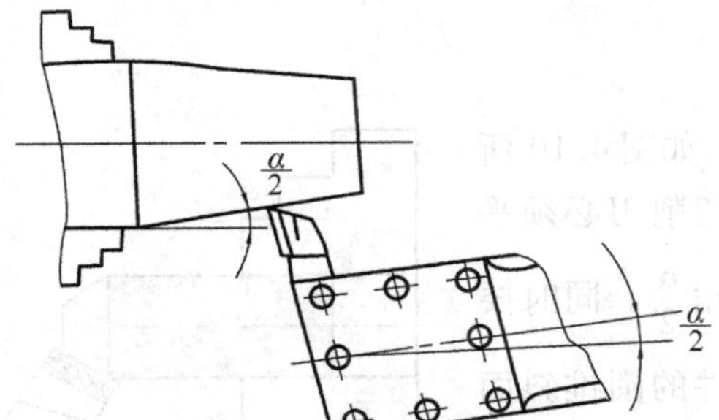	测量角度正确： 转动角度 = 圆锥半角$\frac{\alpha}{2}$	
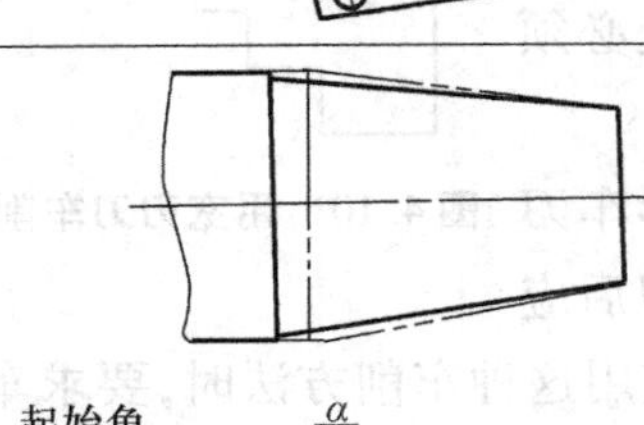	测量角度偏大： 转动角度 > 圆锥半角$\frac{\alpha}{2}$	适当减小转动角度

续表

当前情形图示	转动角度与圆锥半角$\frac{\alpha}{2}$的关系	调整方法
起始角 $\frac{\alpha}{2}$	测量角度偏小： 转动角度 < 圆锥半角$\frac{\alpha}{2}$	适当增大转动角度

⑤说明：在转动小拖板角度的操作中，因采用普通呆扳手操作，学生用力过猛或因六角螺母钝角导致打滑，运力的手部猛然碰触车刀、工件或卡盘致伤的事故曾有发生。

分析：在手握呆扳手转动运力的范围内，分布着各种车刀、工件及卡盘等物，一不小心，极易碰伤手部，如图 4.8 所示。

图 4.8　转动小滑板

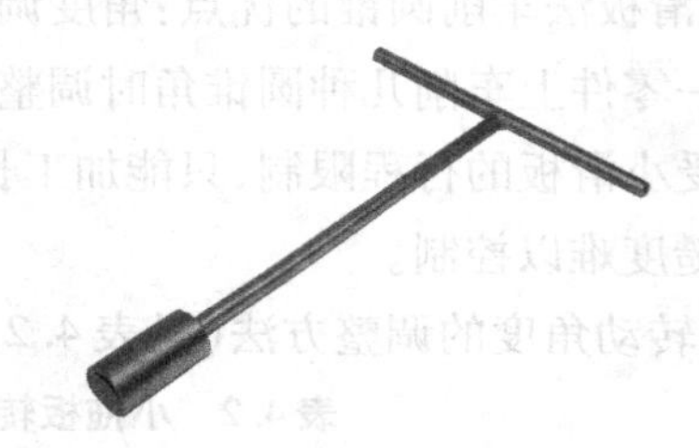

图 4.9　T 形扳手

因此，采用 T 形扳手后，运力旋转空间由原来的危险空间上升到安全空间，确保了学生转动小拖板角度的安全操作，如图 4.9 所示。

(2) 宽刃刀法

①车削较短的圆锥时，可以用宽刃刀直接车出，如图 4.10 所示。其工作原理实质上是属于成形法，所以要求切削刃必须平直，切削刃与主轴轴线的夹角应等于工件圆锥半角$\frac{\alpha}{2}$。同时要求车床有较好的刚性，否则容易引起振动。当工件的圆锥斜面长度大于切削刃长度时，可用多次接刀方法加工，但接刀处必须平整。

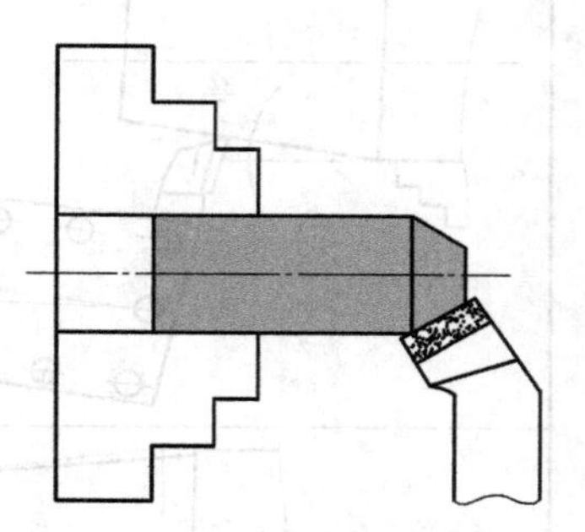

图 4.10　用宽刃刀车削圆锥

②这种车削方法实质上属于成形法。宽刃刀属于成形车刀（与工件加工表面形状相同的车刀），其刀刃必须平直，装刀后应保证刀刃与车床主轴轴线的夹角等于工件的圆锥半角。使用这种车削方法时，要求车床具有良好的刚性，否则容易引起振动。宽刃刀车削法只适用于车削较短的外圆锥。

4.1.3　技能训练——车内、外圆锥工件

本次训练工件为如图4.3所示的圆锥工件。

(1)零件工艺分析

车削带锥度工件时，一般可分为粗车和精车两个阶段，粗车时除留一定的精车余量外，不要求工件达到图纸所要求的尺寸和表面粗糙度，为提高生产率，应尽快地将毛坯上的粗车余量车去，精车时必须使工件达到图纸或工艺上规定的尺寸精度、形位精度和表面粗糙度。

(2)工量具准备清单(见表4.3)

表4.3　工量具准备清单

类　型	名称、规格	备　注
工夹具	三爪自定心卡盘	
量具	游标卡尺0～150 mm；钢直尺150 mm；千分尺0～25 mm；25～50 mm 万能角度尺0～320°	
刀具	45°车刀YT5；外圆粗车刀YT15；外圆精车刀YT15；高速钢4 mm切断刀片	配切刀盒

(3)工艺步骤

内外圆锥车削加工工艺过程见表4.4。

表4.4　内外圆锥车削工艺过程

工序	工步	加工内容	加工图形效果	加工要点
车外圆锥	1	车端面		用45°车刀车平端面
	2	1. 粗车外圆 $\phi 30$ 2. 粗车外圆 $\phi 25$	$\phi 30^{0}_{-0.02}$　$\phi 25^{0}_{-0.02}$　$35^{0}_{-0.1}$　45 ± 0.1	1. 用粗车偏刀，留余量0.5 mm 2. 用试切法控制直径尺寸 3. 用刻线法控制长度尺寸
	3	1. 精车外圆 $\phi 30$ 2. 精车外圆 $\phi 25$		1. 用精车刀偏刀 2. 用测量法控制直径和长度尺寸
车外圆锥	4	加工锥度1:10	1.6　1:10　$\phi 30^{0}_{-0.02}$　$\phi 25^{0}_{-0.02}$　5　35　45	1. 用游标量角器测量和检查 2. 加工锥度时的进给要匀速

续表

工序	工步	加工内容	加工图形效果	加工要点
车外圆锥	5	倒角 1×45°		注意用45°弯头车刀的安装角度、倒角宽度
	6	切断控制总长		注意控制切刀的几何角度、安装及进给速度
车内圆锥	1	车端面		用45°车刀平断面
	2	粗车外圆留有余量	1.6 $\phi30_{-0.02}^{0}$ 35±0.1	1. 用粗车刀加工外圆 2. 表面留有 0.5 mm 余量
	3	精车外圆		1. 用精车刀加工外圆 2. 用测量法控制直径和长度尺寸
	4	锥度加工	1.6 1:10 $\phi25_{0}^{+0.02}$ $\phi30_{-0.02}^{0}$ 5 35±0.1	加工内锥时注意长度尺寸，防止撞到孔底
	5	切断	1.6 1:10 $\phi25_{0}^{+0.02}$ $\phi30_{-0.02}^{0}$ 5 35±0.1	在切断时保证总长尺寸
检　验				

(4)评分标准

评分标准及记录表见表4.5。

表4.5　评分标准及记录表

尺寸类型及权重	尺　寸	配　分	学生自评		学生互评		教师评分	
			检测	得分	检测	得分	检测	得分
直径尺寸40	$\phi30_{-0.02}^{\ 0}$	10						
	$\phi25_{-0.02}^{\ 0}$	10						
	$\phi30_{-0.02}^{\ 0}$	10						
	$\phi25_{\ 0}^{+0.02}$	10						
长度尺寸23	$35_{-0.1}^{\ 0}$	5						
	5	4						
	45±0.1	5						
	35±0.1	5						
	5	4						
倒角4	$C1$(1处)	1						
	锐角倒钝(3处)	3						
锥度和切断15	1:10(2处)	12						
	切断	3						
表面粗糙度8	$R_a3.2$(2处)	2						
	$R_a1.6$(3处)	6						
安全纪律10	安全	5						
	纪律	5						
合　计		100						

注:每个精度项目检测超差不得分。

任务4.2　圆锥齿轮坯的车削

本任务如图4.11所示为圆锥齿轮坯零件,同学们需要正确分析零件的加工工艺,选取合理的锥度加工方法来完成工件的车削加工。

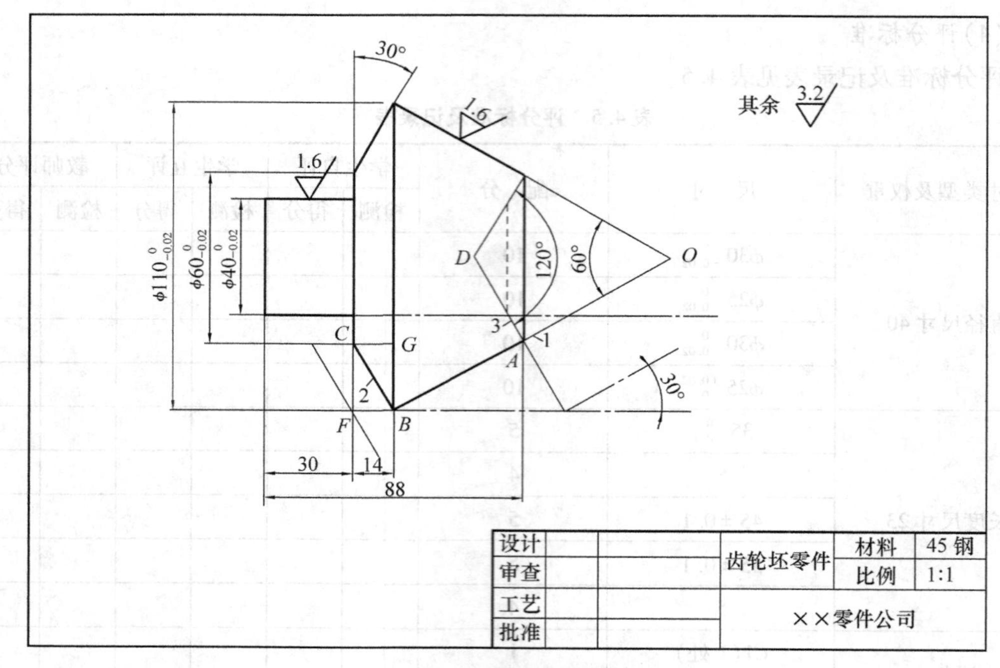

图 4.11　圆锥齿轮坯零件图

4.2.1　加工小滑板转动角度计算

例 4.4　加工齿轮坯小滑板转动角度计算：车削如图 4.11 所示圆锥齿轮坯时，求小滑板转动的方向及转动的角度。

解　车削圆锥面 1 时，小滑板应与 *OB* 平行，*OB* 与工件轴线的夹角为 60°/2 = 30°，即小滑板应逆时针转过 30°。

车削圆锥面 2 时，小滑板应与 *BG* 平行，*BG* 线应与工件轴线的夹角为 90° − 30° = 60°。

车削圆锥面 3 时，小滑板应与 *AD* 线平行，*AD* 线与工件轴线的夹角为 120°/2 = 60°，即小滑板应顺时针转过 60°。

4.2.2　圆锥工件的测量(一)

(1)游标量角器

①游标量角器的结构。游标量角器的结构如图 4.12 所示。

②游标量角器的使用方法。如图 4.12 所示，测量时，转动万能角度尺背面的捏手，使基尺改变角度，当转到所需角度时，用制动螺钉锁紧。

③游标量角器的测量方法。用游标量角器测量工件角度的方法，如图 4.13 所示。这种方法测量精度不高，只适用于单件、小批测量。

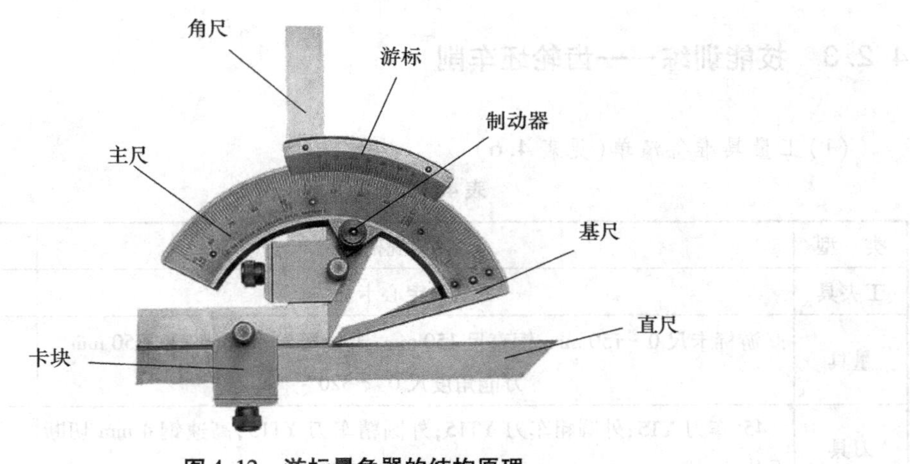

图 4.12　游标量角器的结构原理

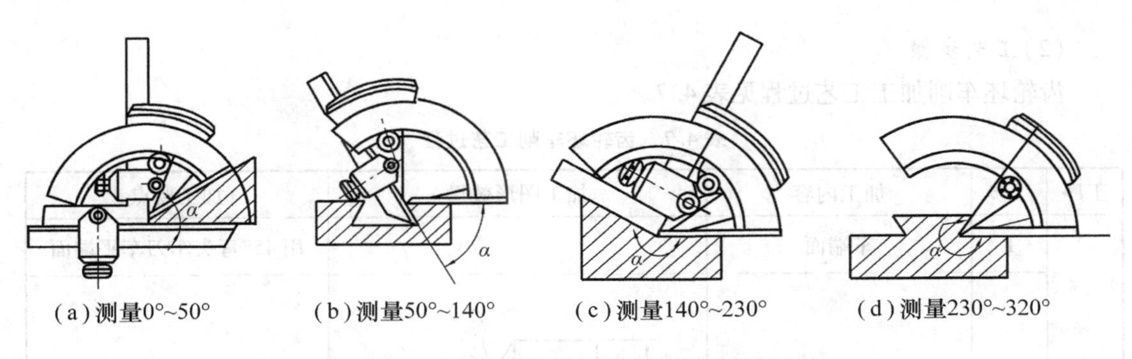

图 4.13　游标量角器测量不同角度时的测量方法

(2) 角度样板

在成批和大量生产时,可用专用的角度样板来测量工件。用样板测量圆锥齿轮坯角度的方法,如图 4.14 所示。

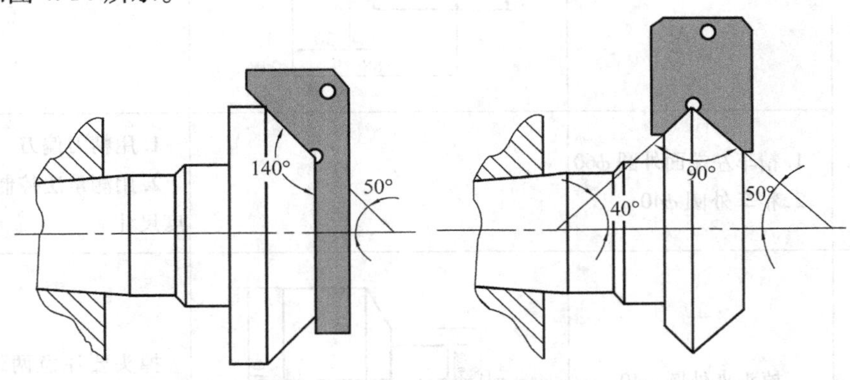

图 4.14　用角度样板测量工件角度

4.2.3 技能训练——齿轮坯车削

(1)工量具准备清单(见表4.6)

表4.6 工量具准备清单

类型	名称、规格	备注
工夹具	三爪自定心卡盘	
量具	游标卡尺0~150 mm;钢直尺150 mm;千分尺0~25 mm;25~50 mm 万能角度尺0°~320°	
刀具	45°车刀YT5;外圆粗车刀YT15;外圆精车刀YT15;高速钢4 mm切断刀片	配切刀盒

(2)工艺步骤

齿轮坯车削加工工艺过程见表4.7。

表4.7 齿轮坯车削工艺过程

工序	工步	加工内容	加工图形效果	加工要点
车削	1	车端面		用45°弯头车刀车平端面
	2	1. 粗车左端面外圆 $\phi60$ 2. 粗车外圆 $\phi40$ 3. 车锥度150°		1. 用粗车偏刀 2. 用试切法控制直径尺寸 3. 用刻线法控制长度尺寸
	3	1. 精车左端面外圆 $\phi60$ 2. 精车外圆 $\phi40$		1. 用精刀偏刀 2. 用测量法控制直径和长度尺寸
	4	掉头夹外圆 $\phi40$		掉头要注意两端同轴度,使用百分找正

续表

工序	工步	加工内容	加工图形效果	加工要点
车削	5	1. 粗车右端面 2. 粗车外圆 $\phi110$		用万能角度尺控制锥度的大小，车削时边加工边测量
	6	1. 精车右端面 2. 精车锥度		注意控制切刀的几何角度、安装及进给速度
检　验				

(3)评分标准

评分标准及记录表见表4.8。

表4.8　评分标准及记录表

尺寸类型及权重	尺　寸	配　分	学生自评		学生互评		教师评分	
			检测	得分	检测	得分	检测	得分
直径尺寸42	$\phi110_{-0.02}^{\ 0}$	14						
	$\phi60_{-0.02}^{\ 0}$	14						
	$\phi40_{-0.02}^{\ 0}$	14						
长度尺寸22	88	8						
	30	7						
	14	7						
锐角倒钝4	锐角倒钝(1处)	4						
锥度16	锥度(2处)	16						
表面粗糙度6	$R_a1.6$(3处)	6						
安全纪律10	安全	5						
	纪律	5						
合　计		100						

任务4.3　典型圆锥工件车削训练

本任务如图4.2所示为典型圆锥零件，同学们需要正确选用工夹具，正确选用外圆车刀、切断刀，正确使用游标量角器来测量工件，熟悉锥度的工艺过程，保证工件各方面精度要求，完成工件的车削加工。

(1)工艺分析

零件形状精度分析：

工艺分析：

加工路线：

(2)工量具准备清单(见表4.9)

表4.9　工量具准备清单

类　型	名称、规格	备　注
工夹具		
量具		
刀具		

(3)评分标准

评分标准及记录表见表4.10。

表4.10　评分标准及记录表

尺寸类型及权重	尺　寸	配　分	学生自评		学生互评		教师评分	
			检测	得分	检测	得分	检测	得分
直径尺寸30	$\phi36_{-0.02}^{0}$	10						
	$\phi30_{-0.02}^{0}$	10						
	$\phi20_{-0.02}^{0}$	10						
长度尺寸20	10	5						
	10	5						
	65 ±0.1	5						
	8	5						
倒角2	C1.2(1处)	2						
切槽10	$\phi20_{-0.02}^{0}$	10						
表面粗糙度18	$R_a3.2$(2处)	10						
	其余$R_a1.6$(3处)	8						
锥度10	锥度1:10	10						
安全纪律10	安全	5						
	纪律	5						
合　计		100						

注：每个精度项目检测超差不得分。

任务4.4 圆锥工件质量分析

(1)误差原因

圆锥面在车削后必须满足:锥度或圆锥斜角正确,圆锥母线是直线,圆锥大小直径符合要求等。这几项内容既是衡量车削加工质量的主要指标,又是确定是否是废品的依据,车削圆锥面时,往往会产生圆锥角超差、尺寸超差、双曲线误差和表面粗糙度大等不合格工件。对产生的问题必须根据具体情况,具体分析,找出原因,采取措施加以解决。

产生误差的原因是多方面的,例如,圆锥大小端直径超过了允许的公差范围,这一般是由于操作者在加工过程中不经常测量大小端直径,未及时调整切削深度造成的;圆锥母线不是直线,这是由于装刀时刀尖没有严格的对准工件中心造成的。

(2)质量分析

工件加工后的圆锥锥度或圆锥斜角不正确造成废品的原因,根据车圆锥的方法不同,使用的机床或刀具的结构不同,工艺条件不同等具体情况,归结后列于表4.11所示。

表4.11 圆锥零件的质量分析原因和防止方法

废品种类	产生原因	防止方法
锥度(角度)不正确	1.用转动小滑板法车削时 ①小滑板转动角度计算错误 ②小滑板移动时松紧不匀	1.仔细计算小滑板应转的角度和方向,并反复试车找正 2.调整镶条使小滑板移动均匀
	2.用偏移尾座法车削时 ①工件长度不一致 ②尾座偏移位置不正确	1.如工件数量较多时,各件的长度必须一致 2.重新计算和调整尾座偏移量
	3.用靠模法车削时 ①靠模角度调整不正确 ②滑块与靠板配合不良	1.重新调整靠板角度 2.调整滑块和靠板之间的间隙
	4.用宽刃刀车削时 ①装刀不正确 ②切削刃不直	1.调整切削刃的角度和对准中心 2.修磨切削刃的直线度
	5.铰圆锥孔时 ①铰刀锥度不正确 ②铰刀的轴线与工件旋转轴线不同轴	1.修磨铰刀 2.用百分表和试棒调整尾座套筒轴线
	没有经常测量大小端直径	经常测量大小端直径,并按计算尺寸控制背吃刀量

续表

废品种类	产生原因	防止方法
双曲线误差	车刀刀尖没有对准工件轴线	装刀时,车刀刀尖必须严格对准工件轴线
最大和最小圆锥直径不正确	1. 未经常测量最大和最小圆锥直径 2. 为控制车刀的背吃刀量	1. 经常测量最大和最小圆锥直径 2. 及时测量,用计算法或移动床鞍法控制背吃刀量
表面粗糙度达不到要求	1. 小滑板镶条间隙不当 2. 未留足精车或铰削余量 3. 手动进给忽快忽慢	1. 调整小滑板镶条间隙 2. 要留有适当的精车或铰削余量 3. 手动进给要均匀,快慢一致

●拓展训练与思考题

1. 拓展实训练习题

拓展实训练习题如图 4.15 所示。

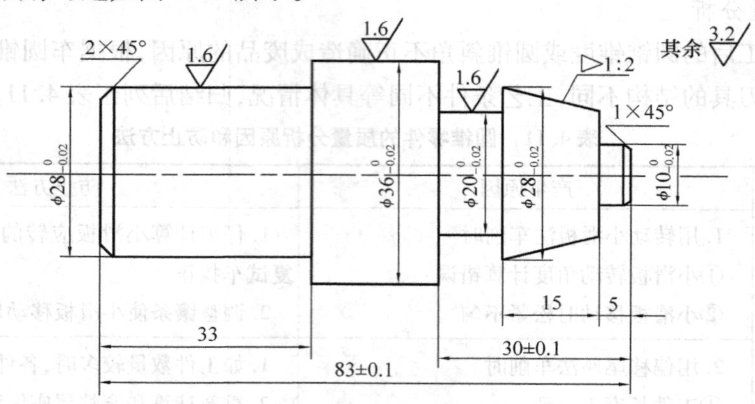

图 4.15 拓展实训练习题图

2. 思考题

①转动小滑板法车削圆锥有哪些优缺点？如何确定小滑板转过角度？

②偏移尾座法车削圆锥有哪些优缺点？适用于哪些工件？

③用偏移尾座法车削外圆锥工件,已知 $D = 90$ mm, $d = 85$ mm, $L = 100$ mm, $L_0 = 200$ mm,求尾座偏移量 S_0？

④车削圆锥面时,刀尖没有对准工件轴线,对工件质量有何影响？

项目5

三角螺纹的车削

●项目描述

本项目包含普通外螺纹加工(一)、普通外螺纹加工(二)、普通内螺纹加工、典型螺纹工件的车削、螺纹工件质量分析共5个任务,通过学生在完成项目各任务的过程中,掌握螺纹类工件车削的相关理论知识和操作技能。

●项目目标

知识目标:

●了解三角形螺纹的分类,明确普通三角形螺纹的主要参数;

●能根据工件螺距,查车床进给箱的铭牌表及调整手柄位置;

●明确螺纹加工的进给方式;

●能计算三角形内螺纹底孔直径。

技能目标:

●会计算三角形螺纹的各个相关参数;

●会根据三角形螺纹类工件要求刃磨三角形螺纹车刀角度;

●会用直进法和左右切削法车三角形内外螺纹;

●能采用低、高速车削螺纹的方法;

●会使用相应量具进行普通三角螺纹的测量。

情感目标:

●通过完成本项目学习任务的体验过程,增强学生完成对本课程学习的自信心。

●项目实施过程

概述　螺纹加工

(1)螺纹零件

螺纹零件是机器上广泛使用的零件。主要用做零件之间的联结,也能用于螺旋传动。本项目主要涉及比较简单的三角形螺纹的加工。几种联结螺纹零件如图 5.1 所示。

图 5.1　几种联结螺纹零件

(2)螺纹工件工作图描述(见图 5.2)

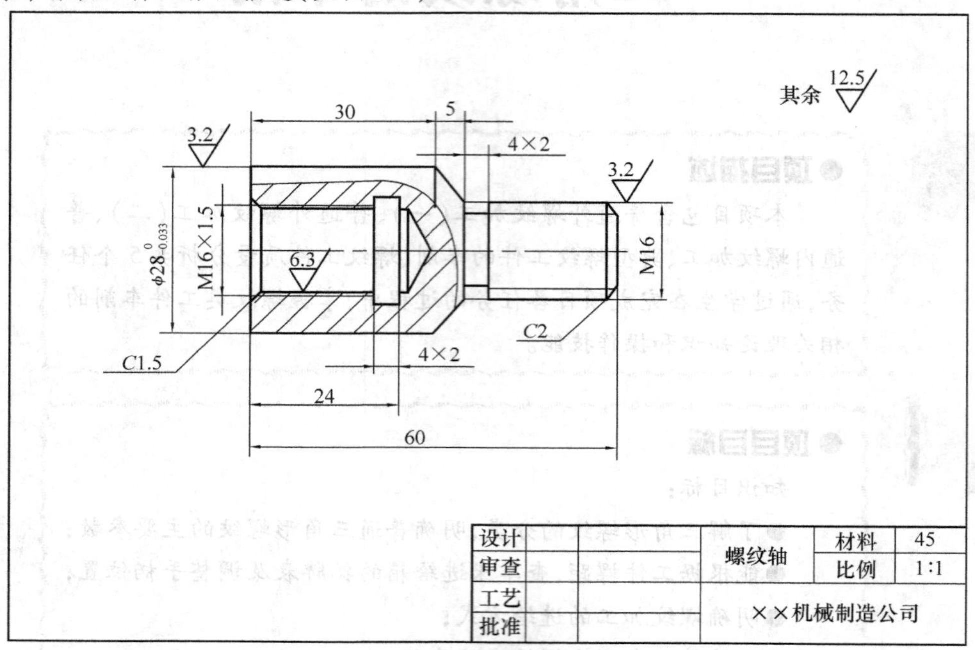

图 5.2　典型螺纹工件工作图

如图 5.2 所示为车削训练(螺纹)图,车削 M16 的外螺纹和 M16 ×1.5 的内螺纹是本项目训练的目标,如何车削螺纹,如图 5.3 所示。当工件旋转时,螺纹车刀沿工件轴线方向作等速移动,即可在工件表面上形成螺旋线,经多次进给后便形成螺纹。

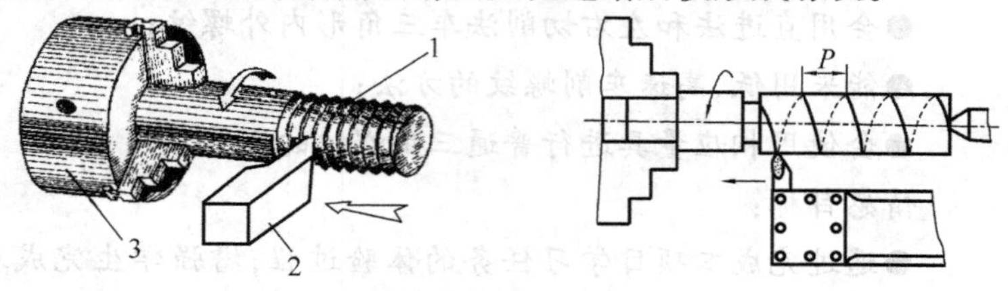

图 5.3　车削螺纹示意图

1—螺纹;2—螺纹车刀;3—三爪自定心卡盘

(3)螺纹工件工艺技术要求

①内、外螺纹大径、中径基本尺寸正确且符合公差要求。

②螺纹牙型饱满、光洁、不歪斜。

③螺距、旋向和头数符合要求。

④螺纹表面粗糙度符合要求。

(4)螺纹种类

螺纹种类如图 5 -4 所示。

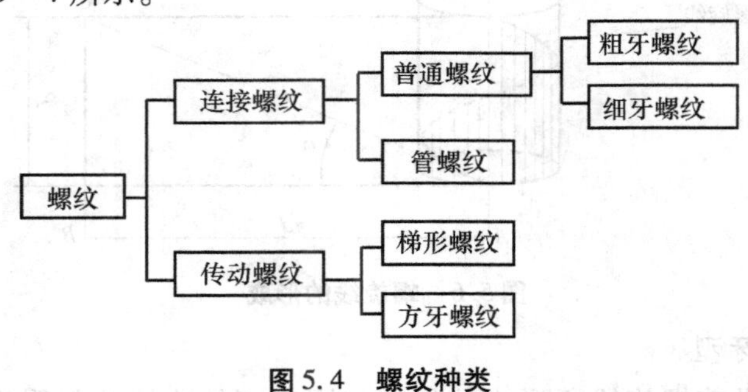

图 5.4　螺纹种类

任务 5.1　普通外螺纹加工(一)

如图 5.5 所示为车削训练(螺纹)图,M30 ×1.5 是本任务练习训练的目标,那么如何车削螺纹,如图 5.3 所示。当工件旋转时,螺纹车刀沿工件轴线方向作等速移动,即可在工件表面上形成螺旋线,经多次进给后便形成图样规定的螺纹。

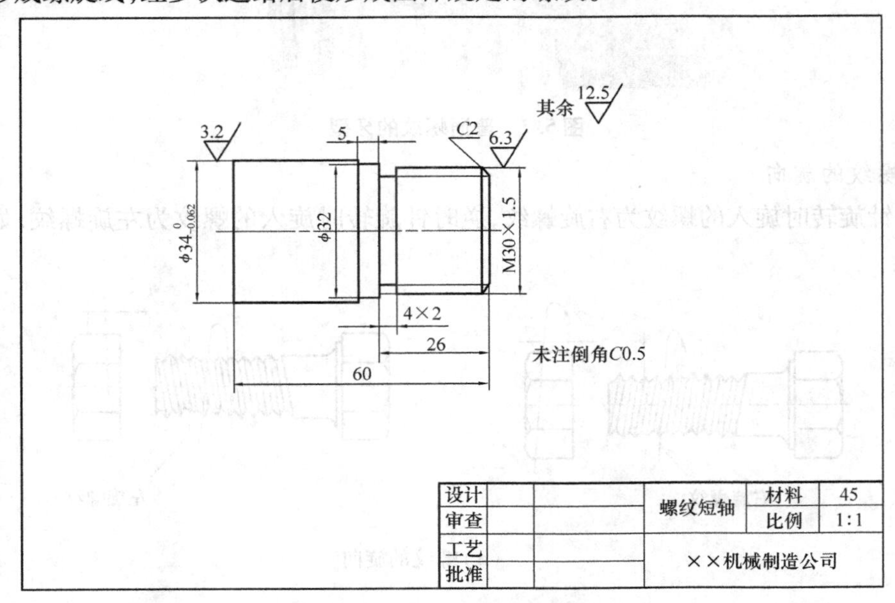

图 5.5　螺纹短轴工作图

5.1.1 普通螺纹的牙型

如图5.6所示,用底边等于圆柱周长的直角三角形ABC绕圆柱旋转一周,斜边在圆柱面上形成的曲线就是螺旋线。

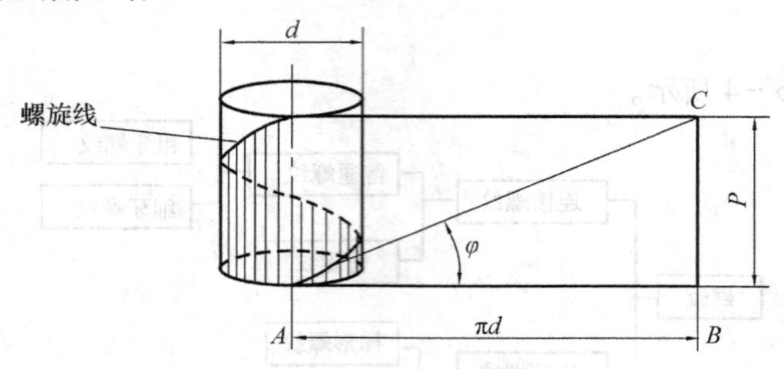

图5.6 螺旋线的形成

(1)普通螺纹的牙型

在圆柱表面上,沿着螺旋线所形成的具有相同剖面的连续凸起称为螺纹(见图5.7)。凸起是指螺纹两侧面间的实体部分,又称为牙;螺纹两侧面间的非实体部分是沟槽。

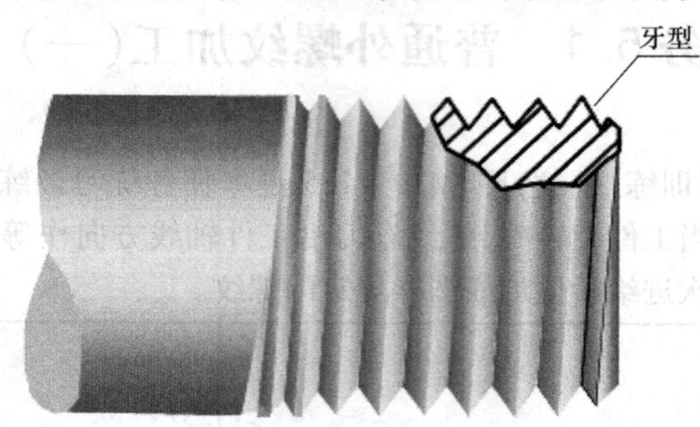

图5.7 普通螺纹的牙型

(2)螺纹的旋向

顺时针旋转时旋入的螺纹为右旋螺纹,逆时针旋转时旋入的螺纹为左旋螺纹,如图5.8(a)所示。

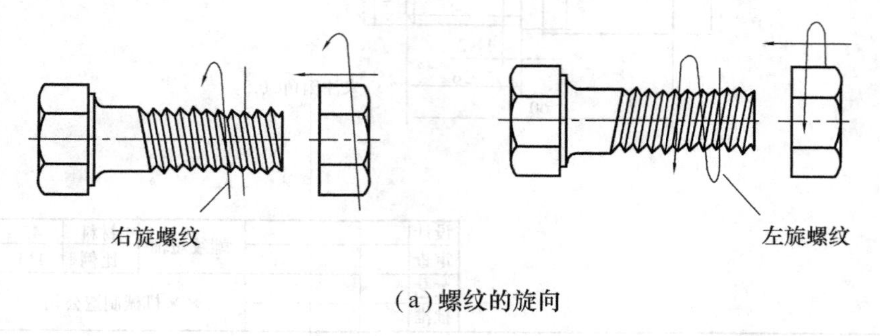

(a)螺纹的旋向

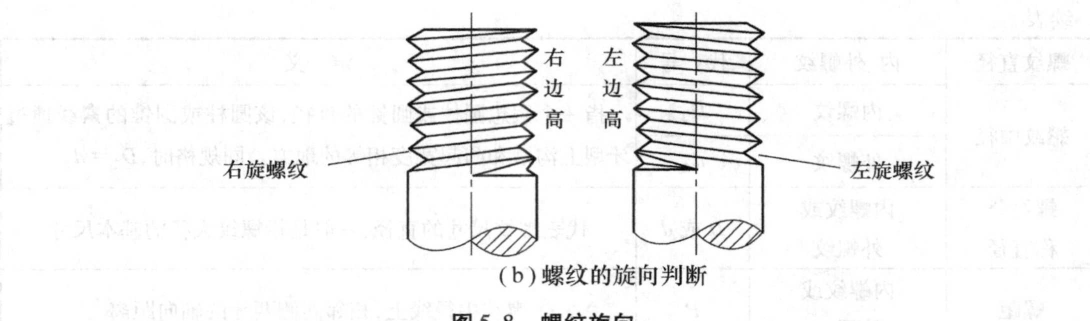

(b)螺纹的旋向判断

图 5.8　螺纹旋向

右旋螺纹和左旋螺纹的螺旋线方向,可用如图 5.8(b)所示的方法来判别,即把螺纹铅垂放置,右侧牙高的为右旋螺纹,左侧牙高的为左旋螺纹。

当车床主轴正转时,车刀自右向左进给车削成右旋螺纹,车刀自左向右进给车削成左旋螺纹。

(3)普通螺纹参数

普通内、外螺纹的基本牙型是分布在一个个重复排列,且顶角为 60°的等腰原始三角形上,如图 5.9 所示。普通螺纹主要参数的含义及参数计算见表 5.1 和表 5.2。

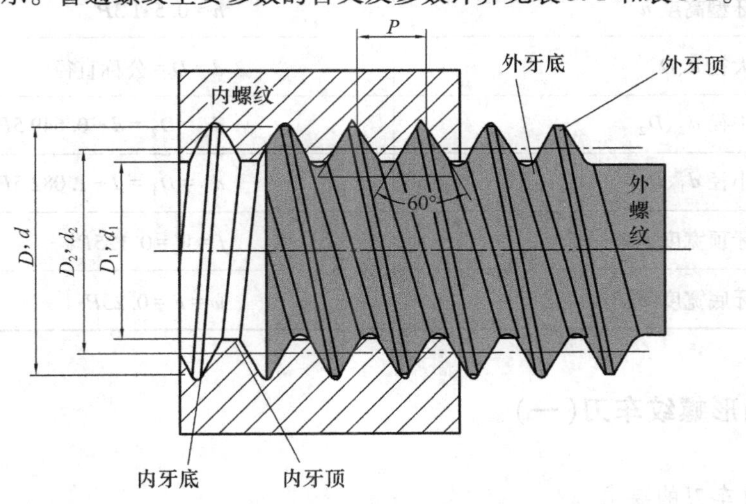

图 5.9　普通螺纹参数

表 5.1　普通螺纹参数含义

螺纹直径	内、外螺纹	代　号	定　义
螺纹大径	内螺纹	D	与内螺纹牙底相切的假想圆柱或圆锥的直径
	外螺纹	d	与外螺纹牙顶相切的假想圆柱或圆锥的直径
螺纹小径	内螺纹	D_1	与内螺纹牙顶相切的假想圆柱或圆锥的直径
	外螺纹	d_1	与外螺纹牙底相切的假想圆柱或圆锥的直径

续表

螺纹直径	内、外螺纹	代　号	定　义
螺纹中径	内螺纹	D_2	指一个假想圆柱或圆锥的直径，该圆柱或圆锥的素线通过牙型上沟槽和凸起宽度相等的地方。同规格时，$D_2=d_2$
	外螺纹	d_2	
螺纹公称直径	内螺纹或外螺纹	D 或 d	代表螺纹尺寸的直径，一般是指螺纹大径的基本尺寸
螺距	内螺纹或外螺纹	P	螺纹中径线上，相邻同侧两牙的轴向距离

表 5.2　普通螺纹参数的计算

名称及代号	计算公式
牙型角 α	60°
原始三角形高度 H	$H=0.866P$
牙型高度 h	$h=0.541\,3P$
大径 d、D	$d=D=$ 公称直径
中径 d_2、D_2	$d_2=D_2=d-0.649\,5P$
小径 d_1、D_1	$d_1=D_1=d-1.082\,5P$
牙顶宽度 f、W	$f=W=0.125P$
牙底宽度 w、F	$w=F=0.25P$

5.1.2　三角形螺纹车刀(一)

(1)对螺纹车刀的要求

①车刀的刀尖角要等于螺纹的牙型角。

②精车时车刀的纵向前角应等于零度；粗车时纵向前角为 5°~15°。

③受螺旋升角的影响，车刀两侧面的静止后角应刃磨得不相等，进给方向后面的后角较大，要基本保证两侧面均有 3°~5°的工作后角。

(2)普通三角螺纹高速钢车刀

高速钢螺纹车刀刃磨方便、切削刃锋利、韧性好，能承受较大的切削冲击力，车出螺纹的表面粗糙度小。但它的耐热性差，不宜高速车削，一般常用来低速车削或作螺纹的精车刀。高速钢螺纹车刀的几何形状如图 5.10 所示。

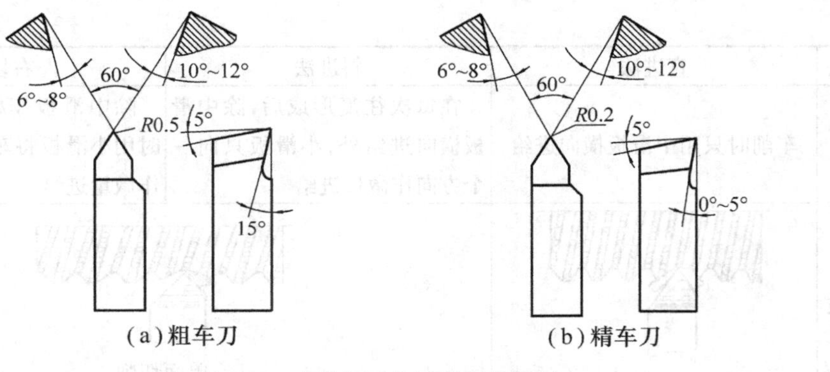

(a)粗车刀　　(b)精车刀

图 5.10　高速钢三角形外螺纹车刀

(3)螺纹车刀的安装要求

①车刀刀尖必须与工件轴线等高(用弹性刀杆应略高于轴线约 0.2 mm)。

②使用螺纹样板装正车刀,如图 5.11(a)所示,保证车刀刀尖角平分线垂直于工件轴线。否则会产生螺纹牙型半角误差(俗称倒牙),如图 5.11(b)所示。

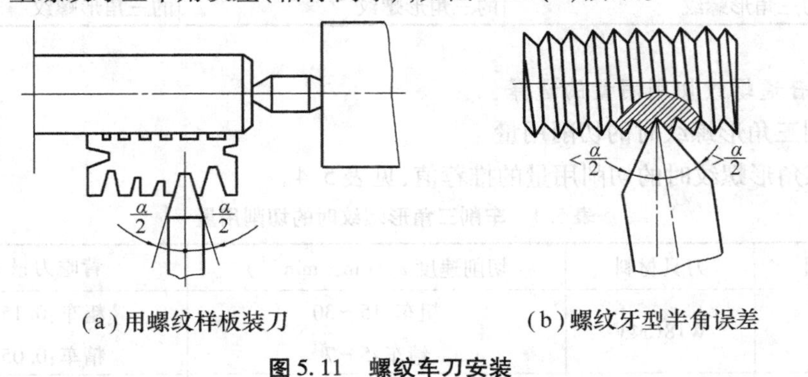

(a)用螺纹样板装刀　　(b)螺纹牙型半角误差

图 5.11　螺纹车刀安装

5.1.3　低速车削普通三角螺纹

(1)低速车削三角形螺纹的进刀方法

低速车削使用高速钢螺纹车刀,低速车削的三角形螺纹精度高,表面粗糙度值小,但效率低。低速车削三角形螺纹的进刀方法有直进法、左右车削法和斜进法 3 种,见表 5.3。

表 5.3　低速车削三角形螺纹的进刀方法

进刀方法	直进法	斜进法	左右切削法
图示	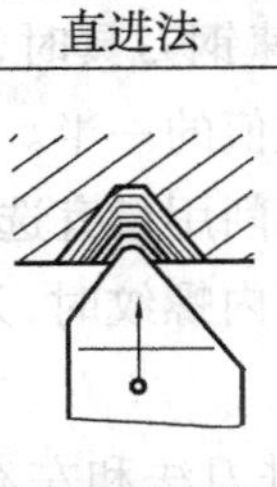	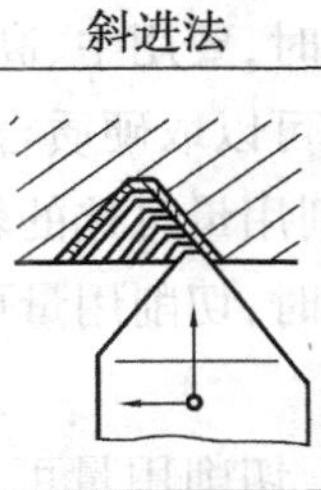	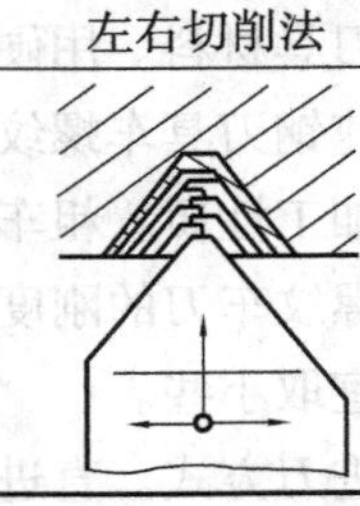

续表

进刀方法	直进法	斜进法	左右切削法
方法	车削时只用中滑板横向进给	在每次往复形成后，除中滑板横向进给外，小滑板只向一个方向作微量进给	除中滑板作横向进给外，同时用小滑板将车刀向左或向右作微量进给
加工性质	双面切削	单面切削	
加工特点	容易产生扎刀现象，但是能够获得正确的牙型角	不易产生扎刀现象，用斜进法粗车螺纹后，必须用左右切削法精车	不易产生扎刀现象，但小滑板的左右移动量不宜太大
使用场合	车削螺距较小（$P<2.5$ mm）的三角形螺纹	车削螺距较大（$P>2.5$ mm）的三角形螺纹	车削螺距较大（$P>2.5$ mm）的三角形螺纹

（2）车普通螺纹切削用量的选择

1）车削三角形螺纹时的切削用量

车削三角形螺纹时的切削用量的推荐值，见表5.4。

表5.4 车削三角形螺纹时的切削用量

工件材料	刀具材料	切削速度 v_c/(m·min^{-1})	背吃刀量 a_p/mm
45钢	W18Cr4V	粗车:15～30 精车:5～7	粗车:0.15～0.30 精车:0.05～0.08
铸铁	YG8	粗车:15～30 精车:15～25	粗车:0.20～0.40 精车:0.05～0.10

车螺纹时，首先按牙型高度 $h=0.5413P$ 确定总的螺纹深度，然后按递减的原则，从粗车起，逐刀减少背吃刀量至精车，如图5.12所示。

2）车削三角形螺纹时的切削用量的选择原则

①工件材料。加工塑性金属时，切削用量应相应增大；加工脆性金属时，切削用量应相应减小。

②刀具材料。用硬质合金车刀时，要用中、高速车削；用高速钢刀具时，用低速车削。一般用高速钢刀具车螺纹的背吃刀量可以取硬质合金背吃刀量数值的一半。

③加工性质。粗车螺纹时，切削用量可选的较大；精车时切削用量宜选小些。

④螺纹车刀的刚度。车外螺纹时，切削用量可选的较大；车内螺纹时，刀柄刚度较低，切削用量宜取小些。

⑤进刀方式。直进刀法车削时，切削用量可取小一些；斜进刀法和左右切削法车削时，

切削用量可取大些。

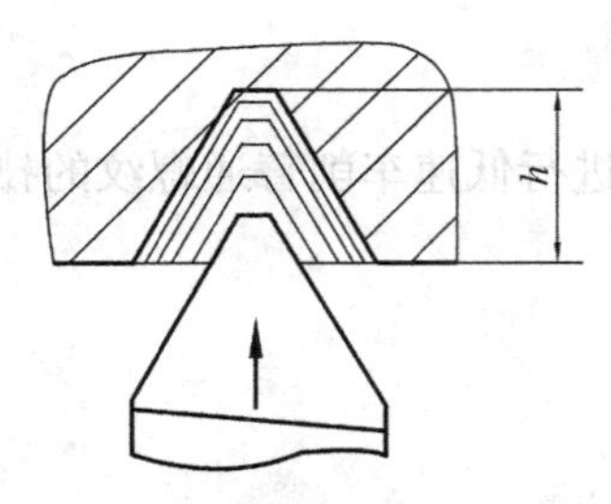

图 5.12　车螺纹时每次进刀量分配

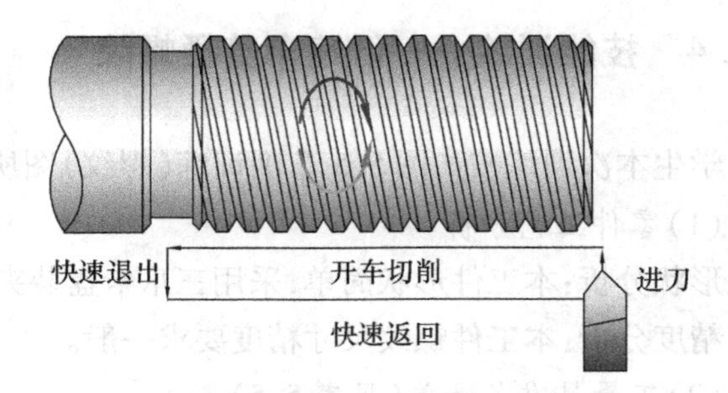

图 5.13　车螺纹的方法

(3) 车螺纹的操作方法

1) 车螺纹的走刀循环

车螺纹时需要若干次走刀才能成形螺纹牙型，每次走刀都要有“进刀—切削—快速退出—快速返回”这4个动作组成的车削循环，如图5.13所示。

2) 螺纹加工前尺寸的确定

外螺纹加工前的工件尺寸应比螺纹大径略小些，内螺纹加工前的工件尺寸应比螺纹小径略大些。

3) 车螺纹时的每一次进刀方式

每一次进刀都要用中滑板刻度盘来控制进刀深度，应按如图5.12所示的每次进刀量分配规则确定每一刀的吃刀深度。精车余量一般为0.05 ~0.1 mm。

4) 车螺纹时的走刀返回方式

返回方式有两种操作方法，即操作开合螺母法和开倒顺车法。前者适用于初学者，后者使用广泛。

操作开合螺母法。这种方法是，在每次走刀之前先接合开合螺母，走刀结束后立即手动分离开合螺母，再手动横向退出和手动纵向快速返回车螺纹的起点。这种操作方法操作容易，不太紧张，适用于初学者；但手动操作多，费力费时；车有的工件导程还会发生乱扣。

开倒顺车法。这种方法是，一直接合开合螺母，走刀结束后立即在手动横向快速退出的同时，另一只手迅速操纵车床正反转手柄使主轴反转，这时螺纹车刀自动快速纵向返回起点。这种操作方法在操作熟练后能提高生产效率，而且还不会出现乱扣现象，因此被广泛使用。采用这种方法，应注意车床卡盘上要有防止卡盘反转退出的保险装置。

5) 使用操作开合螺母法车螺纹时的乱扣现象及解决方法

车削螺纹时，当一次工作行程结束后，分离开合螺母，使之脱离丝杠，并退回滑板到原来位置，然后再合上开合螺母进行第二次车削，若在第二次车削时，车刀未能切入原来的螺旋槽内，就会把螺旋槽车乱，称为乱扣。

采用操作开合螺母法车螺纹时，当车床丝杠导程与工件导程比值不成整倍数时，即丝杠转一圈工件未转过整数圈，就肯定会出现乱扣。如果计算出要发生乱扣，解决的方法最好是换用开倒顺车法来避免。

5.1.4　技能训练——低速车普通螺纹

学生本次训练按如图5.5车削训练(螺纹)图所示,进行低速车削普通螺纹的技能训练。

(1)零件工艺分析

形状分析:本工件形状简单,采用三爪卡盘装夹。

精度分析:本工件螺纹尺寸精度要求一般。

(2)工量具准备清单(见表5.5)

表5.5　工量具准备清单

类　型	名称、规格	备　注
夹具	三爪自定心卡盘	
量具	游标卡尺0~150 mm;钢直尺150 mm;螺纹千分尺、螺纹角度样板	
刀具	外圆车刀、高速钢普通螺纹车刀	
辅料	切削油	

(3)工艺步骤

螺纹车削加工工艺过程见表5.6。

表5.6　螺纹车削工艺过程

工 序	工 步	加工内容	加工图形效果	加工要点
车	1	装夹找正		用三爪卡盘安装棒料毛坯,棒料伸出长度70 mm
	2	用外圆粗车刀粗车毛坯至工艺图	12.5　5　12.5　φ35　φ33　φ31　26　65	直径处留1 mm余量
	3	1.用精车刀精车外形,保证各外圆精度 2.切退刀槽	3.2　5　C2　6.3　$\phi34_{-0.062}^{\ 0}$　φ32　$\phi30_{-0.2}^{-0.1}$　4×2　26　65	注意螺纹大径要根据螺距大小适当小些
	4	1.车螺纹M30×1.5 2.切断,保证总长尺寸	6.3　M30×1.5　26　60	1.准确安装螺纹车刀 2.用直进法将螺纹精车至左图合格尺寸

(4)评分标准及记录表(见表5.7)

表5.7　评分标准及记录表

尺寸类型及权重	尺　寸	配　分	学生自评		学生互评		教师评分	
			检测	得分	检测	得分	检测	得分
直径14	$\phi34_{-0.062}^{0}$	8						
	$\phi32$	6						
长度6	60	3						
	26	2						
	5	1						
切槽倒角5	4×2	3						
	C2	2						
表面粗糙度15	$R_a3.2$	7						
	其余$R_a12.5$	8						
螺纹50	大径	8						
	中径	12						
	牙型	10						
	螺距	10						
	螺纹粗糙度$R_a6.3$	10						
安全纪律10	安全	5						
	纪律	5						
合　计		100						

注:每个精度项目检测超差不得分。

任务5.2　普通外螺纹加工(二)

本任务如图5.14所示为在车床上车削M27的螺纹,由于螺距较大,在车削螺纹过程中车刀所受的切削力将随着切削深度的增加而大幅度增大,因此,为避免切削压力过大导致扎刀等现象,首先应对螺纹加工过程中的总切削量进行准确计算,并科学地分配每次进刀量。

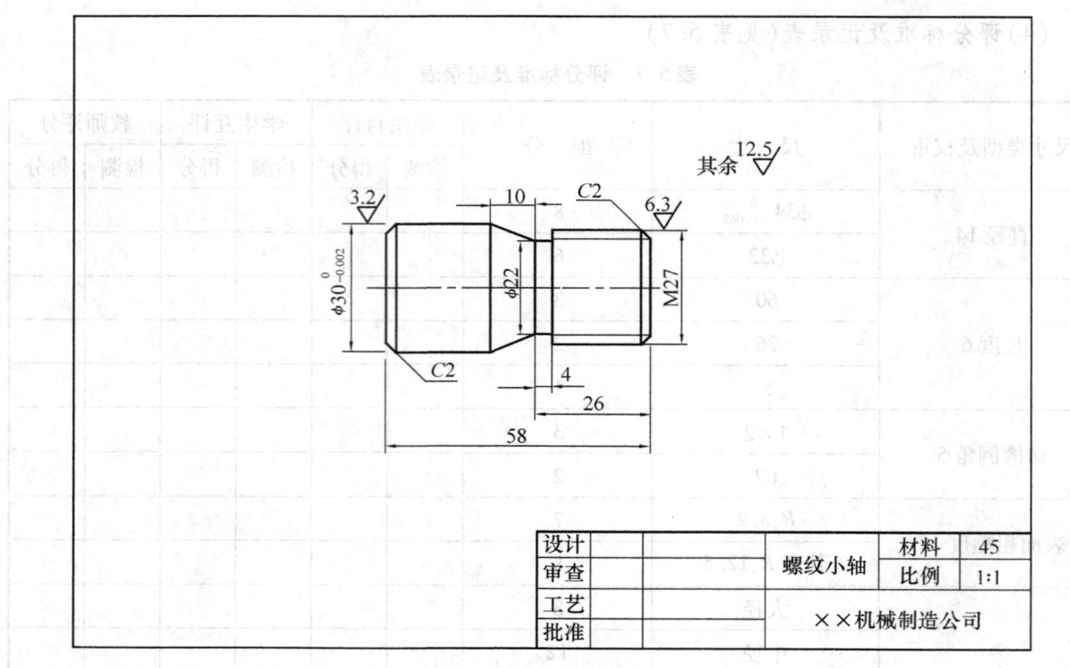

图 5.14　螺纹小轴工作图

5.2.1　三角形螺纹车刀(二)

(1)螺旋升角的影响

螺纹车刀的工作后角一般为 3°~5°。当不存在螺纹升角时(如横向进给车槽),车刀左右切削刃的工作后角与刃磨后角相同。但在车削螺纹时,由于螺纹升角的影响,车刀左右切削刃的工作后角与刃磨后角不相同,如图 5.15 所示。因此,螺纹车刀左右切削刃刃磨后角的确定可查阅表 5.8。

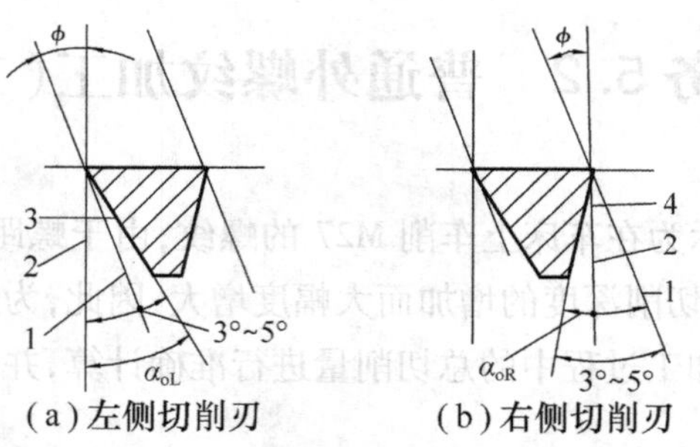

图 5.15　车右旋螺纹时螺纹升角对螺纹车刀工作后角的影响

1—螺旋线(工作时的切削平面);2—切削平面;3—左侧后面;4—右侧后面

表5.8 螺纹车刀左右切削刃刃磨后角的计算公式

螺纹车刀的刃磨后角	左侧切削刃的刃磨后角 α_{oL}	右侧切削刃的刃磨后角 α_{oR}
车右旋螺纹	$\alpha_{oL}=(3°\sim5°)+\psi$	$\alpha_{oR}=(3°\sim5°)-\psi$
车左旋螺纹	$\alpha_{oL}=(3°\sim5°)-\psi$	$\alpha_{oR}=(3°\sim5°)+\psi$

(2)硬质合金螺纹车刀

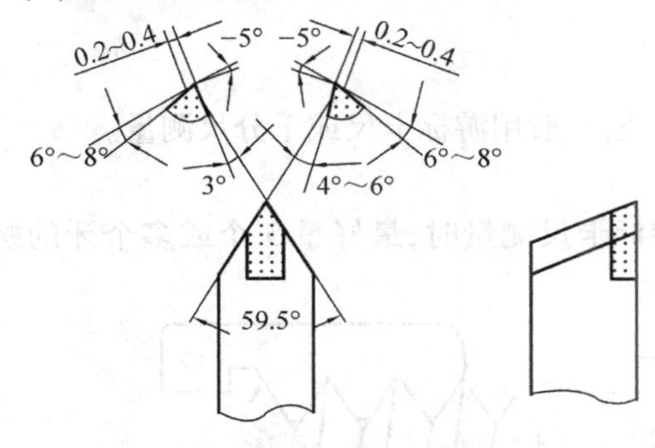

图5.16 硬质合金外螺纹车刀

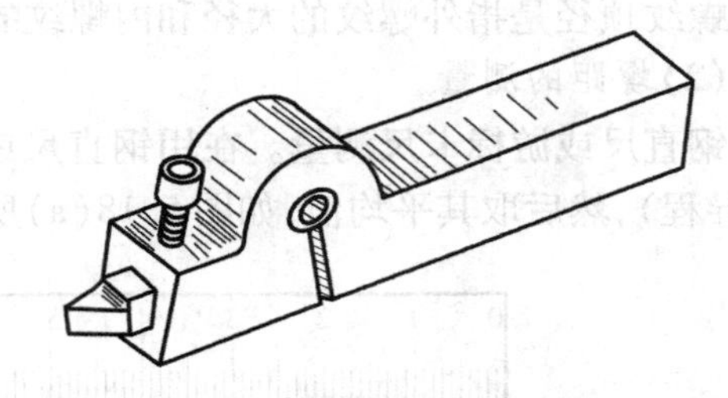

图5.17 硬质合金外螺纹车刀

硬质合金螺纹车刀的硬度高、耐磨性好、耐高温，但抗冲击能力差。车削硬度较高的工件时，为增加刀刃强度，应在车刀两切削刃上磨出宽度为0.2~0.4 mm的负倒棱。高速车削螺纹时，因挤压力较大会使牙型角增大，所以车刀的刀尖角应磨成59°30′，硬质合金车刀的几何形状如图5.16所示。

高速车削三角螺纹过程中为防止振动和扎刀，可选用弹性刀杆如图5.17所示。

5.2.2 高速车削三角螺纹

(1)进刀方式

高速车螺纹只用直进法。

(2)切削用量的选择

切削速度一般取50~100 m/min。

高速车削三角螺纹的进给次数分配，见表5.9。

表5.9 高速车削三角螺纹的进给次数分配

螺距 p/mm		1.5~2	3	4	5	6
进给次数	粗车	2~3	3~4	4~5	5~6	6~7
	精车	1	2	2	2	2

中径的控制可根据总的背吃刀量（按螺纹牙型深度公式计算），逐刀递减分配背吃刀量，用 n 次进给来完成螺纹车削加工。

如车M24外螺纹，螺距为3 mm，总背吃刀量为1.624 mm。第一次进给背吃刀量为

0.5 mm，第二次进给背吃刀量为0.4 mm，第三次进给背吃刀量为0.3 mm，第四次进给背吃刀量为0.2mm；还剩0.224 mm用两刀精车。

高速车三角螺纹时，车削外螺纹前工件的外径应比螺纹大径尺寸小，当车削螺距为1.5～3.5 mm的工件时，工件外径尺寸可车小0.15～0.25 mm。

5.2.3 螺纹的测量(一)

(1)顶径的测量

螺纹顶径是指外螺纹的大径和内螺纹的小径，一般用游标卡尺或千分尺测量。

(2)螺距的测量

钢直尺或游标卡尺测量。在用钢直尺或游标卡尺测量时，最好量5个或多个牙的螺距(或导程)，然后取其平均值，如图5.18(a)所示。

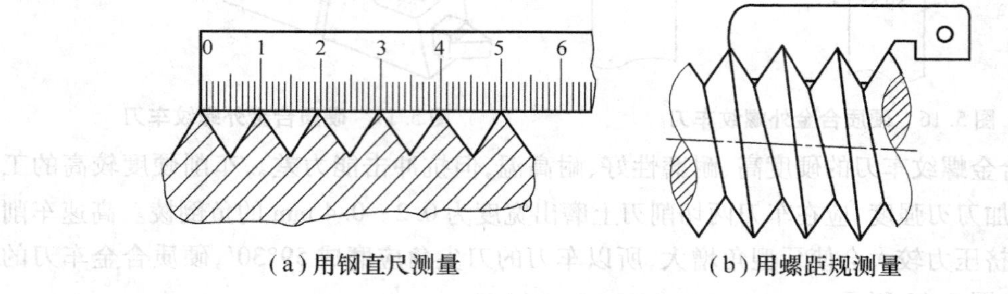

(a)用钢直尺测量　　(b)用螺距规测量

图5.18　车削螺纹后螺距或导程的测量

用螺距规测量。螺距规又称螺纹样板或牙规，测量时将螺纹样板中的钢片沿着通过工件轴线的方向嵌入螺旋槽中，如完全吻合，则说明被测螺距(或导程)是正确的，如图5.18(b)所示。

(3)用螺纹千分尺测量外螺纹中径

三角形螺纹的中径可用螺纹千分尺来测量(见图5.19)，使用方法与一般千分尺相似。只是它有两个可以调整的测量头(上测量头、下测量头)。在测量时，两个与螺纹牙型角相同的测量头正好卡在螺纹牙侧，从图5.20中可以看出，*ABCD*是一个平行四边形，因此测得的尺寸*AD*就是螺纹中径的实际尺寸。

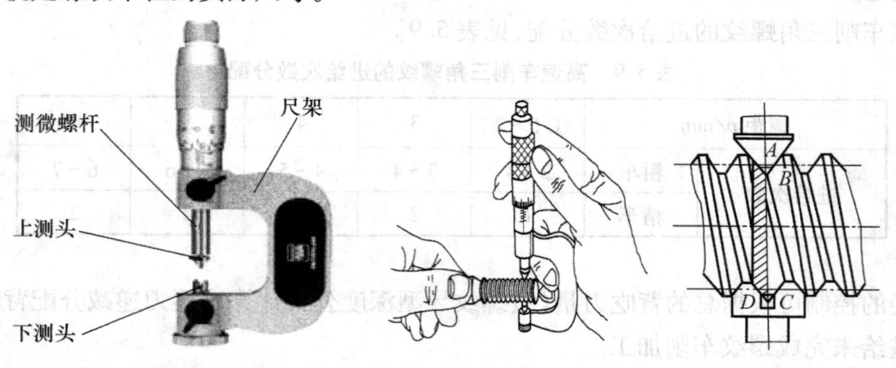

图5.19　螺纹千分尺　　图5.20　用螺纹千分尺测量三角螺纹中径

(4)牙型角的测量

一般螺纹的牙型角可以用螺纹样板(见图5.18(b))或牙型角样板(见图5.21)来检验。

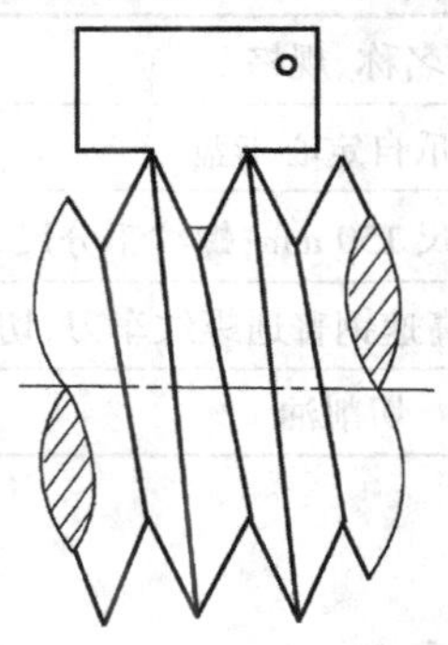

图5.21　用牙型角样板检验

(5)综合测量法

综合检验法是用螺纹量规对螺纹各基本要素进行综合性检验。螺纹量规(见图5.22)包括螺纹塞规和螺纹环规,螺纹塞规用来检验内螺纹,螺纹环规用来检验外螺纹。它们分别有通规和止规,在使用中要注意区分,不能搞错。如果通规难以拧入,应对螺纹的各直径尺寸、牙型角、牙型半角和螺距等进行检查,经修正后再用通规检验。当通规全部拧入,止规不能拧入时,说明螺纹各基本要素符合要求。

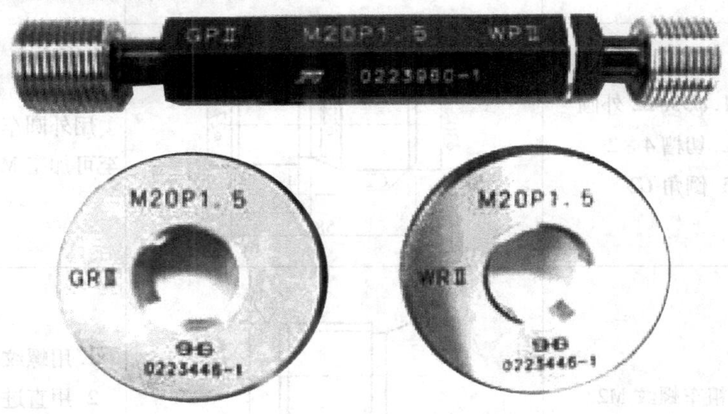

图5.22　螺纹量规

5.2.4　技能训练——高速车普通螺纹

本次训练工件以上次技能训练工件(见图5.5)为坯件,按如图5.14所示任务进行高速车削普通螺纹的技能训练。

(1)工量具准备清单(见表5.10)

表5.10 工量具准备清单

类　型	名称、规格	备　注
夹具	三爪自定心卡盘	
量具	游标卡尺0~150 mm;钢直尺150 mm;螺纹千分尺、螺纹角度样板	
刀具	外圆粗、精车刀、高速钢普通螺纹车刀、切断刀	
辅料	切削油	

(2)工艺步骤

螺纹车削加工工艺过程见表5.11。

表5.11 螺纹车削工艺过程

工序	工步	加工内容	加工图形效果	加工要点
车	1	装夹找正	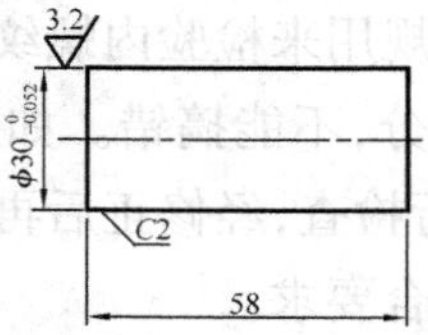	1.用垫铜皮夹左图$\phi 32$ 2.顶尖顶固小端M25.5×1.5的中心孔 3.百分表找正
	2	1.$\phi 30 \phi 22$外圆 2.切槽4×2 3.倒角$C2$	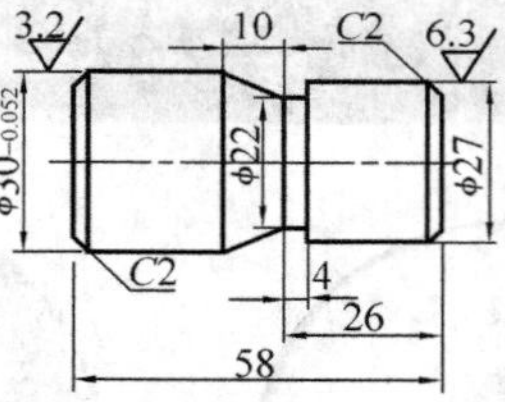	用外圆车刀和切刀车坯件至可加工M27的尺寸
	3	粗车螺纹M27	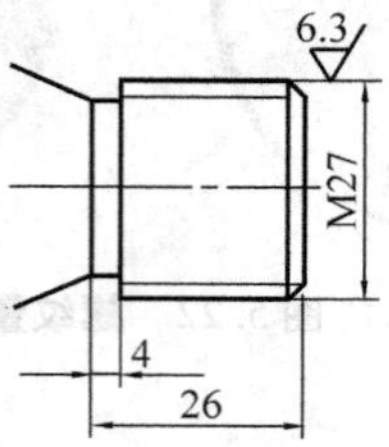	1.用螺纹粗车刀 2.用直进切削法粗车螺纹至合适余量尺寸
	4	精车螺纹M27	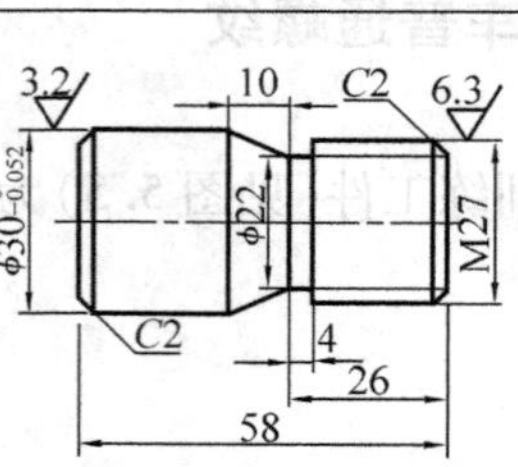	1.准确对准和安装螺纹精车刀 2.用直进法将螺纹精车至左图合格尺寸
检验				

(3)评分标准及记录表(见表5.12)

表5.12　评分标准及记录表

尺寸类型及权重	尺　寸	配　分	学生自评		学生互评		教师评分	
			检测	得分	检测	得分	检测	得分
直径12	$\phi30_{-0.052}^{\ 0}$	8						
	$\phi22$	4						
长度8	58	5						
	26	3						
切槽与倒角8	4	3						
	$C2$(2处)	5						
表面粗糙度12	$R_a3.2$	6						
	其余 $R_a12.5$	6						
螺纹50	大径	8						
	中径	12						
	牙型	10						
	螺距	10						
	螺纹粗糙度 $R_a6.3$	10						
安全纪律10	安全	5						
	纪律	5						
合　计		100						

任务5.3　普通内螺纹加工

内螺纹工作图的描述：

本任务如图5.23所示为一内螺纹加工零件，同学们需要正确选用工夹具，正确选用内螺纹车刀，正确使用游标卡尺、螺纹塞规等量具来测量工件，熟悉加工内螺纹的工艺过程，保证工件各方面精度要求，完成工件的车削加工。

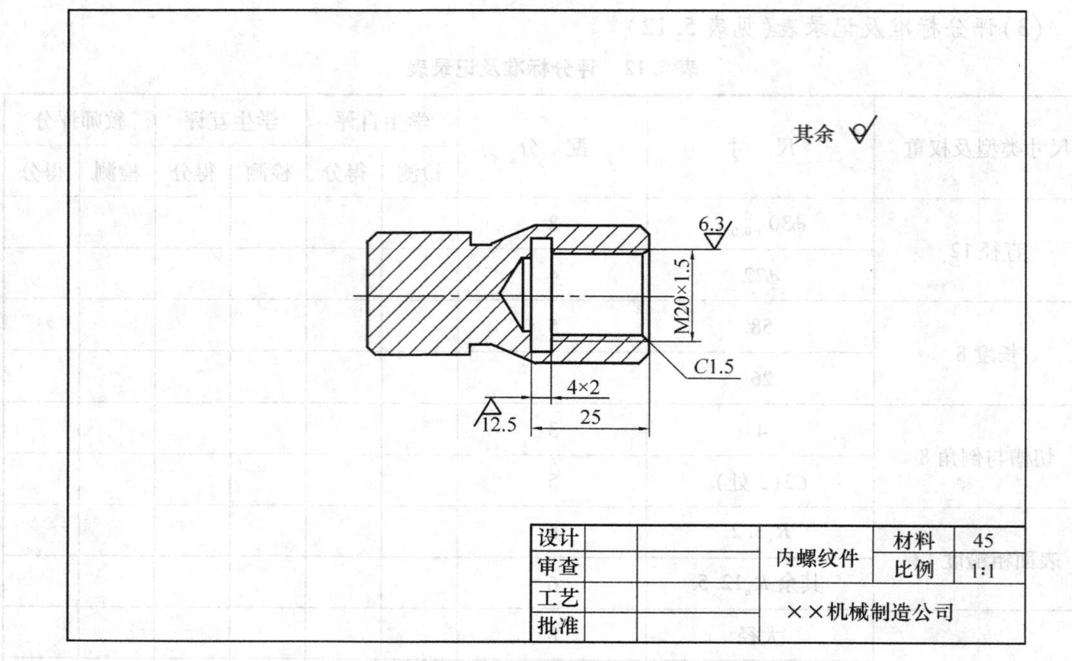

图 5.23　内螺纹技能训练

5.3.1　三角形螺纹车刀(三)

高速钢内螺纹车刀如图 5.24 所示。

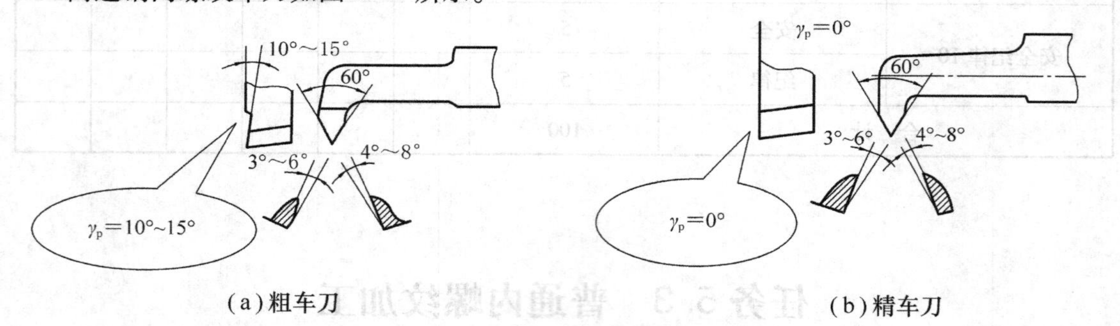

(a)粗车刀　　(b)精车刀

图 5.24　高速钢三角形内螺纹车刀

普通内螺纹车刀:

①刀头径向长度应比孔径小 3 ~5 mm,刀杆在保证排屑通畅情况下尽量粗壮些。

②刀尖角平分线必须与刀杆垂直。

③后角应适当大些,一般磨有两个后角。

④刀尖宽度一般为 0.1×螺距。

5.3.2　车削三角形内螺纹

(1)车螺纹前底孔直径的确定

车内螺纹之前,首先要钻孔或扩孔,孔径尺寸的计算公式为

$$D_{孔} \approx d - 1.05P$$

式中　d——螺纹大径,mm;

P——螺距,mm。

(2)车内螺纹时的注意事项

①内螺纹车刀的两刀刃要平直。车刀刀头不能太窄,否则影响中径尺寸。

②车刀刃磨不正确或装刀歪斜,会使车出的内螺纹一面正好用塞规扭进,另一面则扭不进或配合过松。车刀刀尖要对准工件中心。装高了引起振动,产生鱼鳞现象。装低了与工件发生摩擦,切不进去。

③内螺纹车刀刀杆不能选得过细,否则会引起振颤或变形,出现"扎刀""啃刀""让刀"和发出不正常声音及振纹等现象。小滑板宜调整得紧些,防止车刀移位产生扎扣。

④加工盲孔内螺纹时,可以在刀杆上作记号或薄铁皮作标记,也可用床鞍刻度盘的刻线等来控制退刀,避免车刀碰撞工件而报废。

⑤因"让刀"现象产生的螺纹锥形误差,不能盲目地加大切削深度,这时必须采用趟刀的方法,使车刀在原来的切刀深度位置,反复车削,直至全部扭进。

⑥用螺纹塞规检查,应过端全部扭进,感觉松紧适当;止端扭不进。检查不通孔螺纹,过端扭进的长度应达到图样要求的长度。

⑦车内螺纹过程中,当工件在旋转时,不可用手摸,更不可用棉纱去擦,以免造成事故。

5.3.3　技能训练——车三角形内螺纹

本次训练工件以上次技能训练的(见图5.14)为坯件,按如图5.23所示练习工件进行低速车削普通内螺纹的技能训练。

(1)零件工艺分析

形状分析:本次加工工件形状简单,内孔里有一个退刀槽。

精度分析:工件精度要求不高。

工艺分析:采用三爪自定心卡盘装夹工件。

加工工艺路线为:钻孔→车孔→车退刀槽→车螺纹。

(2)工量具准备清单(见表 5.13)

表 5.13　工量具准备清单

类　型	名称、规格	备　注
夹具	三爪自定心卡盘	
量具	游标卡尺 0~150 mm;钢直尺 150 mm;螺纹角度样板;螺纹塞规 M27	
刀具	中心钻、ϕ16 麻花钻、盲孔车刀、内切槽刀、高速钢普通内螺纹车刀	
辅料	切削油	

(3)工艺步骤

三角形内纹车削加工工艺过程见表 5.14。

表 5.14　三角形内纹车削工艺过程

工　序	工　步	加工内容	加工图形效果	加工要点
车	1	装夹找正		1. 用垫铜皮夹端外圆面 2. 百分表找正
	2	1. 钻孔 2. 车坯件孔 ϕ20 mm 3. 倒角 1.5 4. 车内沟槽 4×2		用内孔车刀车坯件内孔、倒角、切槽至可加工 M20×1.5 的尺寸
	3	粗车内螺纹 M20×1.5		1. 用内螺纹粗车刀 2. 在杆上作记号或薄铁皮作标记,也可用床鞍刻度盘的刻线等来控制退刀的尺寸 3. 用直进切削法粗车螺纹至合适余量尺寸
	4	精车内螺纹 M20×1.5		1. 准确对和安装螺纹精车刀 2. 用直进法将内螺纹精车至左图合格尺寸
检验				

(4)评分标准及记录表(见表5.15)

表5.15　评分标准及记录表

测评项目及权重	尺　寸	配　分	学生自评		学生互评		教师评分	
			检测	得分	检测	得分	检测	得分
切槽与倒内角15	4×2	8						
	倒内角 C1.5	7						
深度尺寸10	25	10						
表面粗糙度10	R_a12.5	10						
螺纹55	小径	20						
	螺纹塞规	25						
	螺纹粗糙度 R_a6.3	10						
安全与纪律10	安全	5						
	纪律	5						
合　计		100						

任务5.4　典型三角螺纹工件的车削

典型三角螺纹工件的车削如图5.25所示，为本项目概述中所描述的任务(见图5.2)。请同学们自行准备工量个清单，自编工艺完成项目任务的车削加工。

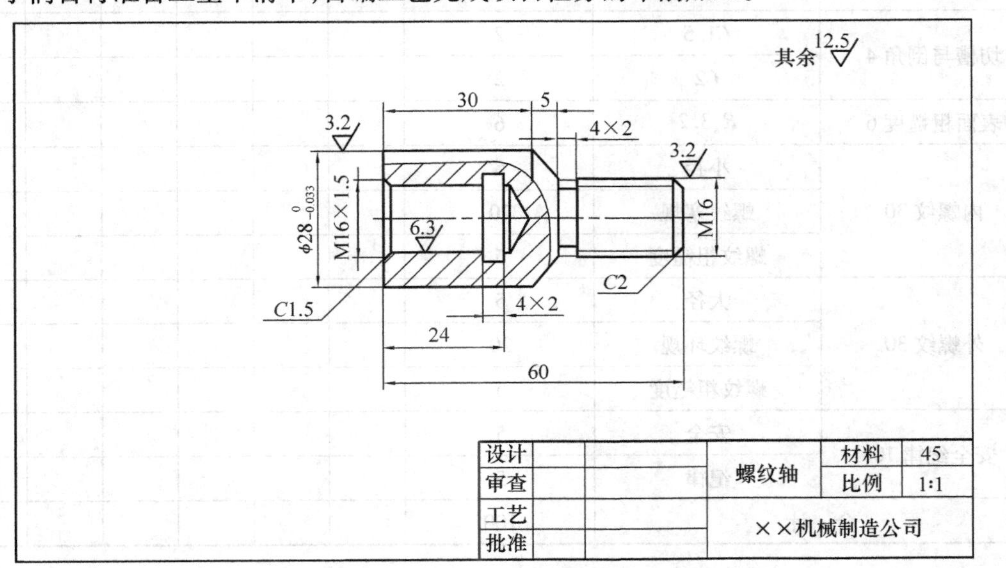

图5.25　典型三角螺纹工作图

(1)零件工艺分析

形状分析:

精度分析:

工艺分析:

(2)工量具准备清单(见表5.16)

表5.16 工量具准备清单

类 型	名称、规格	备 注
夹具		
量具		
刀具		
辅料		

(3)评分标准与记录表(见表5.17)

表5.17 评分标准及记录表

尺寸类型及权重	尺 寸	配 分	学生自评		学生互评		教师评分	
			检测	得分	检测	得分	检测	得分
直径10	$\phi28_{-0.033}^{0}$	10						
长度10	60	4						
	24	2						
	30	2						
	5	2						
切槽与倒角4	$C1.5$	2						
	$C2$	2						
表面粗糙度6	$R_a3.2$	6						
内螺纹30	小径	5						
	螺纹塞规	20						
	螺纹粗糙度	5						
外螺纹30	大径	5						
	螺纹环规	20						
	螺纹粗糙度	5						
安全纪律10	安全	5						
	纪律	5						
合 计		100						

任务5.5　螺纹工件质量分析

车削普通螺纹的质量分析见表5.18。

表5.18　螺纹工件质量分析表

螺纹不合格部位	导致原因	预防办法
中径不合格	内螺纹车过大或外螺纹车过小	切削时严格把握螺纹刀的切入深度
牙型不合格	螺纹刀刃磨错误	正确刃磨和测量刀尖角
	螺纹刀安装错误,导致半角误差	安装螺纹刀时用样板或角度尺对刀
	螺纹刀磨损	合理选择切削用量,并及时修磨螺纹刀
螺距不合格	交换齿轮计算或搭配错误,进给箱或主轴箱的相关手柄位置错误	先试车一条较浅的螺旋线,测量螺(齿)距是否合格
	局部螺距不合格 1. 拖板箱手轮转动不均匀 2. 车床丝杠和主轴的窜动过大 3. 开合螺母间隙过大	将床鞍的手轮与传动齿条脱开,使床鞍能匀速运动;将主轴与丝杠轴向窜动量和开合螺母的间隙进行调整
	用倒顺车车螺纹时,开合螺母不适时抬起	调整开合螺母镶条,用重物挂在开合螺母的手柄上
扎刀和顶弯工件	车刀前角过大,中滑板丝杠间隙较大;工件刚性差,而切削用量选择太大	减小螺纹刀纵向前角,调整中滑板的丝杠间隙;据工件刚性大小来选择合理的切削用量;增加工件的装夹刚性
表面粗糙度值大	刀柄刚性不够,切削时引起振动	安装时,刀柄不能伸出太长;适当降低切削速度
	高速切削螺纹时,切削厚度太小或切屑排出方向不对,拉毛螺纹牙侧	高速切削螺纹时,最后一刀切削厚度一般要大于0.1 mm,切屑要垂直轴心线方向排出
	切削用量选择不当	合理选择切削用量
	产生积屑瘤	高速钢切削时,降低切削速度;切削厚度小于0.06 mm,并加切削液

●拓展训练与思考题

1. 拓展训练题

三角螺纹拓展练习工作如图 5.26 所示。

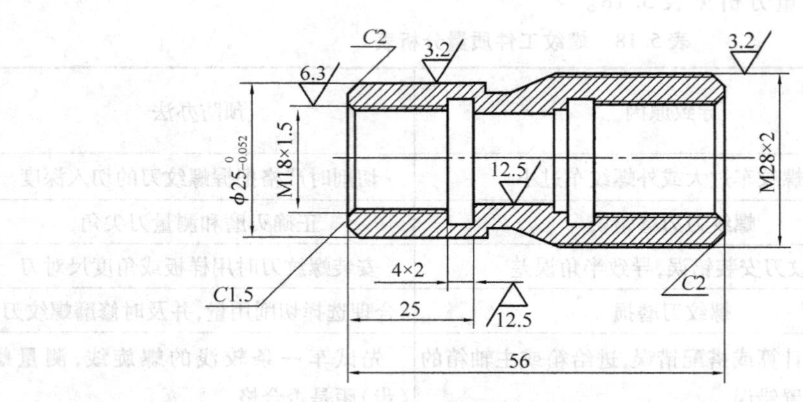

图 5.26　三角螺纹拓展练习工件

2. 思考题

(1) 写出螺纹牙型角、螺距、中径、螺纹升角的定义和代号？

(2) 车螺纹时，在总的背吃刀量一定下，每次走刀的背吃刀量为什么是逐渐递减的？

(3) 车螺纹时左右后角会发生哪些变化？怎样确定两侧的后角？

(4) 用硬质合金车刀高速切削螺纹，刀尖角是否等于牙型角？为什么？

项目 6

车床调整与简单故障的排除

●项目描述

本项目包含 CA6140 型车床结构、卧式车床型号中数字与字母表示含义及车床主参数、CA6140 型车床传动系统图、卧式车床主轴离合器调整、丝杠间隙调整、制动器调整、各滑板间隔调整及卧式车床常见故障排除，同学们通过完成项目各任务，掌握车床调整与故障排除相关理论知识和操作技能。

●项目目标

知识目标：

●知道车床型号、规格、技术参数、主要部件名称和作用数；

●看懂车床传动系统图和装置，建立起真实车床传动与车床传动系统图上的对应关系；

●理解车床主离合器、丝杠、制动器、各滑板间隔调整方法；

●懂得 CA6140 卧式车床常见故障排除方面的知识。

技能目标：

●会根据车床出现问题选择工具；

●能完成车床各部分调整及常见故障排除。

情感目标：

●通过完成本项目的学习任务，增强同学们对车工继续学习的自信心。

●项目实施过程

概述　车床调整与故障排除

掌握车床加工必须掌握车床结构、型号及主要参数。同学们在前期的实训中，通过操作车床，知道卧式车床一般都是由“三箱、两杆、两座”等主要部分组成的，但是车床在使用过程中也会出现这样那样的问题，作为车工不仅要掌握车床操作加工技术，还要具备在加工过程中对车床出现的问题进行排除，为了把这些知识与技能让同学们熟练掌握，此项目在实施过程中可以从以下几个方面进行。

任务 6.1　CA6140 车床结构介绍

本任务是对 CA6140 车床结构、型号及主要技术参数认识，如图 6.1 所示。通过此任务的学习使同学们能熟练说出车床结构、型号含义及车床传动系统装置。

图 6.1　CA6140 型卧式车床外形

6.1.1　CA6140 车床的组成

车削加工是机械制造行业中被普遍应用的加工方法之一，而应用车床加工使用最多的是卧式车床，当前 CA6140 车床广泛的使用和良好的操作性在诸多机床中仍然是备受欢迎的金属切削机床，CA6140 车床是我国自行设计的卧式车床，与其他车床相比较，它具有良好的性能，结构合理，操作方便，精度较高，而且外形美观，是一种应用广泛的卧式车床。其外形结构主要由主轴箱、刀架、卡盘、尾座、床身、床脚、丝杠、光杆、操纵杆、溜板箱、进给箱、交换齿轮箱等部分组成。

6.1.2　普通卧式车型号

我国新的机床型号，均按《金属切削机床型号编制方法》GB/T 15375—1994 编制。国标将每类机床划分为十组，每个组又划分为十个系（系列）。组系划分的原则如下：

在同类一类机床中，其结构性能及使用范围基本相同的机床，即为同一组。

在同一组机床中，其主参数相同，并按一定公比排列，工件及刀具本身和相对运动特点基本相同，而且基本结构及布局相同的机床，即为同一系。

机床型号是机床的产品代号，由汉语拼音字母和阿拉伯数字组成，现以 CA6140 车床为例，型号中代号及数字的含义如下：

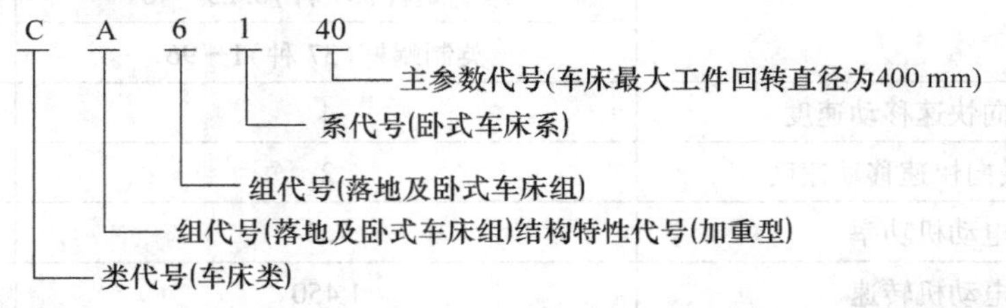

随着科学技术的提高，机床的结构、性能经常改进，重大技术改进的顺序按汉语拼音字母顺序 A、B、C…，选用，标准在主参数之后，如 CA6140A 是 CA6140 车床经过第一次重大改进后的车床。

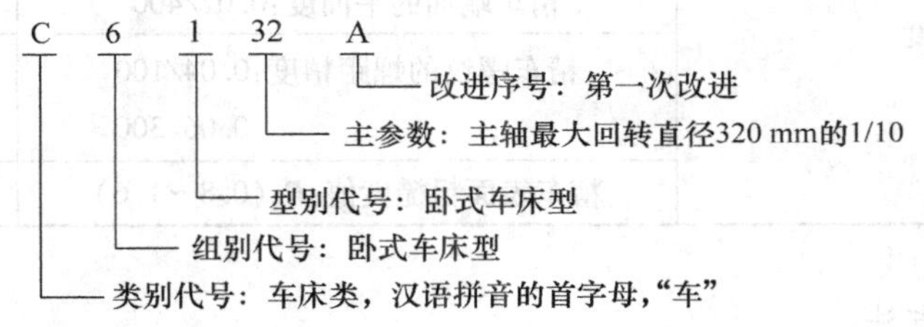

6.1.3　CA6140 车床的主要技术参数

(1)CA6140 车床的主要技术参数(见表 6.1)

表 6.1　CA6140 车床的主要技术参数

项　目	参　数	单　位
床身最大回转直径	ϕ400	mm
最大工件长度	(4 种)750/1 000/1 500/2 000	mm
中滑板上工件最大工作回转直径	210	mm
中心高(主轴中心到床身平面导轨距离)	205	mm
最大纵向行程	650/900/1 400/1 900	mm
主轴内孔直径	ϕ52	mm

续表

项　目	参　数	单　位
主轴内孔锥度	莫氏 6 号锥度	mm
主轴转速	正转(24 级)10 ~ 1 400	r/min
	反转(12 级)14 ~ 1 580	r/min
机动进给	纵向进给(64 种)0.028 ~ 6.33	r/min
	横向进给(64 种)0.014 ~ 3.16	r/min
车削螺纹范围	米制螺纹(44 种)1 ~ 192	mm
	英制螺纹(20 种)2 ~ 24	牙/in
	米制蜗杆(39 种)0.25 ~ 48	mm
	英制蜗杆(37 种)1 ~ 96	牙/in
床鞍纵向快速移动速度	4	m/min
中滑板横向快速移动速度	2	m/min
主电动机功率	7.5	kW
主电动机转速	1 450	r/min
机床工作精度	精车外圆圆度:0.01	mm
	精车外圆圆柱度:0.01/100	mm
	精车端面的平面度:0.02/400	mm
	精车螺纹的螺距精度:0.04/100 0.06/300	mm
	精车表面粗糙度值:R_a(0.8 ~ 1.6)	μm

(2)主参数的表示方法

机床主参数用折算值(主参数乘以折算系数)表示,位于组、系代号之后。它是反映机床的重要技术规格,主参数的尺寸单位为 mm,以 CA6140 车床,主参数的折算值为 40,折算系数为 1/10,即主参数(床身上最大回转直径)为 400 mm。

6.1.4　CA6140 车床传动系统

CA6140 车床传动系统,如图 6.2 所示。

(1)主运动

为了完成车削工作,车床各部分传动关系是:工件夹紧在卡盘上,或装于两顶尖之间,由装在车床下面电动机将其动力经过三角皮带传给变速箱,经齿轮传到主轴,拨动主轴箱外主轴转速手柄可使主轴得到不同转速,再经卡盘带动工件旋转。

主运动传动路线:主轴箱→主轴→卡盘→工件旋转。

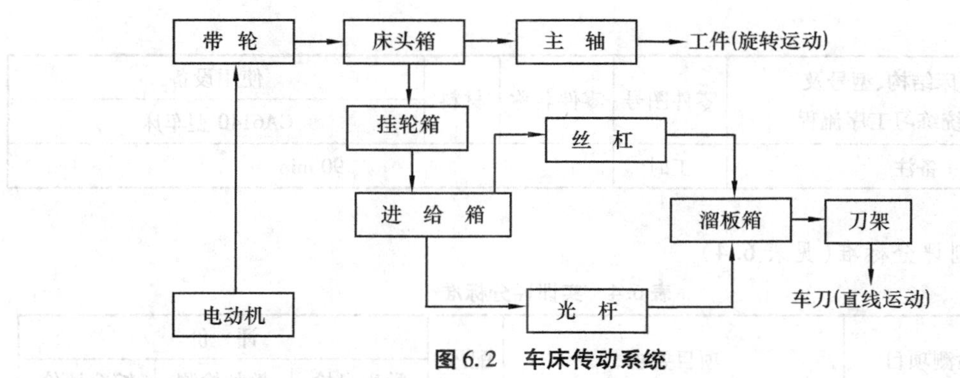

图6.2　车床传动系统

(2)进给运动

进给运动是由主轴箱的旋转运转传到交换齿轮箱,再经进给箱,由丝杠或光杆驱动溜板箱联运溜板刀架,从而控制车刀运转轨迹完成各种表面车削。

进给运动传动路线:主轴箱→交换齿轮箱→进给箱→丝杠或光杆→溜板箱→床鞍→滑板→刀架→车刀运动。

6.1.5　技能训练——机床真实传动与机床传动系统图上的对应

到车工实训室观看车床型号及车床主要部件的名称及作用,了解车床传动系统。

(1)训练要求

①认识车床型号并能准确说出各个字母及数字的含义。

②观察车床主轴箱让同学们先观察并认识车床传动系统。

③让同学们先观察并认识车床传动系统,能准确说出车床传动系统是如何实现的。

(2)工量具清单(见表6.2)

表6.2　工量具清单

类　型	名称、规格	备　注
机床	车间内的各型机床	
车床	拆卸CA6140车床(旧机床)	

(3)实训流程(见表6.3)

表6.3　实训流程

认识车床结构、型号及传动系统练习工序流程	零件图号	零件名称	材料	使用设备 CA6140型车床
工序(步)号	工序内容			
1	车床“三箱、两杆、两座”及附件认识与作用			
2	车床型号中各字母与数字的含义,例如CA6140,CA6136A			
3	观察车床传动系统并能说明车床传动系统			

续表

认识车床结构、型号及传动系统练习工序流程	零件图号	零件名称	材料	使用设备
				CA6140 型车床
备注	工时	90 min		

(4)实训评分标准(见表 6.4)

表 6.4 实训评分标准

序 号	检测项目	项目要求	配 分	评 价		
				学生自检	教师检测	综合评价
1	车床型号含义	能说出车床型号中字母及数字含义	30			
2	车床传动系统图	1. 能说出 CA6140 车床传动系统 2. 能说出 CA6140 车床传动系统各部分之间关系	50			
3	安全文明生产	列队进入实训室,在实训室内不能大声喧哗	20			
合计			100			

任务 6.2 CA6140 车床调整与故障排除

本任务为 CA6140 车床调整与故障排除,主要是让同学们能在产品加工中出现的问题进行故障排除,使其能保质、保量、保时完成生产任务。

6.2.1 主轴离合器的调整

离合器的作用是使同一轴线上的两根轴,或轴与轴上的空套转动件,随时接通或断开,以实现机床的启动、停止、变速、变向等。

在车床运转过程中可能会出现卧式车床主轴箱的摩擦离合器过松或过紧现象,如果调整不当,会造成安全事故,例如,离合器过松会产生摩擦片相互打滑,加剧摩擦片的磨损,还容易出现“闷车”现象;如过紧则摩擦片不脱离,导致不能正常运转。作为一位车工操作人员,车床的调整与常见故障排除是必须掌握的。

(1)双向多片摩擦离合器

CA6140 型普通车床的双向多片摩擦离合器装在主轴箱里的轴 Ⅰ 上,如图 6.3 所示,由

内摩擦片3、外摩擦片2、止推片8及9、螺圈6、压套7及空套齿轮1等组成。左离合器传动主轴正转,用于切削加工,需传递的扭矩较大,片数较多。右离合器传动主轴反转,用于退回,片数较少。

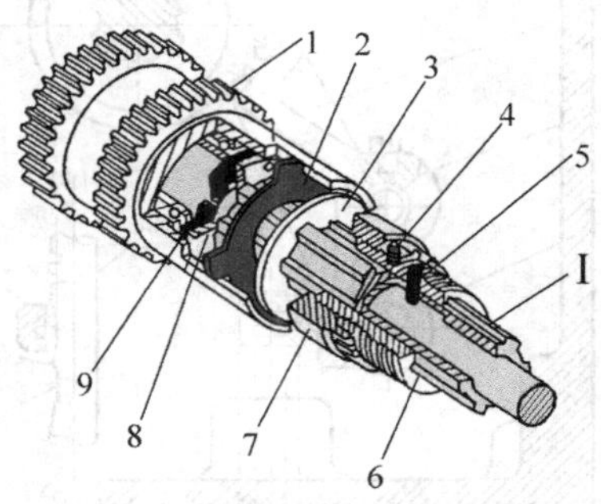

图6.3　双向多片摩擦离合器

1—空套齿轮;2—外摩擦片;3—内摩擦片;4,5—弹簧销;6—螺圈;7—压套;8,9—止推片

(2)双向多片摩擦离合器的调整

如图6.4所示,摩擦片间隙的调整方法是:先用旋具把弹簧销4压下,然后逐步转动加压套7。当内、外摩擦片之间的间隙调整好后,再让弹簧销4从加压套7的任一缺口中弹出,防止加压套的松动造成间隙的改变。

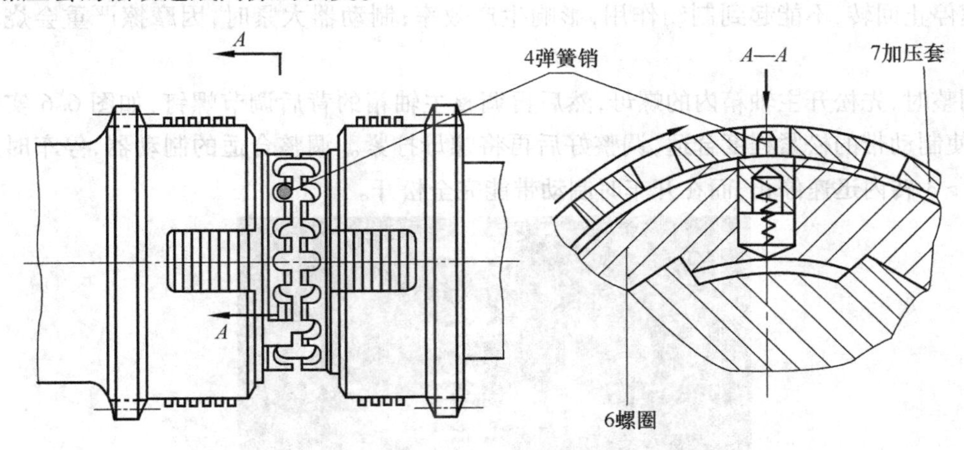

图6.4　摩擦离合器间隙的调整

6.2.2　主轴制动器的调整

(1)主轴制动部分

制动部分的作用是:当车床停止时,能阻止主轴箱内各转动件的惯性旋转,使主轴迅速停止转动。常用的闸带式制动器如图6.5所示。

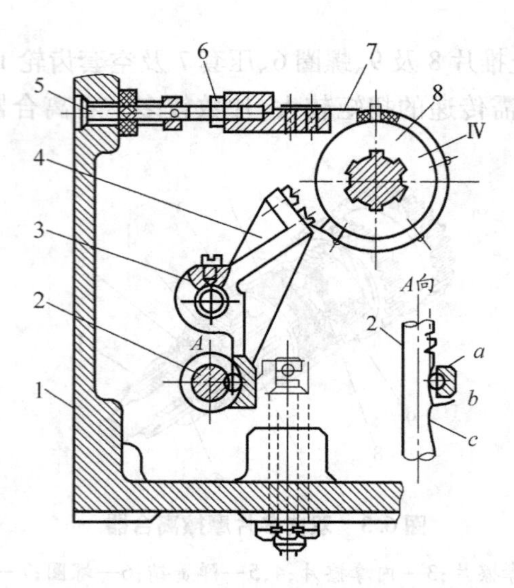

图 6.5　CA6140 车床制动装置

1—主轴箱体;2—齿;3—轴;4—杠杆;5—螺钉;6—螺母;7—制动器;8—制动轮

(2)主轴制动器的调整

CA6140 型车床采用闸带式制动器。如果在加工中制动器太松时,停车时主轴(工件)不能迅速停止回转,不能起到制动作用,影响生产效率;制动器太紧时,因摩擦严重会烧坏制动带。

调整时,先松开主轴箱内的螺母,然后再调整主轴箱的背后调节螺钉,如图 6.6 实物图所示,使制动带的松紧程度合适,调整好后再将螺母拧紧。调整合适的制动器,停车时主轴能在 2 ~3 转内迅速停止,而在开车时制动带能完全松开。

图 6.6　主轴制动器的调整

6.2.3　中小滑板间隙的调整

中滑板沿床鞍上的燕尾导轨作横向移动,移动的松紧程度由燕尾导轨的间隙来决定。当此处的间隙过松时,中滑板的移动不平稳,在受力时易产生振动;当间隙过紧时,中滑板运

动阻力大,操纵困难。小滑板处同样如此。

中滑板移动间隙靠前后移动导轨副间的斜镶条来调整,如图 6.7 所示,调节斜镶条前、后两端的螺钉,使斜镶条前、后移动,斜镶条与燕尾导轨面间的间隙得到改变,调整合适后拧紧螺钉。用厚度为 0.04 mm 的塞尺检查,塞尺插入深度应小于 20 mm,摇动中滑板手柄,中滑板横向前后移动自然,感觉平稳、均匀、轻便、无阻滞。小滑板处的调整同样如此。

图 6.7　中滑板间隙的调整

6.2.4　中滑板丝杠与螺母间隙的调整

车床横向进给靠转动中滑板丝杠螺母副来完成,中滑板丝杠螺母副间隙的大小对加工精度的影响很大,当丝杠和螺母之间的间隙过大时,将造成横向进给刻度不准,影响尺寸精度;当这个间隙过小时,会造成运动受阻,造成丝杠螺母副的磨损。

车床工作一段时期后,中滑板丝杠螺母副会有磨损,间隙会增大。调整丝杠和螺母之间间隙的步骤是:先松开固紧螺钉 2,调整调节螺钉 3(即顺时针拧螺钉),把楔块 8 向上拉,在斜面的作用下,前螺母 1 向左移动,由于后螺母 6 是固定的,这样就减少丝杠与螺母牙侧之间的间隙。调整合适后,应把螺钉 2 拧紧如图 6.8 所示。

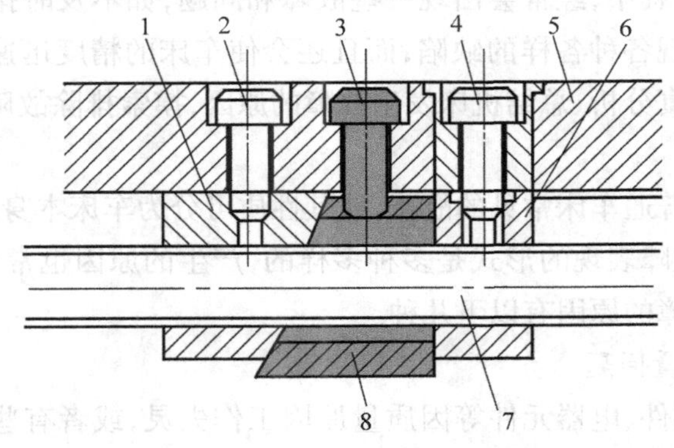

图 6.8　中滑板丝杠与螺母间隙的调整

1—前螺母(可移);2—固紧螺钉;3—调节螺钉;4—螺钉;5—中滑板;

6—后螺母(固定);7—丝杠;8—楔块

6.2.5 尾座横向位置的调整

车床尾座套筒轴线应与车床主轴轴线同轴,这样在用两顶尖或一夹一顶方法安装加工工件时,不出现锥度,钻孔时容易对中。但是,在用偏移尾座方法车削锥形工件后,需把尾座套筒轴线调整到主轴轴线上,否则就会产生加工误差。

初步调整尾座中心方法。如图 6.9 所示,在尾座前、后各有一个调节螺钉,尾座右端面有反映尾座横向位置的对零刻线,在调节前(见图 6.9(a)),尾座需要向左偏移,应该先松开前螺钉,然后旋紧后螺钉,使尾座向左偏移,上下两刻线对零(见图 6.9(b)),然后再旋紧前螺钉。

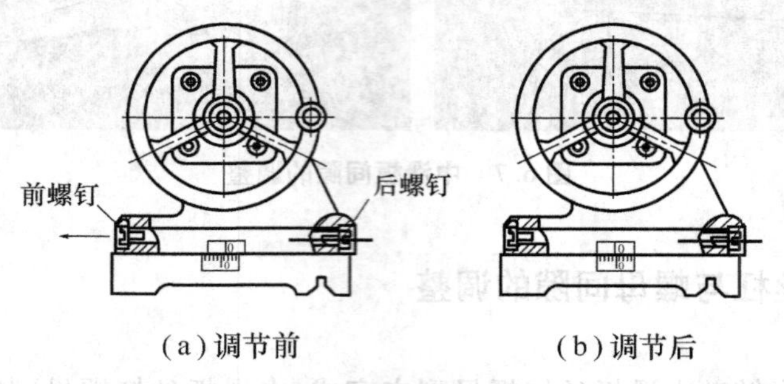

图 6.9 尾座位置的调整

要求精度较高时,应在车床上用两顶尖安装一个标准检验棒,用百分表前后移动检查锥度误差,反复调整尾座位置至符合要求。

6.2.6 车床常见故障与排除

普通车床在使用过程中,经常会出现一些故障和问题,如不及时排除,不但会影响工件的加工精度,使工件出现各种各样的缺陷,而且还会使车床的精度迅速下降,直接影响车床的使用寿命。因此,认真分析、总结机床发生故障的原因,摸索排除故障的方法和途径,是非常必要的。

造成故障的原因:普通车床常见的故障,就其性质可分为车床本身运转不正常和加工工件产生缺陷两大类。故障表现的形式是多种多样的,产生的原因也常常由很多因素综合形成。一般地说,造成故障的原因有以下几种。

(1)车床零部件质量问题

车床本身的机械部件、电器元件等因质量原因工作失灵,或者有些零件磨损严重,精度超差甚至损坏。

(2)车床安装和装配精度差

车床的安装精度主要包括以下 3 个方面的内容:一是床身的安装;二是溜板刮配与床身装配;三是溜板箱、进给箱及主轴箱的安装。

(3)日常维护和保养不当

车床的维护是保持车床处于良好状态,延长使用寿命,减少维修费用,降低产品成本,保证产品质量,提高生产效率所必须进行的日常工作。日常维护是车床维护的基础,必须达到“整齐、清洁、润滑、安全”。

车床保养的好坏,直接影响工件的加工质量和生产效率,保养的内容主要是清洁、润滑和进行必要的调整。

(4)使用不合理

不同的车床有着不同的技术参数,从而反映其本身具有的加工范围和加工能力。因此,在使用过程中,要严格按照车床的加工范围和本工种操作规程来操作,从而保证车床的合理使用。

为了综合车床故障排除特列出下表供同学们在以后实训或工作中参考,见表6.5。

表6.5　车床故障排除表

现　象	原　因	处理方法
工件加工后外径同轴度及圆度超差	1. 床头箱主轴轴线对溜板移动导轨平行度超差 2. 主轴轴承间隙过大 3. 主轴轴承套外径或床头箱体轴孔同轴度超差或两者配合间隙过大	1. 重新校正床头箱主轴轴线的安装位置 2. 调整主轴轴承间隙,滚动轴承在最高速不发生过热,滑动轴承间隙为0.02~0.03 mm,主轴前端径向圆跳动允差0.01 mm 3. 多数是滑动轴承配合,可将主轴径修磨 4. 修整床头箱体轴孔及配合间隙或更换轴承套
精车后工件端面中间凸	溜板上下导轴垂直度超差	修刮导轨,溜板上导轨外端必须偏向床头箱
车削螺纹时螺距不等及乱纹	1. 主轴轴向游隙超差 2. 主轴经挂轮的传动链间隙超差 3. 丝杠轴向间隙过大,丝杠结合器接触不良 4. 溜板箱开合螺母闭合不稳定	1. 调整主轴轴向游隙为0.01~0.015 mm 2. 检查并调整传动啮合间隙 3. 调整丝杠连接轴向游隙为0.04 mm(加轴向力测量) 4. 调整开合螺母塞铁,使开合轻便,工作稳定
精车端面圆跳动超差	主轴轴向窜动超差	将主轴轴向窜动量调整到小于0.01 mm
重切削时自动停车后主轴自动	1. 摩擦离合器调整不合适 2. 制动器未调节好	1. 调整摩擦离合器松紧或修复半圆键 2. 调整制动器
溜板箱自动走刀时手柄脱落或不开	1. 脱落螺杆压力弹簧松紧不合适 2. 脱落螺杆控制板磨损严重	1. 调节压力弹簧松紧 2. 补焊控制板然后修磨
精车外径时主轴每转一转在圆周表面处有一处振痕	主轴滚动轴承部分滚珠磨损严重	检查轴承磨损情况却系磨损则更换轴承

续表

现 象	原 因	处理方法
精车螺纹表面有波纹	丝杠轴向窜动超差	轴向传动允差 0.04 mm，需要提高时可控制在 0.01 ~ 0.02 mm
小刀架精车内孔时呈细腰形或表面粗糙度超差	1. 小刀架移动对主轴轴线平行度超差 2. 小刀架移动导轨直线度超差	1. 调整小刀架对主轴轴线的平行度在 100 mm 长度上允差为 0.02 mm 2. 检查并修刮导轨，在 100 mm 长度上直线度允差为 0.01 mm 3. 检查调整滑动面间隙，用 0.04 mm 塞尺插入深度应小于 10 mm
精车外径时表面有混乱波纹	1. 主轴轴向游隙超差 2. 主轴滚动轴承磨损 3. 卡盘与主轴螺纹配合松动 4. 上下刀架滑座的滑动间隙超差	1. 调整主轴后端推力轴承 2. 更换轴承 3. 配置新卡盘法兰 4. 检查并调整滑动面间隙，用 0.04 mm 塞尺插入深度应小于 10 mm
精车外径时表面上每隔一定长度重复出现一次波纹	1. 溜板箱的纵走刀小齿轮与齿条啮合间隙超差 2. 走刀光杆弯曲 3. 进给箱、溜板箱、托架三孔同轴度超差 4. 溜板间隙超差	1. 检查齿形修正啮合间隙 2. 校正光杆，装配后溜板移动不得有轻重感觉 3. 检查并校正三孔同轴度，允差为 0.04 mm 4. 调整溜板压板与导轨间的间隙，允差 0.02 mm

6.2.7 技能训练——机床常见调整训练

按照本任务的内容，在车工实训室进行车床各个调整训练。

(1)训练要求

①明确车床调整部位的结构，调整方法。

②会进行具体的调整操作。

③明确车床各部位调整后的效果检查方法。

(2)设备工量具清单(见表 6.6)

表 6.6 设备工量具清单

类 型	名称、规格	备 注
车床	车间内的指定车床	每小组 1 台
车床	拆卸 CA6140 车床(旧机床)	—
工具	机修调整常用工具	每小组 1 套

(3) 车床调整内容(见表6.7)

表6.7　车床调整内容

调整项目	调整内容
1	车床摩擦离合器调整
2	车床制动器调整
3	车床镶条调整
4	车床中滑板丝杠间隙调整
5	车床尾座横向位置调整
备注	

(4) 评分标准(见表6.8)

表6.8　评分标准

<table>
<tr><th rowspan="2">序 号</th><th rowspan="2">检测项目</th><th rowspan="2">项目要求</th><th rowspan="2">配 分</th><th colspan="3">评　价</th></tr>
<tr><th>学生自检</th><th>教师检测</th><th>综合评价</th></tr>
<tr><td>1</td><td>车床摩擦离合器调整</td><td>正反转正常</td><td>20</td><td colspan="3"></td></tr>
<tr><td>2</td><td>车床制动器调整</td><td>制动平稳</td><td>20</td><td colspan="3"></td></tr>
<tr><td>3</td><td>车床镶条调整</td><td>滑板松紧适当</td><td>20</td><td colspan="3"></td></tr>
<tr><td>4</td><td>车床中滑板丝杠间隙调整</td><td>中滑板刻度盘空位三分之一圈</td><td>20</td><td colspan="3"></td></tr>
<tr><td>5</td><td>车床尾座横向位置调整</td><td>尾座横向刻度对零</td><td>10</td><td colspan="3"></td></tr>
<tr><td>6</td><td>安全文明</td><td></td><td>10</td><td colspan="3"></td></tr>
<tr><td colspan="2">合计</td><td></td><td>100</td><td></td><td></td><td></td></tr>
</table>

中级篇

项目 7

中等难度轴类工件的车削

●项目描述

本项目包含中等难度轴类零件的车削、质量检测与分析任务，通过同学们在完成项目各任务的过程中，掌握在两顶尖上加工精密轴类零件加工方法；掌握典型轴类工件加工方法、质量测量与控制方法的操作技能。通过同学们在完成项目各任务的过程中，掌握中级轴类工件车削的相关理论知识和操作技能。

●项目目标

知识目标：

●了解典型轴类零件装夹与找正；

●掌握典型轴零件质量控制与测量方法。

技能目标：

●会根据图纸上要求加工中等难度的典型轴类零件；

●会选用加工典型轴类零件加工所使用工量具及附件；

●在加工过程中会正确测量典型轴类零件及加工过程中质量控制。

情感目标：

●通过完成本项目学习任务的体验过程，提高在轴类零件加工的技术水平，使同学们达到中级工水平，从而提高对后续内容的学习及提高自己技能水平的期望。

●项目实施过程

概述　中等难度轴类工件

(1)轴类零件分类

轴类零件按其结构形状的特点，可分为光轴、阶梯轴、空心轴和异形轴(包括曲轴、凸轮轴和偏心轴等)4 类。

若按轴的长度和直径的比例来分，又可分为刚性轴($L/d<12$)和挠性轴($L/d>12$)两类，在本项目中只介绍中级水平的刚性轴加工。

(2)中等难度轴类工件

中等难度的轴类工件是车削加工比较常见的加工零件，主要起传动、连接作用，常与套类零件配合使用。这类零件一般为较长的传动轴、长轴(见图 7.1)；主要由外圆、端面、阶台、沟槽、锥度、螺纹等组成；尺寸精度为 IT7 至 IT8 级，表面粗糙度要求为 $R_a1.6$，通常有圆跳动、同轴度、垂直度等位置要求。本项目主要学习这类工件的车削和质量控制方法。

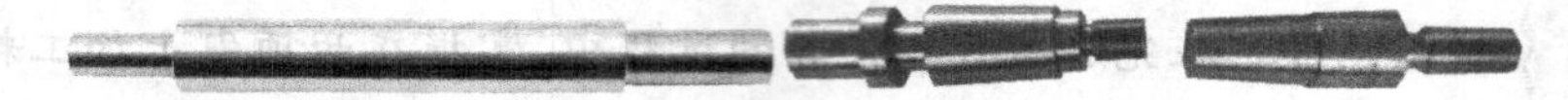

图 7.1　常见精密轴及典型轴类工件

(3)典型轴类零件工作图

典型轴的工作图如图 7.2 所示。本任务典型轴类零件的加工，同学们需要正确选用典型轴类零件加工方法、附件使用、测量量具测量方法，全面保证工件的精度与技术要求。

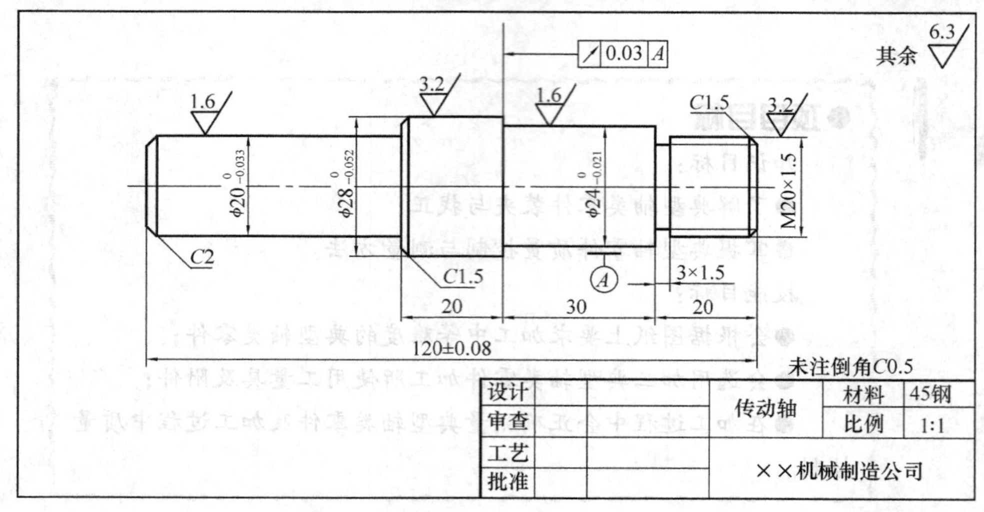

图 7.2　典型中级轴类工件

1)尺寸精度

轴颈是轴类零件的主要表面,它影响轴的回转精度及工作状态。轴颈的直径精度根据其使用要求通常为 IT9—IT6,精密轴颈可达 IT5。

2)形状和位置精度

轴颈的几何形状精度(圆度、圆柱度),一般应限制在直径公差点范围内。对几何形状精度要求较高时,可在零件图上另行规定其允许的公差。

零件的位置精度主要是指装配传动件的配合轴颈相对于装配轴承的支承轴颈的同轴度,通常是用配合轴颈对支承轴颈的径向圆跳动来表示的;根据使用要求,规定精度轴为 0.001 ~0.005 mm,而一般精度轴为 0.01 ~0.03 mm。此外,还有内外圆柱面的同轴度和轴向定位端面与轴心线的垂直度要求等。

3)表面粗糙度

根据零件的表面工作部位的不同,可有不同的表面粗糙度值,例如,普通机床主轴支承轴颈的表面粗糙度为 R_a0.63 ~0.16 μm,配合轴颈的表面粗糙度为 R_a2.5 ~0.63 μm,随着机器运转速度的增大和精密程度的提高,轴类零件表面粗糙度值要求也将越来越小。

任务 7.1　中级轴的车削

本任务为一个比较精密的多阶台轴零件加工,如图 7.3 所示,同学们可选用正确定装夹方式与加工工艺来完成加工任务。

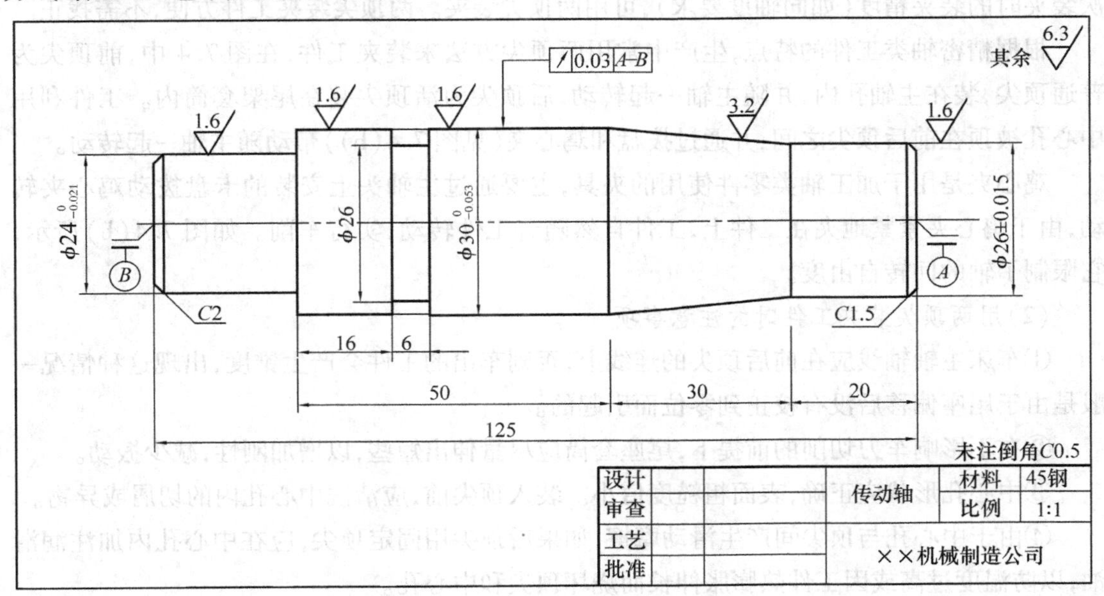

图 7.3　传动轴零件工作图

7.1.1 精密轴类工件的安装

精密轴类工件一般对尺寸、形状和位置、表面粗糙度等精度有较高要求，往往是非标零件，根据顾客样件或图纸要求定制加工。

精密轴在很多领域都有应用，比如汽车类零件、办公自动化类零件、家用电器类零件、电动工具类零件等。

在如图 7.4 所示的工件安装中，同学们会发现在工件两端多了什么附件呢？

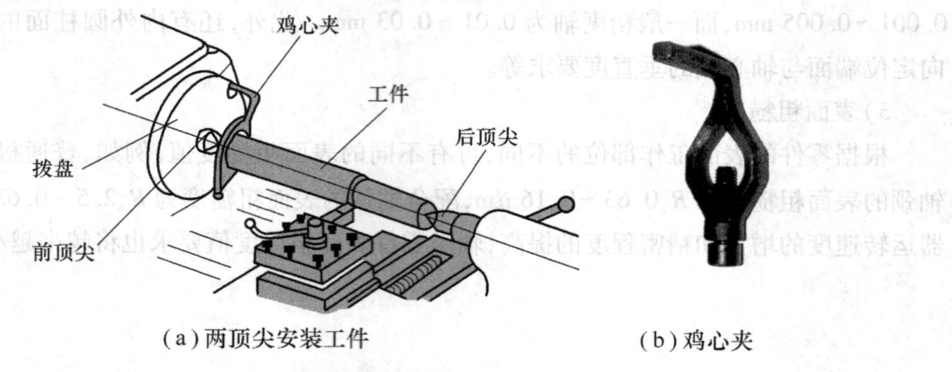

(a) 两顶尖安装工件　　(b) 鸡心夹

图 7.4　两顶尖安装工件

(1) 用顶尖安装工件

对同轴度要求比较高且需要调头加工的轴类工件、较长的或必须经过多次装夹才能加工好的工件，如长轴、长丝杠等车削，或工序较多，在车削后还要铣削或磨削工件，为保证每次装夹时的装夹精度（如同轴度要求），可用两顶尖装夹。两顶尖装夹工件方便，不需找正。

根据精密轴类工件的特点，生产中常用两顶尖方法来装夹工件，在图 7.4 中，前顶尖为普通顶尖，装在主轴孔内，并随主轴一起转动，后顶尖为活顶尖装在尾架套筒内。工件利用中心孔被顶在前后顶尖之间，并通过拨盘和鸡心夹（见图 7.4(b)）带动随主轴一起转动。

鸡心夹是用于加工轴类零件使用的夹具，主要通过主轴头上安装的卡盘拨动鸡心夹转动，由于鸡心夹紧紧地夹在工件上，工件自然随着工件转动，实行车削。如图 7.4(b) 所示，它限制了轴的回转自由度。

(2) 用两顶尖装夹工件时的注意事项

①车床主轴轴线应在前后顶尖的连线上，否则车出的工件会产生锥度，出现这种情况一般是由于尾座偏移后没有校正到零位而引起的。

②在不影响车刀切削的前提下，尾座套筒应尽量伸出短些，以增加刚性，减少振动。

③中心孔形状应正确，表面粗糙度值小。装入顶尖前，应清洗中心孔内的切屑或异物。

④由于中心孔与顶尖间产生滑动摩擦，如果后顶尖用固定顶尖，应在中心孔内加注润滑油，以防温度过高或因工件热膨胀伸长而烧坏顶尖和中心孔。

⑤两顶尖中心孔配合必须松紧合适。如果顶尖顶得太紧，细长工件会弯曲变形。对于

固定顶尖,会增加摩擦;对于回转顶尖,容易损坏顶尖内的滚动轴承。如果顶得太松,工件不能准确确定中心,车削时易振动,甚至工件会掉下。

7.1.2　百分表的使用

(1)百分表的结构原理

百分表(见图7.5)是指刻度值为0.01 mm,指针可转一周以上的机械式量表。百分表的圆表盘上印制有100个等分刻度,即每一分度值相当于量杆移动0.01 mm。百分表有钟表式百分表和杠杆式百分表两种,后者主要用于位置精度的测量。

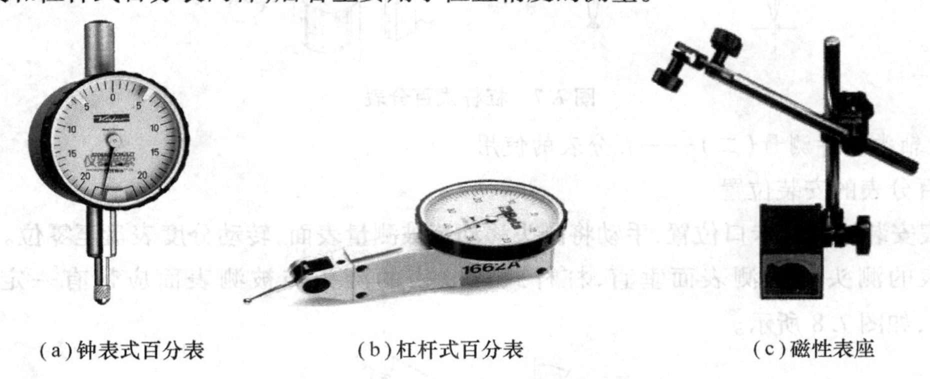

(a)钟表式百分表　　(b)杠杆式百分表　　(c)磁性表座

图7.5　百分表及磁性表座

磁性表座(见图7.5(c))是用来固定和调节百分位置的百分表辅助夹具。

百分表的构造主要由表体部分、传动系统、读数装置3个部件组成。

1)钟表式百分表

钟表式百分表的工作原理(见图7.6),是将被测尺寸引起的测杆微小直线移动,经过齿轮传动放大,变为指针在刻度盘上的转动,从而读出被测尺寸的大小。百分表是利用齿条齿轮或杠杆齿轮传动,将测杆的直线位移变为指针的角位移的计量器具。

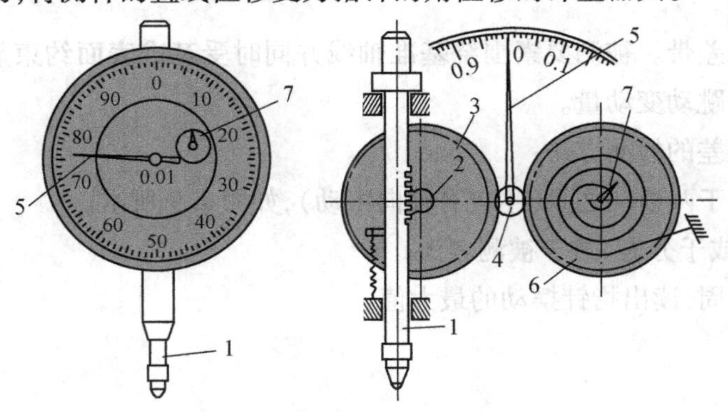

图7.6　钟表式百分表结构原理

1—测头;2—齿条小齿轮;3,6—传动大齿轮;4—指针小齿轮;5—大指针;7—小指针

2)杠杆式百分表

杠杆式百分表的传动原理及其使用，如图 7.7 所示。

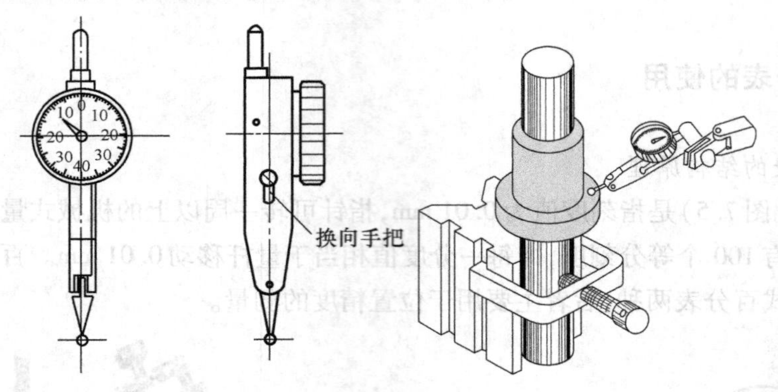

图 7.7 杠杆式百分表

(2)轴类工件测量(二)——百分表的使用

1)百分表的安装位置

将表安装于表座卡口位置，手动将测头移动至被测量表面，转动分度表盘至零位。钟表式百分表的测头与被测表面垂直，杠杆式百分表的测头与被测表面应带有一定角度(<16°)，如图 7.8 所示。

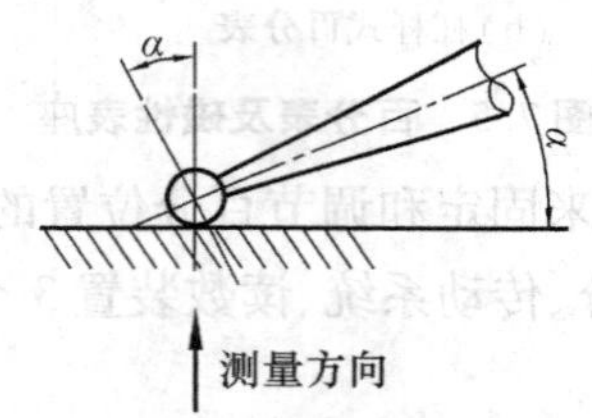

图 7.8 杠杆式百分表的测头位置

2)跳动公差及误差的检测方法

①径向圆跳动。

径向圆跳动公差带。被测要素围绕基准轴线并同时受基准表面约束旋转一周，在任一测量平面内的径向跳动变动量。

径向圆跳动误差的检测方法：

a. 将工件安装于两顶尖之间(不应有轴向窜动)，如图 7.9 所示。

b. 将百分表(或千分表)放于被测表面。

c. 旋转工件一周，读出指针摆动的最大值。

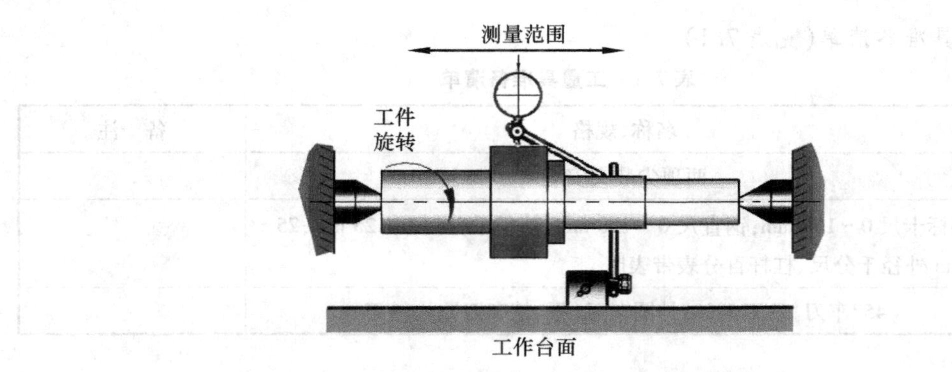

图 7.9　径向圆跳动误差的检测方法

②端面圆跳动。

端面圆跳动公差带。被测量面围绕基准轴线旋转一周，在任一测量平面内轴向跳动变动量。

端面圆跳动误差的检测方法：

①将工件安装于两顶尖之间（不应有轴向窜动），如图 7.10 所示。

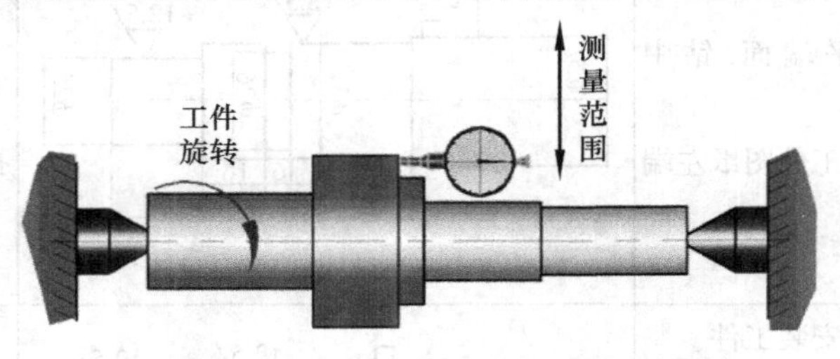

图 7.10　端面圆跳动误差的检测方法

②将百分表（或千分表）放于被测表面。

③旋转工件一周，读出指针摆动的最大值。

7.1.3　技能训练——长轴的多阶台轴的车削

本次任务为前述传动轴（见图 7.3），毛坯为 $\phi32$ mm × 125 mm 的棒料。

（1）零件工艺分析

形状分析：本工件为一个多阶台轴，由台阶、沟槽、外螺纹等组成，毛坯有 2 mm 的余量。

精度分析：本零件精度要求较高，尺寸精度最高为 IT7 级，有端面圆跳动公差 0.02 mm，表面粗糙度 $R_a1.6$。

工艺分析：根据工件形状及精度要求，毛坯带有加工余量，全部采用车削、两顶尖装夹安装工件，安装之前要打中心孔。

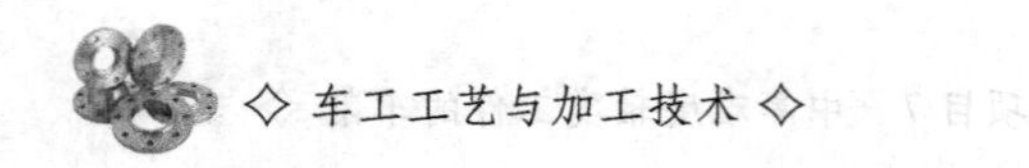

(2)工量具准备清单(见表 7.1)

表 7.1　工量具准备清单

类型	名称、规格	备　注
夹具	两顶尖装夹安装	
量具	游标卡尺 0 ~ 150 mm;钢直尺 0 ~ 150 mm;外径千分尺 0 ~ 25 mm;25 ~ 50 mm 外径千分尺、杠杆百分表带表座	
刀具	45°车刀　YT15;90°外圆车刀(粗、精车刀)、沟槽刀	

(3)工艺步骤(见表 7.2)

表 7.2　加工工艺过程表

工序	工步	加工内容	工序简图	操作要点
车	1	用车床下料 $\phi32\times130$		余量不能太多
	2	1. 工件安装:三爪卡盘 2. 车平端面,钻中心孔 3. 粗车工件图纸左端外形 4. 切槽		1. 伸出长度为 80 mm 2. 端面要车平、中心孔要钻到位
	3	1. 调头安装工件 2. 车平端面,控制总长 3. 钻中心孔 4. 粗车工件图纸右端外形		1. 伸出长度 55 mm 2. 车锥度时要注意刀架小滑板不要碰上后顶尖 3. 注意总长的控制方法
	4	1. 两顶尖装夹 2. 精车图纸左端 3. 倒角		1. 台阶长度尺寸、直径尺寸达到要求 2. 用试切法控制直径精度
	5	1. 调头两顶尖装夹 2. 精车图纸右端 3. 倒角		1. 注意锥度的车削、防碰 2. 严格控制尺寸精度和表面粗糙度
	6	检查并取下工件		使用各量具方法要正确,取下工件

(4)评分标准(见表7.3)

表7.3　评分标准

尺寸类型及权重	尺　寸	配　分	学生自评		学生互评		教师评分	
			检测	得分	检测	得分	检测	得分
长度尺寸20	125	8						
	30	4						
	20	4						
	50	4						
直径30	$\phi26 \pm 0.015$	10						
	$\phi30\,_{-0.033}^{\ 0}$	10						
	$\phi24\,_{-0.021}^{\ 0}$	10						
沟槽与倒角10	沟槽	5						
	倒角 $C2$、$C1.5$	3						
	未注倒角 $C0.5$	2						
锥度10		10						
表面粗糙度20	$R_a1.6$(4处)	14						
	$R_a3.2$	3						
	其余 $R_a6.3$	3						
安全纪律10	安全	5						
	纪律	5						
合　计		100						

任务7.2　典型轴车削训练

本任务主要是通过训练典型轴类零件,掌握两顶尖装夹,让同学们今后进入企业,在产品加工中更好的发挥一技之能。训练任务为本项目开始出现的典型轴类工件(见图7.11)为一个轴类工件,毛坯为 $\phi30 \times 125$ mm 棒料(可用前一练习工件图7.3为毛坯)。

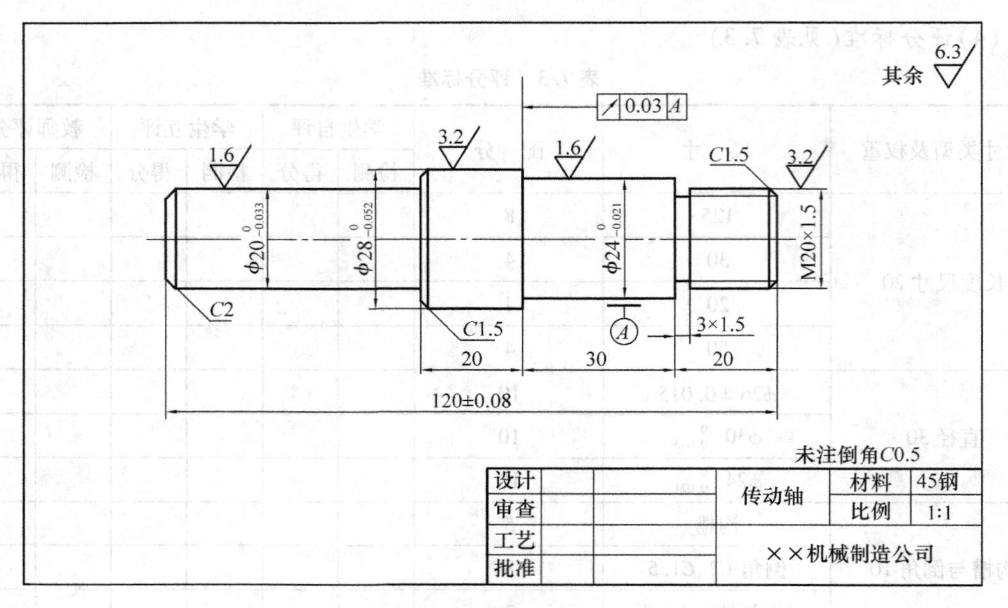

图 7.11 典型传动轴

(1)零件工艺分析

形状精度分析：

工艺分析：

加工工艺路线：

(2)工量具准备清单(见表 7.4)

表 7.4 工量具准备清单

类型	名称、规格	备 注
夹具		
量具		
刀具		

(3)评分标准及记录表(见表 7.5)

表 7.5 评分标准及记录表

尺寸类型及权重	尺 寸	配 分	学生自评		学生互评		教师评分	
			检测	得分	检测	得分	检测	得分
长度尺寸 14	20 30 20	9						
	120 ±0. 08	5						
直径 30	$\phi28\ _{-0.052}^{\ 0}$	10						
	$\phi24\ _{-0.021}^{\ 0}$	10						
	$\phi20\ _{-0.033}^{\ 0}$	10						

续表

尺寸类型及权重	尺　寸	配　分	学生自评		学生互评		教师评分	
			检测	得分	检测	得分	检测	得分
车螺纹 12	M20×1.5	12						
沟槽与倒角 10	沟槽 3×1.5	3						
	倒角(3 处)	6						
	未注倒角	1						
表面粗糙度 24	R_a1.6(2 处)	12						
	其余 R_a3.2	12						
安全纪律 10	安全	5						
	纪律	5						
合　计		100						

任务 7.3　轴类工件质量分析

7.3.1　轴类工件质量分析

在项目 2 中学过简单轴类工件加工，随着知识与技能的积累，对加工精度要求也越来越高，因此在加工精密轴类工件时常出现质量问题，轴类工件质量分析见表 7.6。

表 7.6　轴类工件质量分析

废品种类	产生原因	预防方法
尺寸精度达不到要求	1. 看错图样或刻度表盘使用不当 2. 没有进行试车削 3. 量具有误差或测量不准确 4. 由于切削热的影响，使工件尺寸发生变化 5. 机动进给没有及时关闭，是车刀进给长度超过台阶长度 6. 车槽时，车槽刀主切削刃太宽或太窄 7. 尺寸计算错误，使槽的深度不准确	1. 必须看清图样的尺寸要求，正确使用刻度盘，看清刻度值 2. 根据加工尺量算出背吃刀量，进行试车削，然后修正背吃刀量 3. 量具使用强，必须检查和调整零位，正确掌握测量方法 4. 不能在工件温度较高时测量，如测量，应掌握工件测量的收缩情况，或浇注切削液，降低工件温度 5. 注意及时关闭机动进给，或提前关闭机动进给，再用手动进给到长度尺寸 6. 根据槽宽刃磨车槽刀主切削刃宽度 7. 对留有磨削余量的工件，车槽时应考虑磨削余量

续表

废品种类	产生原因	预防方法
产生锥度	1. 用一夹一顶或两顶尖装夹工作时，后顶尖主轴轴线上 2. 用小滑板车外圆，小滑板的位置不正，即小滑板的基准刻度线跟中滑板的刻度线没有对准 3. 用卡盘装夹纵向进给车削时，床身导轨与车床主轴轴线不平行 4. 工件装夹时悬伸较长，车削时因切削力的影响使前端让开，产生锥度 5. 车刀中途逐渐磨损	1. 车削前必须通过调整尾座找正锥度 2. 必须事先检查小滑板基准刻度线的 0 刻线是否对准 3. 调整车床主轴与床身导轨的平行度 4. 尽量减少工件的伸长度，或另一端用后尖支顶，以增加装夹刚度 5. 选用适宜的刀具材料，或适当地降低切削速度
圆度超差	1. 车窗主轴间隙过大 2. 毛坯余量不均匀，切削过程中背吃刀量变化太大 3. 工件用两顶尖装夹时，中心孔接触不良，或后顶尖顶的不紧	1. 车削前检查主轴间隙，并调整合适。如主轴轴承磨损严重，则需更换轴承 2. 半精车后再精车 3. 工件用两顶尖装夹时必须松紧适当，若回旋顶尖产生径向圆跳动，需要及时修理或更换
表面粗糙度达不到要求	1. 车床刚度低，如滑板镶条太松，传动零件不平衡或主轴太松引起振动 2. 车刀刚度低，或伸长引起振动 3. 工件刚度低引起振动 4. 车刀几何参数不合理，如选用过小的前角、后角；主偏角、副偏角过大 5. 切削用量选用不当 6. 产生了积屑瘤 7. 刀具磨损	1. 消除或防止由于车床刚度不足而引起的振动（如调整车床各部分的间隙） 2. 增加车刀刚度和正确装夹车刀 3. 增加工件的装夹刚度 4. 选用合理的车刀几何参数（如适当的增加前角；适当减小副偏角；磨出刀尖圆角半径） 5. 进给量不宜太大，精车余量和切削速度应选择适当 6. 增大车刀前角，避开中速切削，防止产生积屑瘤

7.3.2 减小工件表面粗糙度值的方法

(1)减小残留面积高度

①减小主偏角和副偏角。

②增大刀尖圆弧半径。

③减小进给量 f 越小表面质量越好。

(2)避免工件表面产生毛刺

实际上就是避免积屑瘤的产生。

高速钢车刀　　切削速度 $V<3$ m/min　　需加切削液

硬质合金刀　　切削速度 $V>80$ m/min

另外最重要的是保持刀刃的锋利。

(3)避免磨损亮斑

关键:一听二看,听发出异常噪声,看工件上是否有亮痕,这时,应把刀从刀架拆下,进行正常磨刀。

(4)防止切屑拉毛已加工表面

选用正值刃倾角,使切屑流向未加工面。

(5)防止和减小振纹

①机床方面:调整主轴间隙,小拖板楔铁。

②刀具方面:不可伸太长,保持锋利。

③工件方面:不可伸太长,保持刚度。

④切削用量方面:选较小的背吃刀量、进给量、合适的速度。

(6)合理地选用切削液

充分的润滑与冷却,可减少车刀的磨损,减少积屑瘤的产生,使车刀保持锋利。

●拓展训练与思考题

1.拓展加工零件图

拓展加工零件图如图7.12所示。

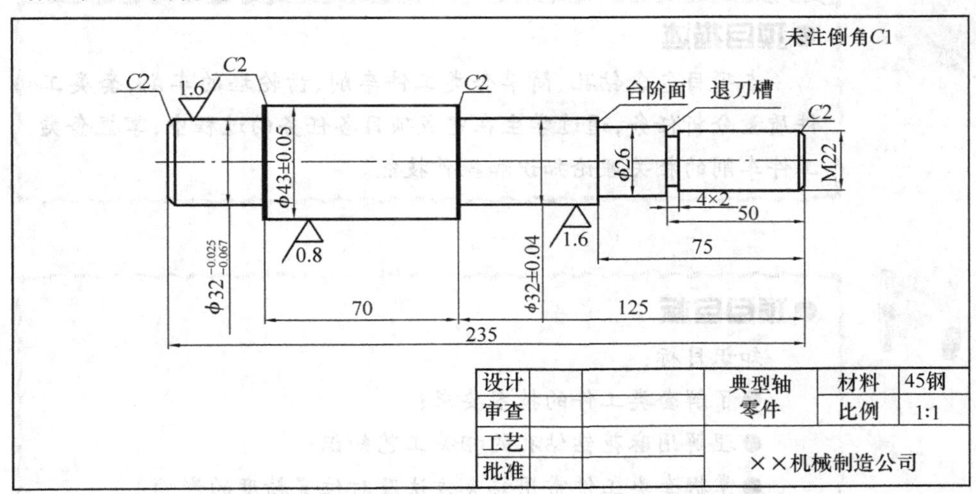

图7.12　拓展加工零件图

2.思考题

(1)什么是跳动?圆跳动与全跳动有什么区别?

(2)车削轴类零件时,尺寸精度不合格的原因是什么,应如何预防?

(3)车削精密轴时,圆柱度超差原因是什么,应如何预防?

(4)车削轴类零件时,表面粗糙度超差原因是什么,应如何预防?

(5)举例说明在哪些情况下工件需要采用两顶尖方式装夹?

(6)车轴类零件通常有哪几种安装方法?各有哪些特点?

(7)前、后顶尖的工作条件有哪些不同?如何正确选择前、后顶尖?

项目 8

中等难度套类工件的车削

●项目描述

本项目包含钻孔、简单套类工件车削、齿轮坯的车削，套类工件质量分析任务，通过学生在完成项目各任务的过程中，掌握套类工件车削的相关理论知识和操作技能。

●项目目标

知识目标：

●了解套类工件的技术要求；

●理解用麻花钻钻孔的相关工艺知识；

●掌握套类工件常用装夹方法及对位置精度的影响；

●掌握套类工件钻孔和车削加工方法；

●学会套类工件的精度控制。

技能目标：

●会根据套类工件要求选择及刃磨孔加工刀具；

●能完成中级精度的套类零件加工。

情感目标：

●通过完成本项目学习任务的体验过程，增强学生完成对本课程学习的自信心。

●项目实施过程

概述　典型轴承套零件

(1)典型轴承套零件工作图

典型轴承套的工作图如图8.1所示。本任务为常见的轴承套零件,有较高的精密要求,需要正确选用工夹具,正确选用麻花钻、内孔车刀等刀具,正确使用游标卡尺、千分尺、百分表等检测量具测量工件内孔尺寸、形状和位置精度,熟悉加工中级套类工件的工艺过程、安装方法,保证工件各方面精度要求,完成工件的车削加工。

(2)典型套类工件的技术要求

①套类工件的各部分尺寸应达到一定的精度要求。如图8.1所示中的$\phi 34 \pm 0.012$ mm、$\phi 22^{+0.052}_{0}$。

②套类工件要保证一定的形状或位置精度,一般是圆度、圆柱度和直线度,同轴度、垂直度、平行度、径向圆跳动和端面圆跳动等。如图8.1所示中$\phi 34 \pm 0.012$ mm外圆对内孔$\phi 22^{+0.052}_{0}$轴线的径向圆跳动公差为0.02 mm,工件左端面对内孔$\phi 22^{+0.052}_{0}$轴线的垂直度公差为0.02 mm。

③表面粗糙度指各表面应达到图样要求的表面粗糙度,如图8.1所示中的标注。

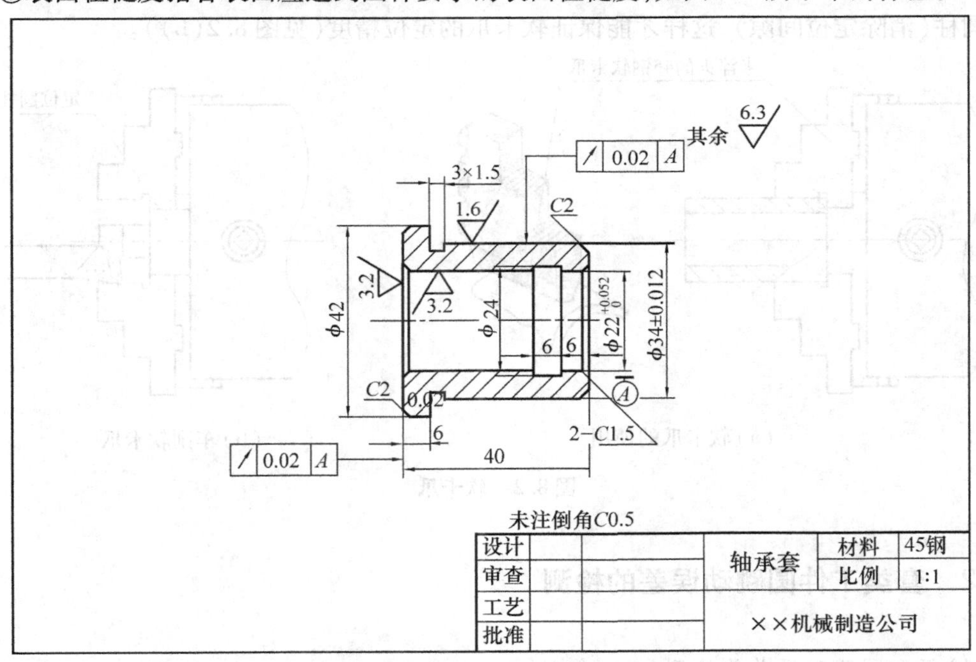

图8.1　典型轴承套零件工作图

任务 8.1　齿轮坯的车削

8.1.1　使用软卡爪装夹套类工件

一次装夹安装套类工件能较好地保证工件的位置精度，但是每次安装的加工内容较多，不利于提高生产效率；采用软卡爪或心轴来装夹套类工件，减小了每次加工内容，能适应批量生产。

以外圆为定位基准采用软卡爪。在车床上使用软卡爪装夹工件，可以实现工件以外圆为基准定位，能保证工件位置精度。软卡爪是用未淬火的 45 钢制成。这种卡爪是在本身车床上车削成形，首先，可确保装夹精度。其次，当装夹已加工表面或软金属时，不易夹伤主件表面（见图 8.2(a)）。需要注意的是，在车削软卡爪时，要用软卡爪工件面的里面夹住一个定位圆柱（消除定位间隙），这样才能保证软卡爪的定位精度（见图 8.2(b)）。

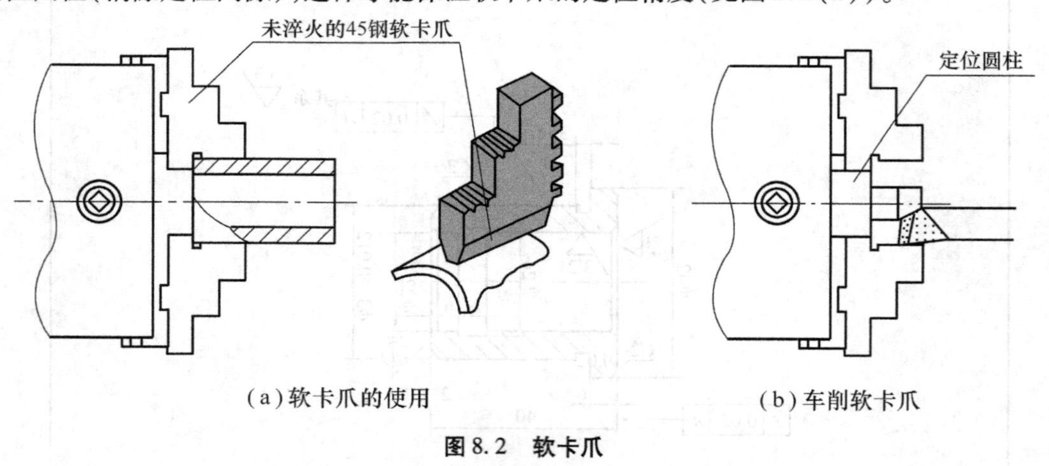

(a) 软卡爪的使用　　(b) 车削软卡爪

图 8.2　软卡爪

8.1.2　套类工件圆跳动误差的检测

(1) 径向圆跳动误差的检测

以外圆为测量基准。如图 8.3 所示是将工件放在 V 形架上，让百分表触头和工件圆柱面接触。转动工件，百分表读数最大值与最小值之差就是该测量面上的径向圆跳动误差。按上述方法测量若干个截面，取各截面上测得的跳动量最大值，就是该工件的径向圆跳动误差。

以内孔为测量基准。一般套类工件，用内孔作为测量基准，把工件套在精度较高的心轴

上,再将心轴安装在两顶尖之间,用百分表来检测(见图 8.4)。某一测量面上径向圆跳动误差为百分表在工件转一周后所得的最大读数差,取各截面上测得的跳动量中的最大值,即为该工件的径向圆跳动误差。

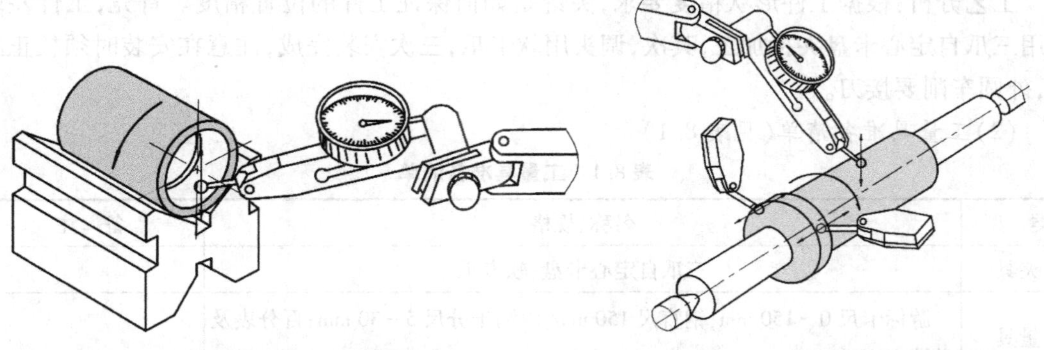

图 8.3　以外圆为测量基准测量圆跳动误差　　　　图 8.4　用两顶尖支承测量

(2)端面圆跳动的检测

在图 8.4 中,把百分表的测量头靠在所需测量的端面上,工件转一周,百分表读数的最大差值就是测量面上的端面圆跳动误差。按上述方法在若干直径处测量,其端面圆跳动量最大值为该工件的端面圆跳动误差。

8.1.3　技能训练——齿轮坯车削

如图 8.5 所示为一个齿轮坯工件,毛坯为 ϕ45 mm × 25 mm 的 45 钢棒料。

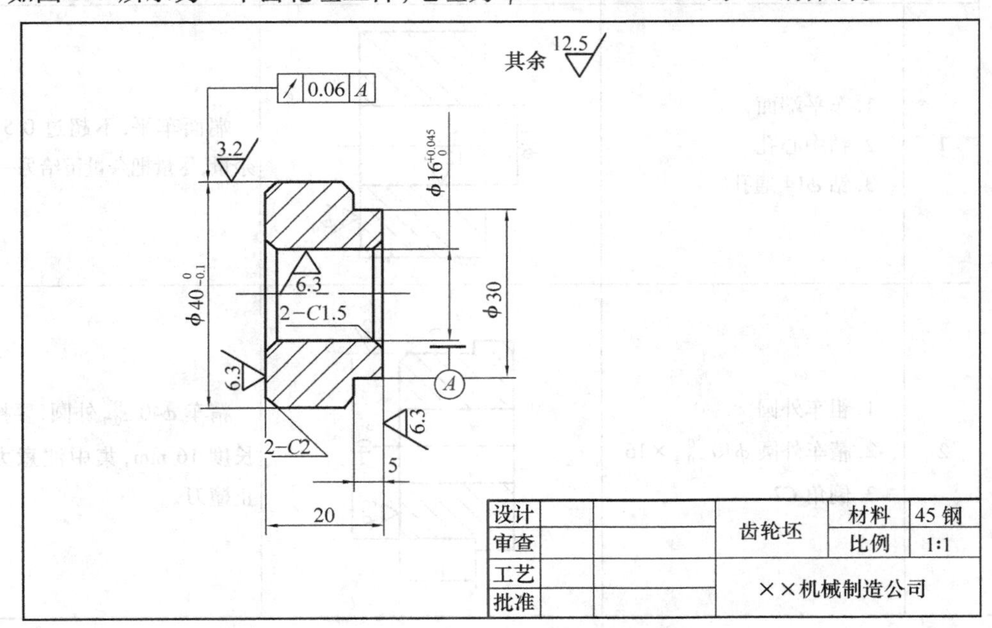

图 8.5　齿轮坯工件图

(1)零件工艺分析

形状分析：本工件为一个典型的齿轮坯工件。

精度分析：本工件齿轮齿顶圆直径对内孔轴线有径向圆跳动的公差要求。

工艺分析：根据工件形状精度要求，关键是如何保证工件的位置精度。首先，工件左端采用三爪自定心卡盘夹持加工，其次，调头用软卡爪，三次安装完成，注意在安装时须校正工件，外圆车削要接刀。

(2)工量具准备清单(见表 8.1)

表 8.1 工量具准备清单

类　型	名称、规格	备　注
夹具	三爪自定心卡盘；软卡爪	
量具	游标卡尺 0 ~ 150 mm；钢直尺 150 mm；内测千分尺 5 ~ 30 mm；百分表及磁性表座	
刀具	45°车刀 YT5；中心钻 $\phi2$；麻花钻 $\phi14$；偏刀；通孔车刀；倒角孔刀	

(3)工艺步骤

根据前述零件工艺分析，加工工艺顺序为：车左端面钻孔→粗、精车外圆→车右端面及阶台→精车内孔。具体加工工艺过程及加工要点见表 8.2。

表 8.2 轴套件车削工艺过程

工序	工步	加工内容	加工图形效果	加工要点
车		三爪卡盘安装工件		夹持 6 mm
	1	1. 车平端面 2. 钻中心孔 3. 钻 $\phi14$ 通孔	$\phi14$　12.5　6.3	端面车平，不超过 0.5 mm 余量，尽量把余量留给另一端
	2	1. 粗车外圆 2. 精车外圆 $\phi40_{-0.1}^{\ 0} \times 16$ 3. 倒角 $C2$	$C2$　3.2　$\phi40_{-0.1}^{\ 0}$　6.3　16	精车 $\phi40_{-0.1}^{\ 0}$ 外圆，要控制长度 16 mm，集中注意力防止撞刀

续表

工序	工步	加工内容	加工图形效果	加工要点
车		1. 换软卡爪 2. 精车一刀软卡夹持面 3. 工件调头安装		在精车卡爪时，要注意先夹持定位圆柱，控制精车余量及车削深度为 12 mm，控制工件转速（断续切削）
	3	1. 车端面，控制尺寸 20 2. 车阶台 $\phi30\times5$ 3. 倒角 $C2$	$C2$ $\phi30$ 6.3 5 20	车削端面时，要注意通过测量来保证总长尺寸的控制
	4	1. 精车内孔 $\phi16^{+0.043}_{0}$ 2. 右端倒角 $C1.52$ 3. 左端倒角 $C1.52$	0.06 A $\phi16^{+0.043}_{0}$ 6.3 2−$C1.5$ A	1. 用试切法控制内孔尺寸精度，最后一刀精车余量为 0.5 mm 2. 位置精度靠安装方法保证
检验				

(4) 评分标准及记录表（见表 8.3）

表 8.3　评分标准及记录表

尺寸类型及权重	尺　寸	配　分	学生自评		学生互评		教师评分	
			检测	得分	检测	得分	检测	得分
长度尺寸 20	20	12						
	5	8						
直径 30	$\phi40^{0}_{-0.1}$	10						
	$\phi16^{+0.043}_{0}$	12						
	$\phi30$	8						
倒角 10	倒角 $C2$（2 处）	4						
	倒角 $C1.5$（2 处）	6						
表面粗糙度 20	$R_a3.2$（1 处）	6						
	$R_a6.3$（2 处）	8						
	其余 $R_a12.5$	6						

续表

尺寸类型及权重	尺　寸	配　分	学生自评		学生互评		教师评分	
			检测	得分	检测	得分	检测	得分
位置精度 10	⁄ 0.06 A	10						
安全纪律 10	安全	5						
	纪律	5						
合　计		100						

注：每个精度项目检测超差不得分。

任务 8.2　螺纹轴套的车削

8.2.1　使用心轴装夹套类工件

车削中小型的轴套、带轮、齿轮等工件时，一般可用已加工好的内孔为定位基准，采用心轴定位的方法进行车削。常用的心轴有下列两种。

①实体心轴。

实体心轴有小锥度心轴和圆柱心轴两种。小锥度心轴的锥度 $C=1/1\ 000\sim1/5\ 000$（见图 8.6(a)）这种心轴的特点是制造容易，定心精度高，但轴向无法定位，承受切削力小，装卸不太方便。圆柱心轴（见图 8.6(b)）一般都带阶台面，心轴与工件孔是较小的间隙配合，工件靠螺母压紧。其特点是一次可以装夹多个工件，若采用开口垫圈，装卸工件就更加方便；但定心精度较低，只能保证 0.02 mm 左右的同轴度。

②*胀力心轴。胀力心轴依靠材料弹性变形所产生的胀力来固定工件。如图 8.6(c)所示为装夹在机床主轴锥孔中的胀力心轴。胀力心轴的圆锥角最好为 30°左右，最薄部分壁厚为 3 ~6 mm。为了使胀力均匀，槽可做成三等分（见图 8.6(d)）。一般胀力心轴可用灰铸铁，长期使用的胀力心轴要用弹簧钢 65 Mn 制成。胀力心轴装卸方便，定心精度高，大多用于小轴套的批量生产。

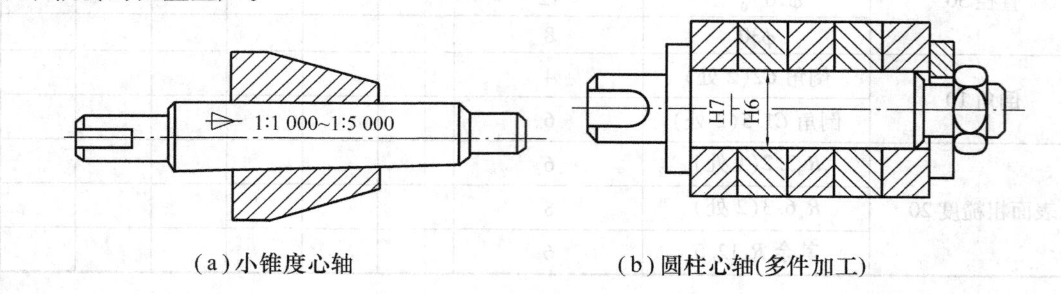

(a) 小锥度心轴　　(b) 圆柱心轴(多件加工)

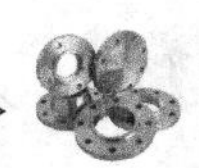

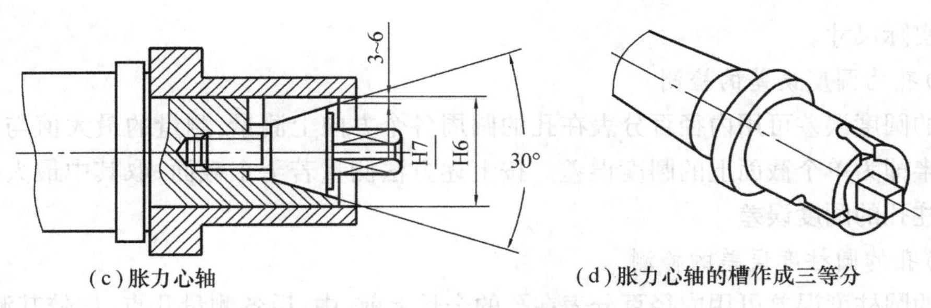

(c)胀力心轴　　(d)胀力心轴的槽作成三等分

图 8.6　各种常用心轴

8.2.2　套类工件形状、位置误差的检测

(1)内径量表

内径量表(见图 8.7)是将百分表装夹在测架上,活动测头通过内径量表里面的摆动块、传动杆将测量值传递给百分表。固定测量头可根据孔径大小更换。测量前,应使百分表对准零位。测量时,为得到准确的尺寸,必须左右摆动百分表(见图 8.8),测得的最小数值就是正确的显示尺寸。内径百分表主要用于测量精度要求较高而且又较深的孔。

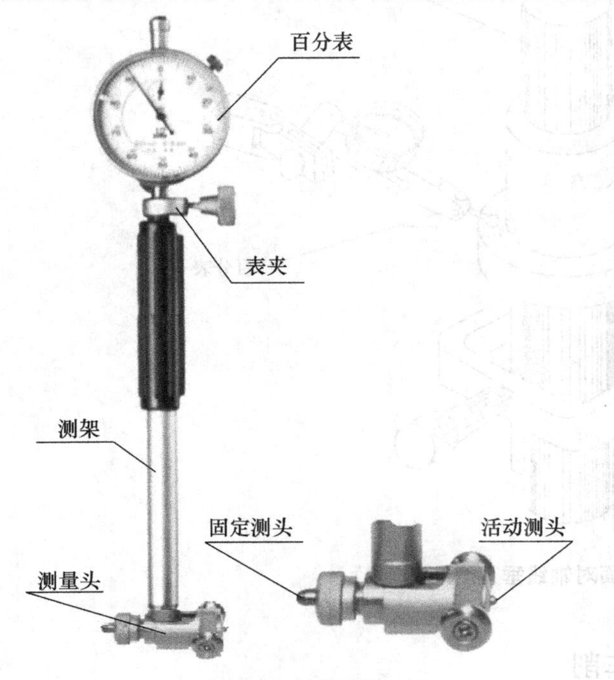

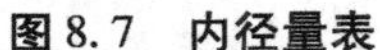

图 8.7　内径量表

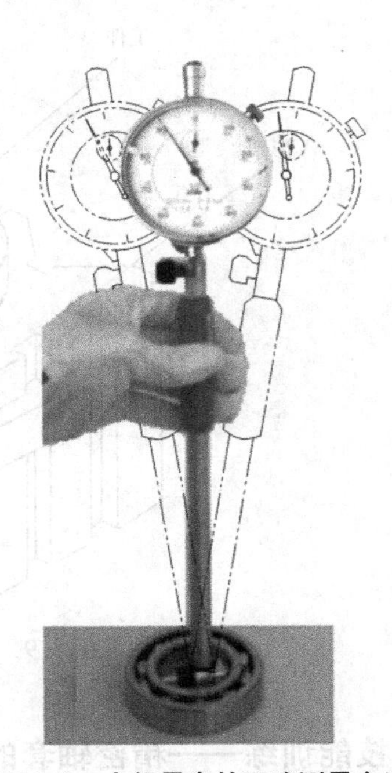

图 8.8　内径量表的正确测量方法

(2)用内径量表检测内孔直径

用内径量表检测内孔直径,属于间接测量法。如要测量 $\phi16\,^{+0.043}_{0}$ mm 的孔径,先把外径千分尺的尺寸调整成 ϕ16.00 mm,以这个尺寸为基准,把内径量表的百分表指针校成“0”位(预压 1 ~2 mm),测量时,根据百分表指针相对于“0”位(ϕ16.00 mm)的偏差值来间接算出

内孔的实际尺寸。

(3)孔的圆度误差的检测

孔的圆度误差可用内径百分表在孔的圆周各个方向上测量,测量的最大值与最小值之差的一半即为单个截面上的圆度误差。按上述方法测量若干个截面,取其中最大的误差作为该圆柱孔的圆度误差。

(4)孔的圆柱度误差的检测

孔的圆柱度误差可用内径百分表在孔的全长上前、中、后各测量几点,比较其测量值,其最大值与最小值之差的一半即为孔全长上的圆柱度误差。

(5)端面对轴线垂直度的检测

测量端面垂直度,应该经过两个步骤。首先要测量端面圆跳动是否合格,如合格,再测量端面的垂直度。对于精度要求较低的工件可用刀口直尺或游标卡尺尺身侧面透光检查。对精度要求较高的工件,当端面跳动合格后,再把工件装夹在V形架的小锥度心轴上,并放在精度较高的平板上检查端面的垂直度的测量时,把杠杆式百分表从端面的最里一点向外拉出(见图8.9),百分表指示的读数差就是端面对内孔轴线的垂直度误差。

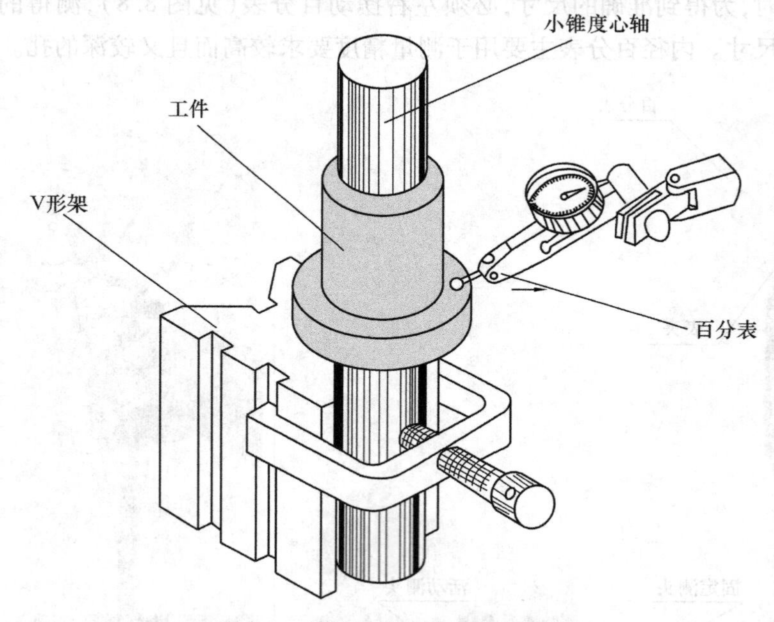

图 8.9　端面对轴线垂直度的测量

8.2.3　技能训练——精密轴套的车削

如图8.10所示为一个螺纹轴套工件,毛坯为 $\phi45\times45$ 的45号钢棒料。

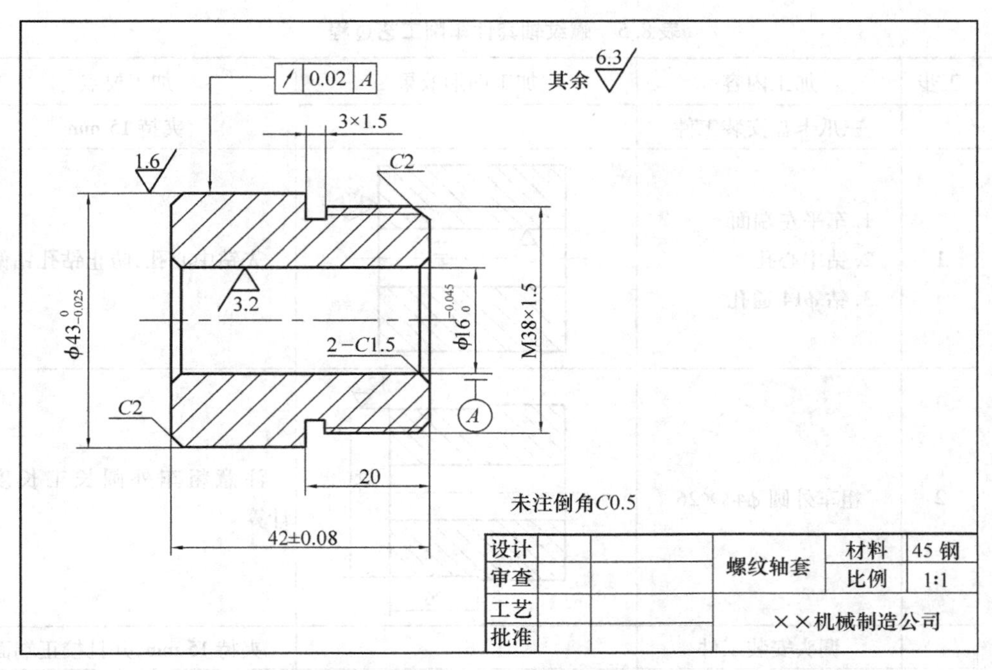

图 8.10　螺纹轴套工件图

(1)零件工艺分析

形状分析:本工件为一个带有螺纹、外圆和内孔有位置精度要求的轴套工件。

精度分析:内孔尺寸精度为IT8级,$\phi43_{-0.025}^{0}$外圆对内孔$\phi16_{0}^{+0.043}$轴线有径向圆跳动的公差要求。

工艺分析:根据工件形状精度要求,关键是保证工件的位置精度要求,用三爪卡盘安装粗加工完外形、内孔后,先精车$\phi16_{0}^{+0.043}$内孔尺寸,再用心轴定位装夹工件,精车外圆尺寸$\phi43_{-0.025}^{0}$。

加工工艺路线:车平左端面钻内孔→粗车大外圆→车右端面控制总长→车螺纹大径、车螺纹→精车内孔→精车大外圆。

(2)工量具准备清单(见表8.4)

表 8.4　工量具准备清单

类　型	名称、规格	备　注
夹具	三爪自定心卡盘;$\phi16$圆柱心轴	
量具	游标卡尺0~150 mm;钢直尺150 mm;内径量表5~30 mm;百分表及磁性表座;螺纹样板;牙距规;螺纹千分尺	
刀具	45°车刀YT5;中心钻2;麻花钻$\phi14$;偏刀;通孔车刀;倒角孔刀;切槽刀3 mm;螺纹车刀60°通孔车刀加工$\phi22$ mm孔;孔倒角刀里端倒角	

(3)工艺步骤

螺纹轴套加工工艺过程及加工要点见表8.5。

表 8.5　螺纹轴套件车削工艺过程

工序	工步	加工内容	加工图形效果	加工要点
		三爪卡盘安装工件		夹持 15 mm
	1	1. 车平左端面 2. 钻中心孔 3. 钻 $\phi14$ 通孔	6.3 2.5 $\phi14$	先钻中心孔,防止钻孔钻偏
	2	粗车外圆 $\phi44\times26$	12.5 $\phi44$ 26	注意粗车外圆长工长度的计算
		调头安装工件		夹持 15 mm,并且校正端面
车	3	车右端面,控制尺寸 44 ± 0.08	6.3 44±0.08	
	4	1. 车 M38×1.5 大径 $\phi37.7$ 2. 右端倒角 $C2$ 3. 车退刀槽 4. 车螺纹 M38×1.5	3×1.5 C2 M38×1.5 20	注意车螺纹的退刀方法,防止车刀撞上卡盘
	5	1. 精车内孔 $\phi16^{+0.043}_{0}$ 2. 内孔两端倒角 $C1.5$	3.2 2−C1.5 $\phi16^{+0.045}_{0}$	1. 用试切法控制内孔尺寸精度 2. 注意内孔刀杆不要碰上工件内壁 3. 注意车内孔切削用量的选择

续表

工序	工步	加工内容	加工图形效果	加工要点
车		以工件内孔定位,用心轴安装工件		注意装夹系统的稳定可靠
	6	1. 精车外圆 $\phi43_{-0.025}^{\ 0}$ 2. 左端倒角 $C2$		
检验				

(4)评分标准及记录表(见表8.6)

表8.6　评分标准及记录表

尺寸类型及权重	尺　寸	配　分	学生自评		学生互评		教师评分	
			检测	得分	检测	得分	检测	得分
长度尺寸12	20	4						
	42±0.08	8						
直径25	$\phi43_{-0.025}^{\ 0}$	10						
	$\phi16_{\ 0}^{+0.043}$	15						
倒角与切槽12	倒角 $C2$(2处)	4						
	倒角 $C1.5$(2处)	4						
	切槽3×1.5	4						
表面粗糙度16	$R_a1.6$(1处)	5						
	$R_a3.2$(1处)	5						
	其余 $R_a6.3$	6						
螺纹15	牙形	4						
	大径	4						
	中径	7						
位置精度10	↗ 0.02 A	10						
安全纪律10	安全	5						
	纪律	5						
合　计		100						

注:每个精度项目检测超差不得分。

任务 8.3 轴套典型工作任务训练

如图 8.1 所示为一个典型轴承套工件，毛坯为 $\phi45 \times 42$ mm 45 号钢棒料（也可用图 8.10 工件做毛坯）。

(1) 零件工艺分析

形状分析：

精度分析：

工艺分析：

根据前述零件工艺分析，加工工艺顺序为：

(2) 工量具准备清单（见表 8.7）

表 8.7 工量具准备清单

类 型	名称、规格	备 注
夹具		
量具		
刀具		

(3) 评分标准及记录表（见表 8.8）

表 8.8 评分标准及记录表

尺寸类型及权重	尺 寸	配 分	学生自评		学生互评		教师评分	
			检测	得分	检测	得分	检测	得分
长度尺寸 20	40	6						
	6(左端尺寸)	6						
	6(内槽定位尺寸)	8						
直径 30	$\phi34 \pm 0.012$	10						
	$\phi22^{+0.052}_{0}$	12						
	$\phi42$	8						
倒角与内槽 10	倒角 $C2$(2 处)	2						
	倒角 $C1.5$(2 处)	2						
	内槽尺寸	6						
表面粗糙度 20	$R_a1.6$(1 处)	6						
	$R_a3.2$(2 处)	8						
	其余 $R_a12.5$	6						

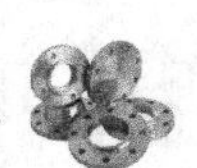

续表

尺寸类型及权重	尺　寸	配　分	学生自评		学生互评		教师评分	
			检测	得分	检测	得分	检测	得分
位置精度 10	径向圆跳动与端面圆跳动 ↗ 0.02 A	10						
安全纪律 10	安全	5						
	纪律	5						
合　计		100						

任务 8.4　中级套类工件车削质量分析

钻孔、车削套类工件时，产生形状、位置误差废品的原因及预防措施见表 8.9。

表 8.9　钻孔时产生废品的原因及预防措施

废品种类	产生原因	预防措施
孔的圆柱度超差	车孔时，刀杆过细，刀刃不锋利，造成让刀现象，使孔外大里小	增加刀杆刚性，保证车刀锋利
	车孔时，主轴中心线与导轨在水平面内或垂直面内不平行	调整主轴轴线与导轨的平行度
	铰孔时，孔口扩大，主要原因是尾座偏位	校正尾座，采用浮动套筒
同轴度垂直度超差	用一次安装方法车削时，工件移位或机床精度不高	工件装夹牢固，减小切削用量，调整机床精度
	用软卡爪装夹时，软卡爪未车好	软卡爪应在本车床上车出，直径与工件装夹尺寸基本相同
	用心轴装夹时，心轴中心孔碰毛，或心轴本身同轴度超差	心轴中心孔应保护好，如碰毛可研修中心孔，如心轴弯曲可校直或重新制作

●拓展训练与思考题

1. 拓展实训图

拓展实训图如图 8. 11 所示。

2. 思考题

(1)保证套类工件的同轴度、垂直度的方法有哪些？

(2)常用的心轴有哪几种？各有什么特点，各适用于哪些场合？

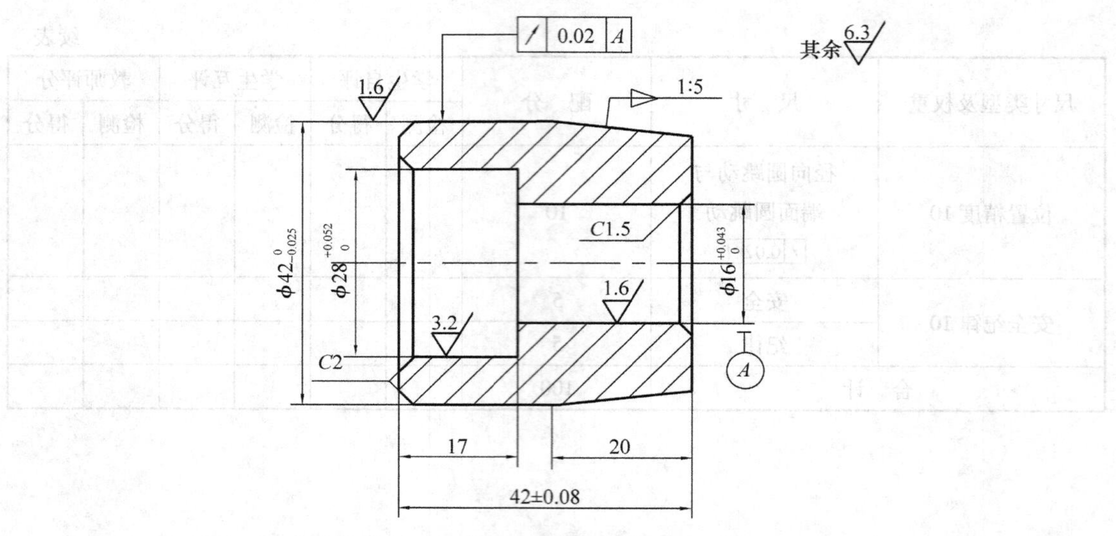

图 8.11 拓展实训图

(3)软卡爪与一般的硬卡爪有哪些区别？车削软卡爪时须注意哪些问题？

(4)使用内径量表之前为什么要校零？用什么量具来校零？

(5)写出如图 8.12 所示工件的车削工艺步骤。(毛坯：$\phi110\times40$，批量：1 000件，自选夹具类型)

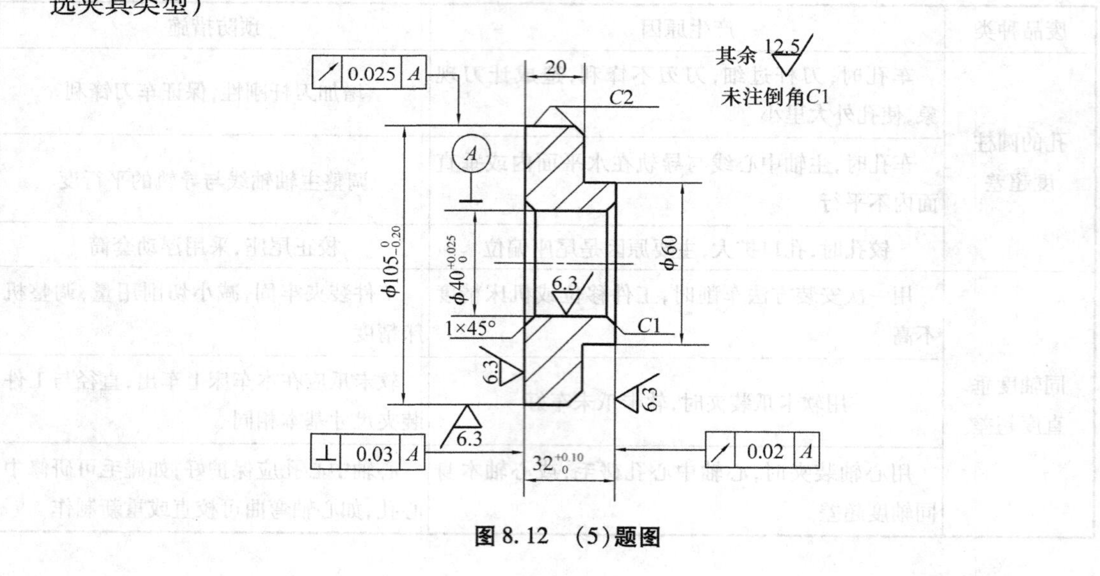

图 8.12 (5)题图

项目 9

标准圆锥及成型面的车削方法

●项目描述

本项目包含偏移尾座法车外圆锥、标准圆锥的车削、成型面车削与滚花、典型圆锥工件的车削这 4 个任务，通过学生在完成项目各任务的过程中，掌握成型面工件车削的相关理论知识和操作技能。

●项目目标

知识目标：

●知道标准圆锥的基本知识及种类；

●理解圆锥的尺寸控制方法；

●掌握工具圆锥的加工方法和工艺安排；

●掌握成型面的几种常用加工方法；

●学会典型锥度工件的车削方法。

技能目标：

●掌握工具圆锥的加工方法和工艺安排；

●能完成中级精度的典型锥度和成型面零件加工。

情感目标：

●通过本次课程的学习，能够对本行业有更深的了解和研究，为以后学习打好基础。

●项目实施过程

概述　圆锥面的其他加工方法

(1)圆锥面的其他车削方法

在项目4中学习了车圆锥面的简单车削方法，能解决一些简单圆锥面的加工。在机器中，还有一些配合较为严格的圆锥面加工，如工具圆锥等，须用到本项目的偏移尾座法等知识和技能来解决。如图9.1所示的夹具都具有工具圆锥的工作面。

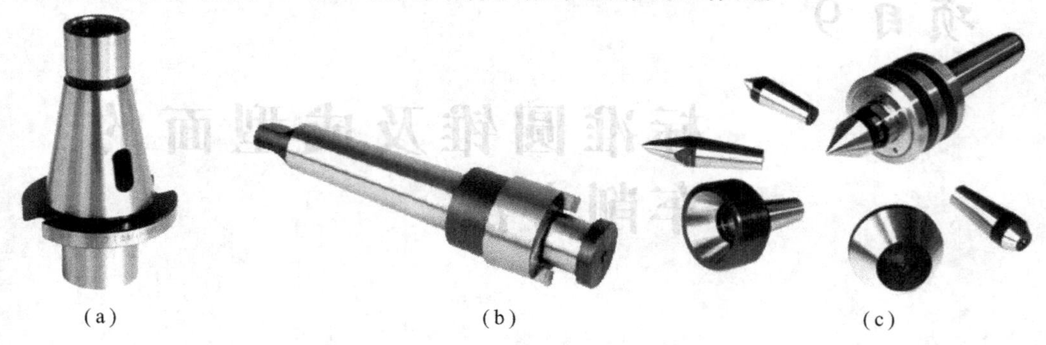

图9.1　几种工具圆锥零件

(2)典型圆锥零件工件图

如图9.2所示为典型圆锥零件工件图，需要正确分析零件的加工工艺，选取合理的锥度加工方法来完成工件的车削加工。

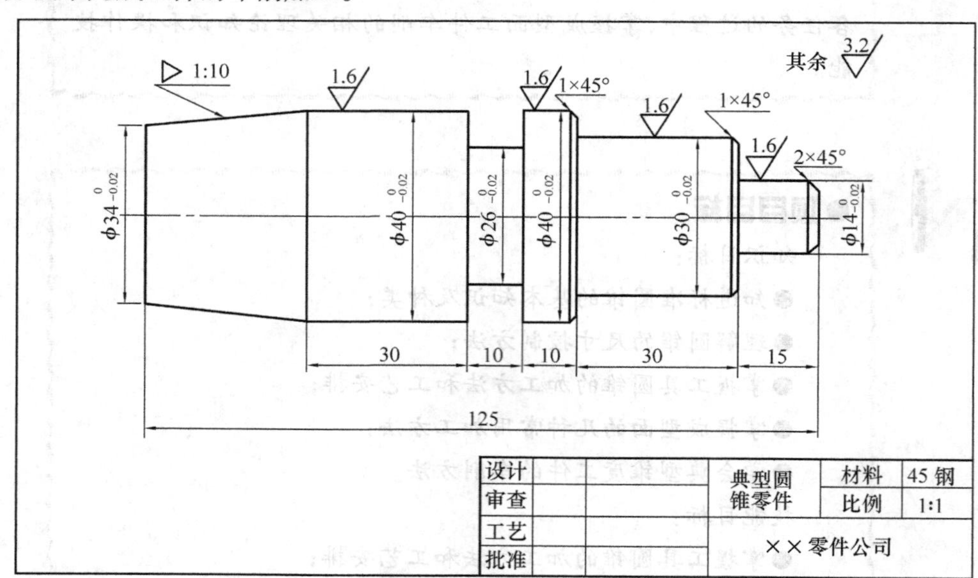

图9.2　典型圆锥零件工件图

任务9.1　偏移尾座法车外圆锥

9.1.1　偏移尾座法

(1)长锥度工作图描述

本任务如图9.3所示为长锥度零件,需要正确选用工夹具,熟悉加工阶台轴的工艺过程,采用偏移尾座的加工方法,正确选用外圆车刀、切断刀,正确使用外径千分尺、百分表来测量工件。保证工件各方面精度要求,完成工件的车削加工。

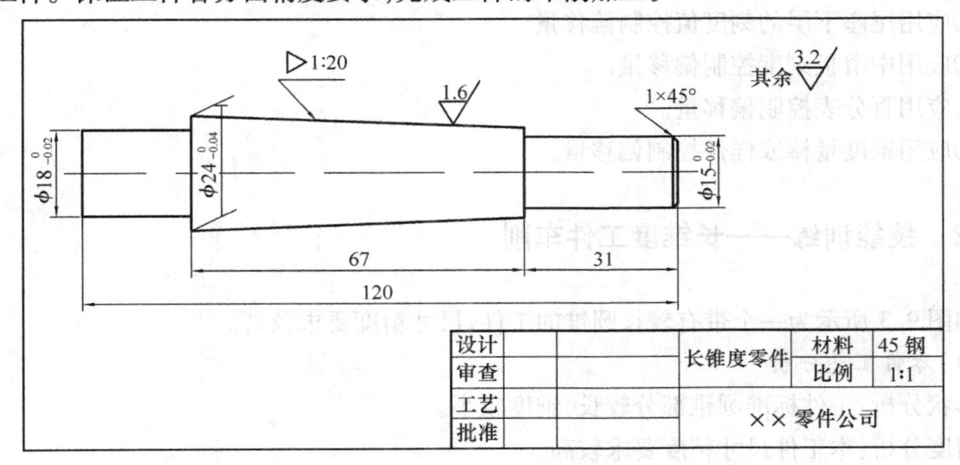

图9.3　长锥度零件图

(2)偏移尾座法

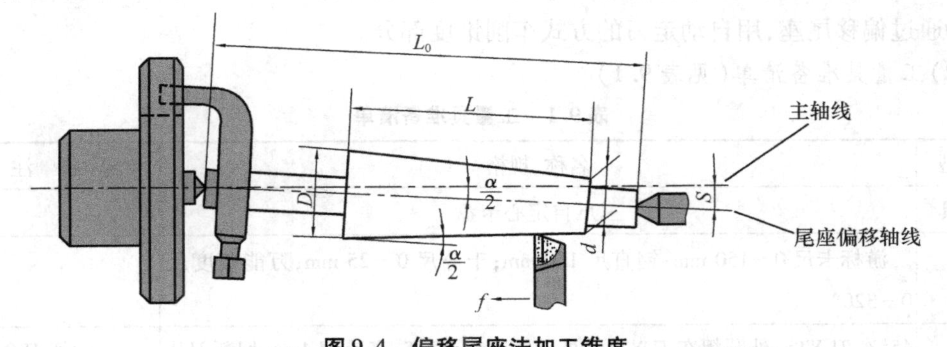

图9.4　偏移尾座法加工锥度

偏移尾座法的具体车削方法是:使用两顶尖装夹工件,把尾座水平偏移一个S值,使得装夹在前、后顶尖间的工件轴线和车床主轴轴线成一个夹角,这个夹角就是锥体的圆锥半角$\alpha/2$,当工件旋转后,车刀作纵向自动走刀,与车床主轴轴线平行移动的刀尖的轨迹,就是被车削锥体的素线，如图 9.4 所示。

1）尾座偏移量的计算

尾座偏移量，不仅和圆锥部分的长度 L 有关，而且还和两顶尖间的距离有关，而且尾座偏移的方向，由工件的锥体方向决定。当工件的小端靠近床尾处，床尾应向里移动，反之，床尾应向外移动。偏移量可根据下列公式计算：

$$S = \frac{(D-d)L_0}{2L}$$

式中 S——尾座偏移量，mm；

L——锥体部分的长度，mm；

L_0——工件总长度，mm；

D、d——锥体大端直径和锥体小端直径，mm。

2）控制尾座偏移量的方法

①应用尾座下层的刻度值控制偏移量。

②应用中滑板刻度控制偏移量。

③应用百分表控制偏移量。

④应用锥度量棒或样件控制偏移量。

9.1.2 技能训练——长锥度工件车削

如图 9.3 所示为一个带有较长圆锥的工件，尺寸精度要求较高。

（1）零件工艺分析

形状分析：工件标准圆锥部分较长，锥度较小。

精度分析：本工件尺寸精度要求较高。

工艺分析：

①根据工件形状和毛坯特点，适合采用两顶尖安装工件。

②通过偏移尾座，用自动走刀的方式车削锥度部分。

（2）工量具准备清单（见表 9.1）

表 9.1 工量具准备清单

类型	名称、规格	备注
工夹具	三爪自定心卡盘	
量具	游标卡尺 0 ~ 150 mm；钢直尺 150 mm；千分尺 0 ~ 25 mm；万能角度尺 0 ~ 320°	
刀具	45°车刀 YT5；外圆粗车刀 YT15；外圆精车刀 YT15；高速钢 4mm 切断刀片	配切刀盒

（3）工艺步骤

长锥度工件车削加工工艺过程见表 9.2。

表9.2 长锥度工件车削工艺过程

工序	工步	加工内容	加工图形效果	加工要点
车	1	1. 车端面 2. 打中心孔		1. 用45°车刀平断面 2. 用B型 $\phi2$ 钻头打中心孔
	2	1. 掉头装夹 2. 车端面 3. 打中心孔		1. 平断面时要控制好总长 2. 打中心孔时工件露出部分尽量短
	3	1. 两顶装夹 2. 粗车外圆 $\phi24$ 3. 粗车外圆 $\phi15$	1.6; $\phi24^{0}_{-0.02}$; $\phi15^{0}_{-0.02}$; 67; 31; 120	1. 装夹方法为两顶尖装夹 2. 用粗车刀加工外圆
	4	1. 精车外圆 $\phi24$ 2. 精车外圆 $\phi15$		1. 用精车刀加工外圆和锥度 2. 锥度要求较高,可用砂纸研磨
	5	锥度加工	1:20; 1.6; $\phi24^{0}_{-0.02}$; $\phi15^{0}_{-0.02}$; 67; 31; 120	1. 用偏移尾座法加工锥度 2. 加工长锥度时注意进给量不要太大,防止加工变形
	6	倒角		1. 用45°车刀倒角 2. 注意倒角的角度和大小
	7	掉头装夹	1×45°; 1.6; 1:20; $\phi15^{0}_{-0.02}$; $\phi24^{0}_{-0.02}$; 31; 67; 120	1. 用两顶尖方法装夹零件 2. 注意已加工零件表面,防止划伤
	8	1. 粗车外圆 $\phi18$ 2. 精车外圆 $\phi18$	1×45°; 1.6; 1:20; $\phi15^{0}_{-0.02}$; $\phi24^{0}_{0}$; $\phi18^{0}_{-0.02}$; 31; 67; 120	1. 用外圆车刀粗、精车外圆 2. 锐角需要倒钝
检验				

(4)评分标准及记录表(见表9.3)

表9.3　评分标准及记录表

尺寸类型及权重	尺　寸	配　分	学生自评		学生互评		教师评分	
			检测	得分	检测	得分	检测	得分
直径尺寸30	$\phi24_{-0.04}^{\ 0}$	10						
	$\phi18_{-0.02}^{\ 0}$	10						
	$\phi15_{-0.02}^{\ 0}$	10						
长度尺寸18	120	8						
	67	5						
	31	5						
倒角5	C1	5						
表面粗糙度17	R_a1.6(1处)	5						
	其余R_a3.2	12						
锥度20	锥度	20						
安全纪律10	安全	5						
	纪律	5						
合　计		100						

注:每个精度项目检测超差不得分。

任务9.2　标准圆锥的车削

如图9.5所示为莫氏圆锥零件,需要正确查找标准圆锥的技术要求及角度大小,根据零件的实际尺寸合理选择加工工艺和加工中的进给量和进给速度,保证工件各方面精度要求,完成工件的车削加工。

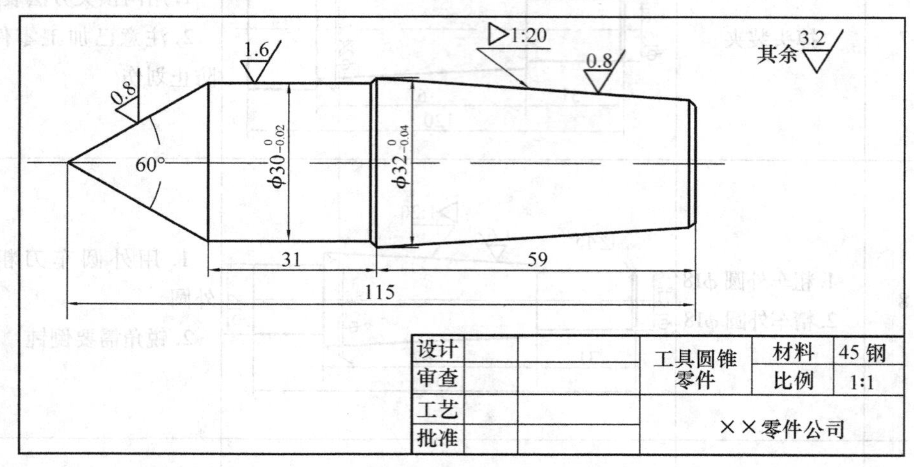

图9.5　工具圆锥零件

9.2.1　工具圆锥

为制造和使用方便，常用工具、刀具上的圆锥几何参数都已标准化，这种几何参数已标准化的圆锥，称为标准圆锥。此外，一些常用配合锥面的锥度也已经标准化，称为专用标准圆锥锥度。常用的标准圆锥有下列两种：

(1)莫氏圆锥

莫氏圆锥在机器制造业中应用得是最广泛的一种，如车床主轴锥孔、顶尖、钻头柄、铰刀柄等都用莫氏圆锥。莫氏圆锥分成7个号码，即0、1、2、3、4、5和6号，最小的是0号，最大的是6号。但它的号数不同，锥度也不相同。由于锥度不同，因此斜角 α 也不同。莫氏圆锥的各部分尺寸可从相关资料中查出，见表9.4。

表9.4　莫氏圆锥各部分尺寸大小

号 数	锥 度	圆锥锥角 α	圆锥半角 $\frac{\alpha}{2}$
0	1∶19.212 = 0.052 05	2°58′46″	1°29′23″
1	1∶20.048 = 0.049 88	2°51′20″	1°25′40″
2	1∶20.020 = 0.049 95	2°51′32″	1°25′46″
3	1∶19.922 = 0.050 196	2°52′25″	1°26′12″
4	1∶19.254 = 0.051 938	2°58′24″	1°29′12″
5	1∶19.002 = 0.052 662 5	3°0′45″	1°30′22″
6	1∶19.180 = 0.052 138	2°59′4″	1°29′32″

(2)米制圆锥

米制圆锥有8个号码，即4、6、80、100、120、140、160和200号。其号码就是指大端直径，锥度固定不变，即 $C=1:20$。例如80号公制圆锥，它的大端直径是80 mm，锥度 $C=1:20$。公制圆锥的各部分尺寸可从相关资料中可以查出。

除常用的标准圆锥外，生产中会经常遇到一些专用的标准锥度，见表9.5。

表9.5　标准圆锥的应用

锥度 C	圆锥锥角 α	应用实例
1∶4	14°15′	车床主轴法兰及轴头
1∶5	11°25′16″	易于拆卸的连接，砂轮主轴与砂轮法兰的结合，锥形摩擦离合器等
1∶7	8°10′16″	管件的开关塞、阀等
1∶12	4°46′19″	部分滚动轴承内环锥孔
1∶15	3°49′6″	主轴与齿轮的配合部分

续表

锥度 C	圆锥锥角 α	应用实例
1:16	3°34′47″	圆锥管螺纹
1:20	2°51′51″	米制工具圆锥，锥形主轴颈
1:30	1°54′35″	装柄的铰刀和扩孔钻与柄的配合
1:50	1°8′45″	圆锥定位销及锥铰刀
7:24	16°35′39″	铣床主轴孔及刀杆的锥体
7:64	6°15′38″	刨齿机工作台的心轴孔

9.2.2 圆锥工件的测量(二)

(1)用圆锥量规测量

在测量标准圆锥或配合精度要求较高的圆锥工件时，可使用圆锥量规，圆锥量规又分为圆锥塞规和圆锥套规，锥度界限量规可以用来测量锥度和检测圆锥直径是否限制在允许的范围内，如图9.6所示。

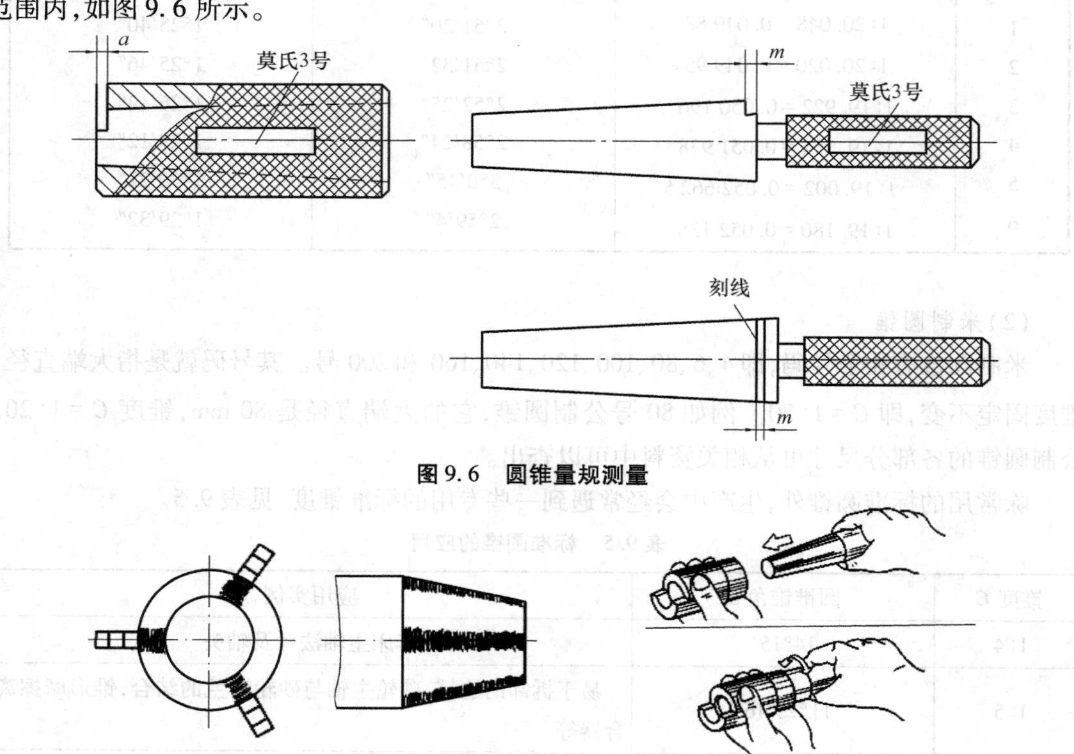

图9.6 圆锥量规测量

(a)涂色方法

(b)检验方法

图9.7 用圆锥套规检验圆锥体方法

用圆锥套规检验圆锥体时，用显示剂(印油、红丹粉)在工件表面顺着圆锥素线均匀地涂

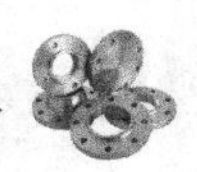

上3条线,涂色要求薄而均匀,如图9.7(a)所示。检验时,手握圆锥套规轻轻套在工件圆锥上(见图9.7(b)),稍加轴向推力并将套规转动约半周。

取下套规后,若3条显示剂全长上擦去均匀,说明圆锥接触良好,锥度正确,如图9.8所示。

如果显示剂被局部擦去,说明圆锥的角度不正确或圆锥素线不直,如图9.9所示。

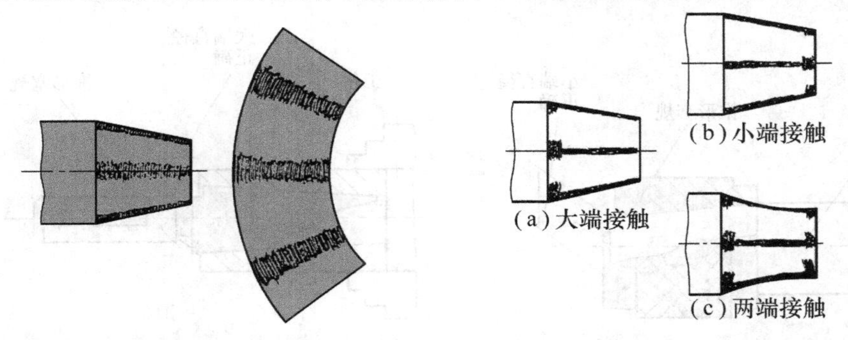

图9.8　合格的圆锥面展开　　图9.9　不合格的圆锥接触面

(2)用正弦规测量

在平板上放一正弦尺,工件放在正弦尺的平面上,下面垫进量块,然后用百分表检查工件圆锥的两端高度,如百分表的读数值相同,则可记下正弦规下面的量块组高度片值,代入

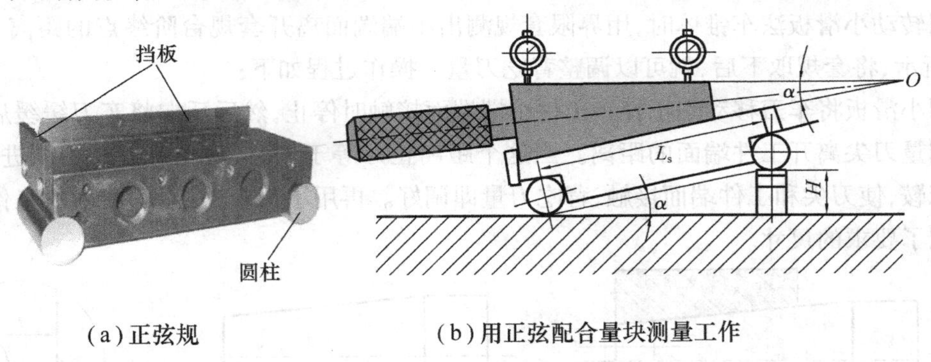

(a)正弦规　　(b)用正弦配合量块测量工作

图9.10　用正弦规测量

公式计算出圆锥角。将计算结果和工件所要求的圆锥角相比较,便可得出圆锥角的误差。也可先计算出垫块H值,把正弦尺一端垫高,再把工件放在正弦尺平面上,用百分表测量工件圆锥的两端,如百分表读数相同,就说明锥度正确,如图9.10所示。

9.2.3　圆锥车削尺寸的控制方法

(1)用圆锥量规控制尺寸

如图9.11所示,车锥体时,总是先把锥度车正,然后再把直径车合格,所以应该注意,在车锥度时,要为下一步车直径留够加工余量,不要只顾把锥度车正确而把直径车小了。因此,对车圆锥体来说,把锥度车正确后,圆锥体两端的直径,必然要比图样上要求的尺寸大;

圆锥量规除了有一个精确的锥形表面之外，在端面上有一个阶台或具有两条刻线，阶台或刻线之间的距离就是圆锥大小端直径的公差范围。

如图 9.12 所示，应用圆锥塞规检验内圆锥时，如果两条刻线都进入工件孔内，则说明内圆锥太大。如果两条线都未进入，则说明内圆锥太小。只有第一条线进入，第二条线未进入，内圆锥大端直径尺寸才算合格。

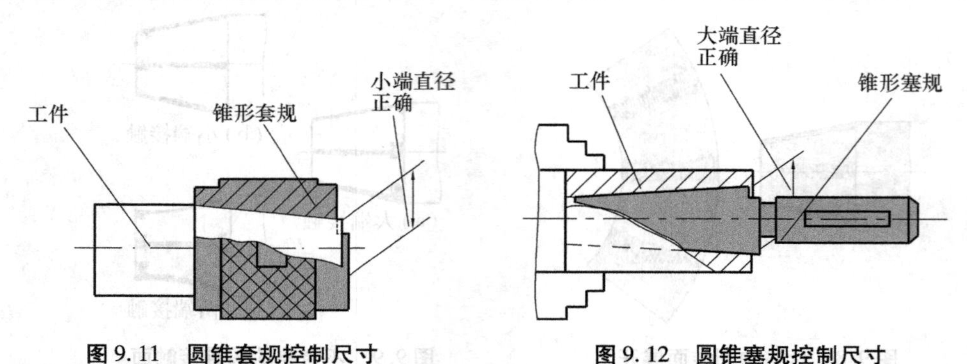

图 9.11　圆锥套规控制尺寸　　图 9.12　圆锥塞规控制尺寸

(2)用移动床鞍控制背吃刀量法

用这种方法控制背吃刀量后，不需要计算出背吃刀量，也不靠移动中拖板来切削，是靠移动床鞍来实现背吃刀量。用这种方法只适用于转动小滑板法车锥体或车锥孔。

用转动小滑板法车锥体时，用界限套规测出小端端面离开套规台阶终点的距离 L，如图 9.13 所示，将套规取下后，就可以调整背吃刀量。操作过程如下：

用小滑板将车刀移动到正好和工件小端端面接触时停止，然后反向将车刀缓缓后退，边退边测量刀尖离开工件端面的距离。当这个距离正好等于 L 时，停止退刀。用纵进给手轮移动床鞍，使刀尖和工件端面接触，背吃刀量即调好。再用小滑板进给，切出来的工件直径，就达到了要求的尺寸。

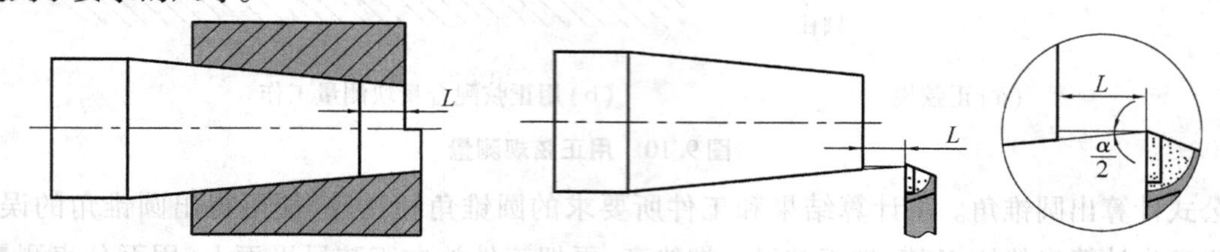

图 9.13　用移动床鞍控制背吃刀量法　　图 9.14　实际加工锥度图形

用相同的方法，可以实现车锥孔时对背吃刀量的控制。

为什么用这样的方法来移动床鞍可达到控制背吃刀量？从图 9.14 可以看出，车刀和工件端面中间各有一小个的直角三角形，三角形的斜边就是车刀从工件端面后退 L 时，车刀刀尖的运动轨迹。刀尖后退时是沿着工件的圆锥母线进行的。当刀尖退离停止后，再把床鞍水平移动距离 L，这时刀尖也随同床鞍移动了 L 的距离。因此，直角三角形的直角边就是车刀随床鞍移动时刀尖的运动轨迹。三角形的另一直角边就正好是要求的背吃刀量。

9.2.4 技能训练——工具圆锥车削

(1)工具圆锥工作图描述

如图9.5所示为工具圆锥零件,该零件有两段锥度,并且有一锥度比较长,因此在加工中要正确分析加工方法,在掉头加工时要确保两端的同轴度,装夹工件时要注意防止夹伤已加工表面,尽量用铜皮包裹。在加工中选择合理的进给量和进给速度,保证工件各方面精度要求,完成工件的车削加工。毛坯为 ϕ35 mm×120 mm的45号钢。

(2)工量具准备清单(见表9.6)

表9.6　工量具准备清单

类　型	名称、规格	备　注
工夹具	三爪自定心卡盘	
量具	游标卡尺0~150 mm;钢直尺150 mm;千分尺0~25 mm;25~50 mm 万能角度尺0~320°	
刀具	45°车刀YT5;外圆粗车刀YT15;外圆精车刀YT15;高速钢4 mm切断刀片	配切刀盒

(3)工艺步骤

阶台轴车削加工工艺过程见表9.7。

表9.7　阶台轴车削工艺过程

工序	工步	加工内容	加工图形效果	加工要点
车	1	车端面		用45°弯头车刀车平端面
	2	粗车外圆 ϕ30	$\phi30^{+0.5}_{0}$；60°；25；56	1. 用粗车偏刀 2. 用试切法控制直径尺寸 3. 用刻线法控制长度尺寸
	3	粗车锥度60°		1. 用粗车刀加工锥度 2. 用万能角度尺控制角度
	4	1. 精车外圆 ϕ30 2. 精车锥度60°	$\phi30^{0}_{-0.02}$；0.8；60°；25；56	1. 用精车刀加工外圆和锥度 2. 锥度要求较高,可用砂纸研磨
	5	1. 掉头装夹 ϕ30 2. 车削端面	$\phi30^{0}_{-0.02}$；1.6；0.8；60°；115	1. 调头装夹 ϕ30 的外圆 2. 调头尽量用百分表找正 3. 车平端面,保总长

续表

工序	工步	加工内容	加工图形效果	加工要点
车	6	粗车锥度	1.6 1:20 0.8 0.8 60° $\phi30_{-0.02}^{\ 0}$ $\phi32_{-0.04}^{\ 0}$ 31 59 115	粗车锥度时控制好角度，边加工边测量
	7	精车锥度		1. 保证锥度的表面粗糙度 2. 倒角的大小要控制准确
检验				

(4)评分标准及记录表(见表9.8)

表9.8 评分标准及记录表

尺寸类型及权重	尺　寸	配　分	学生自评		学生互评		教师评分	
			检测	得分	检测	得分	检测	得分
直径尺寸24	$\phi32_{-0.04}^{\ 0}$	12						
	$\phi30_{-0.02}^{\ 0}$	12						
长度尺寸24	115	8						
	59	8						
	31	8						
倒角5	C1.2(2处)	5						
表面粗糙度17	R_a1.6(1处)	5						
	R_a0.8(2处)	12						
锥度20	锥度(2处)	20						
安全纪律10	安全	5						
	纪律	5						
合　计		100						

注:每个精度项目检测超差不得分。

任务9.3　成型面车削与滚花

机器上有些零件表面的母线是直线，如圆柱面、圆锥面、平面等。而有些零件表面的母线是曲线，如摇手柄、圆球、凸轮等。这些带有曲线的表面称为成型面，也称为特性面。对于

成型面零件的加工，应根据产品的特点、精度及生产批量大小不同情况，分别采用双手控制法、成型法、靠模法、专用工具法及铣削等方法加工，有的表面则要进行表面修饰加工，如抛光、研磨、滚花等。

本节主要介绍双手控制法、成型刀法、滚花及研磨加工成型面。

9.3.1　成型面的车削方法

(1)双手控制法

单件或小批量生产时，或精度要求不高的工件，可采用双手控制法车削。车削如图9.15所示单球手柄，要求车刀主切削刃呈圆弧形，车刀的几何形状与圆弧形沟槽车刀几何形状相似。具体方法如下：

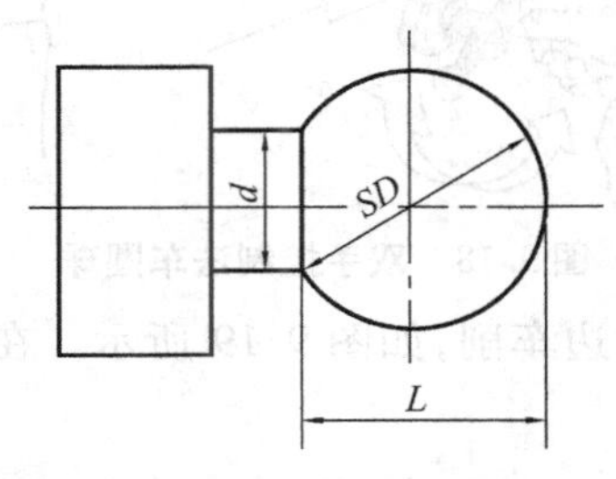

图9.15　单球手柄

①计算圆球部分长度。车削圆球前要将圆球部分的长度和直径以及柄部直径按如图9.16所示车好。圆球部分的长度L计算公式如下：

$$L=\frac{1}{2}(D+\sqrt{D^2-d^2})$$

式中　L——圆球部分长度，mm；

D——圆球直径，mm；

d——柄部直径，mm。

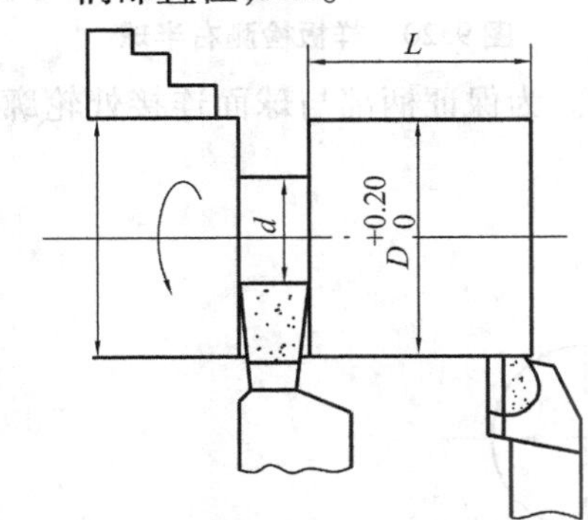

图9.16　车圆球外圆及车槽

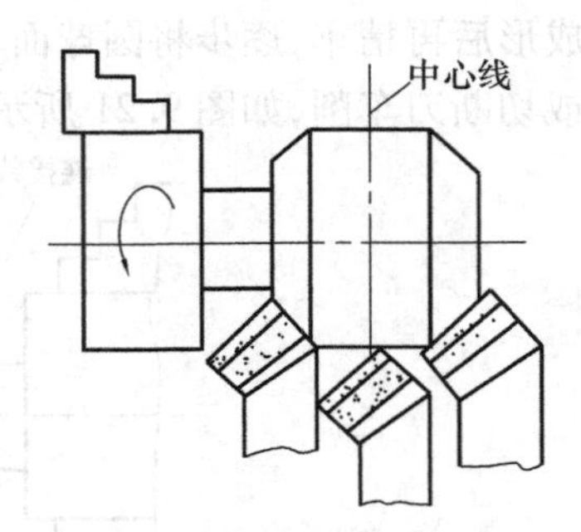

图9.17　车圆球外圆两端倒角

②确定圆球中心位置。车圆球前要用钢直尺量出圆球的中心，并用车刀刻线痕，以保证车圆球时左、右半球面对称。

③为减少车圆球时的车削余量,一般用45°车刀先在圆球外圆的两端倒角,如图9.17所示。

④车圆球方法如图9.18所示。操作时用双手同时移动中、小滑板或中滑板和床鞍,在加工右半球时,通过纵、横向的合成运动车出球面形状。它是由双手操纵的熟练程度来保证的。

图9.18 双手控制法车圆球

⑤车削的方法是由中心向两边车削,如图9.19所示。在精修过程中,利用样板检测右半球,如图9.20所示。

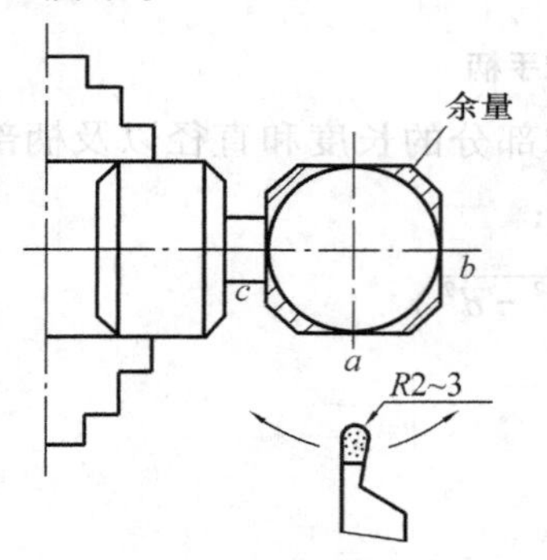

图9.19 由中心向两边切削

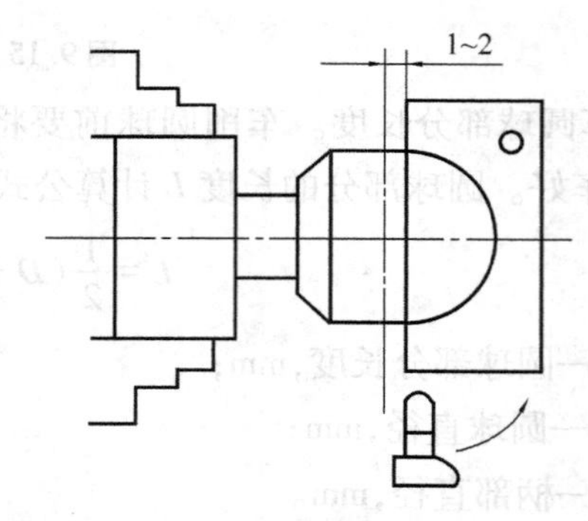

图9.20 样板检测右半球

⑥先粗车成形后再精车,逐步将圆球面车圆整。为保证柄部与球面连接处轮廓清晰,可用矩形沟槽刀或切断刀车削,如图9.21所示。

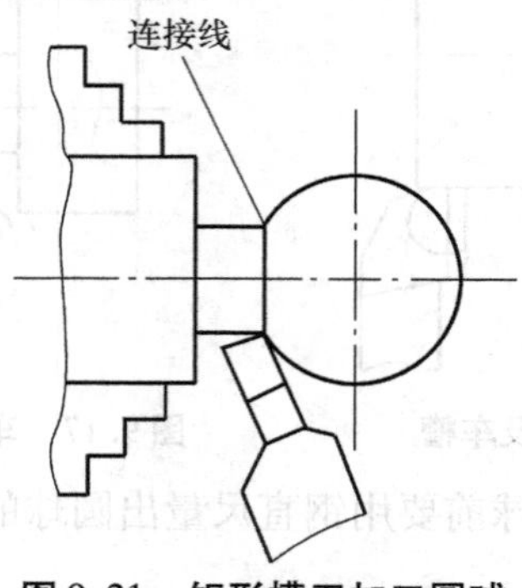

图9.21 矩形槽刀加工圆球

(2)成型刀法

数量较多的成型面零件,可以用成型刀车削。把刀刃磨得跟工件表面形状相同的车刀称为成形刀。

1)成形刀的种类

①普通成形刀。

这种成形刀与普通车刀相似,如图9.22所示。精度要求较低时,可用手工刃磨;反之,可在工具磨床上刃磨。

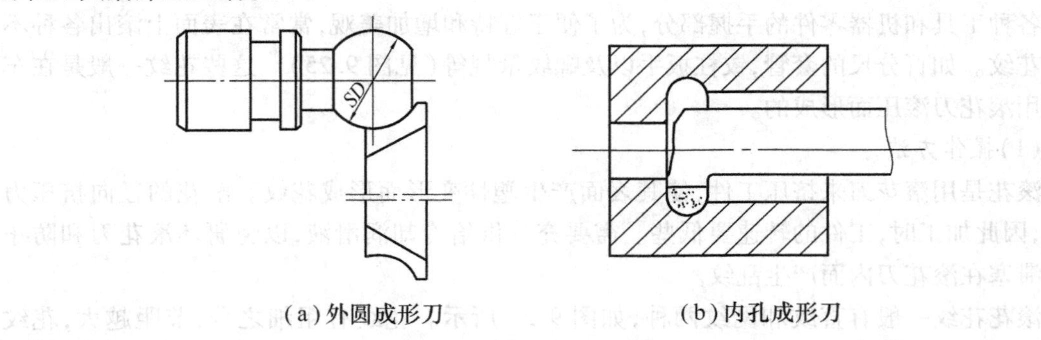

(a)外圆成形刀　　(b)内孔成形刀

图9.22　普通成形刀

②*棱形成形刀。

这种成形刀由到头和刀杆两部分组成,如图9.23所示。刀头的刃口按工件形状在工具磨床上用成形砂轮磨削,可制造得较准确。后部有燕尾块,安装在弹性刀杆的燕尾槽中,用螺钉紧固。刀杆上的燕尾槽做成倾斜状,这样成形刀就产生了后角,刀刃磨损后,只需刃磨刀头的前面。刀刃磨低后,可以把刀头向上拉起,直到刀头无法夹住为止。这种成形刀形状精度高,但制造较复杂。

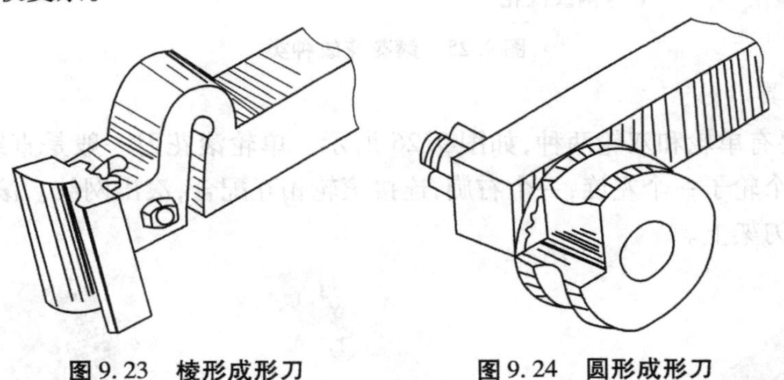

图9.23　棱形成形刀　　**图9.24　圆形成形刀**

③*圆形成形刀。

这种成形刀做成圆轮形,安装在弹性刀杆上。为了防止圆轮转动,在侧面做出端齿面,并在圆轮上开有缺口,使它形成前刀面并产生刀刃,圆形成形刀的前刀面必须比中心低一些,否则后角等于零度,如图9.24所示。

2)车成型面时防止振动的方法

①机床要有足够的刚性,必须把机床各部分间隙调整得很小。

②成形刀装夹时要对准工件中心。装高容易扎刀，装低又会引起振动。必要时，可以把成形刀反装进行车削，这时车床主轴反转，使切削力与主轴，工件质量方向相同，可以减少振动。

③应采用较小的进给量和切削速度。车钢料时必须加乳化液或切削油，车铸铁时可以不加或加煤油作切削液。

9.3.2 滚花

各种工具和机器零件的手握部分，为了便于握持和增加美观，常常在表面上滚出各种不同的花纹。如百分尺的套管，铰杠扳手以及螺纹量规等（见图 9.25）。这些花纹一般是在车床上用滚花刀滚压而形成的。

(1)操作方法

滚花是用滚花刀来挤压工件，使其表面产生塑性变形而形成花纹。滚花的径向挤压力很大，因此加工时，工件的转速要低些。需要充分供给冷却润滑液，以免研坏滚花刀和防止细屑滞塞在滚花刀内而产生乱纹。

滚花花纹一般有直纹和网纹两种，如图 9.25 所示。花纹有粗细之分，节距越大，花纹越粗。

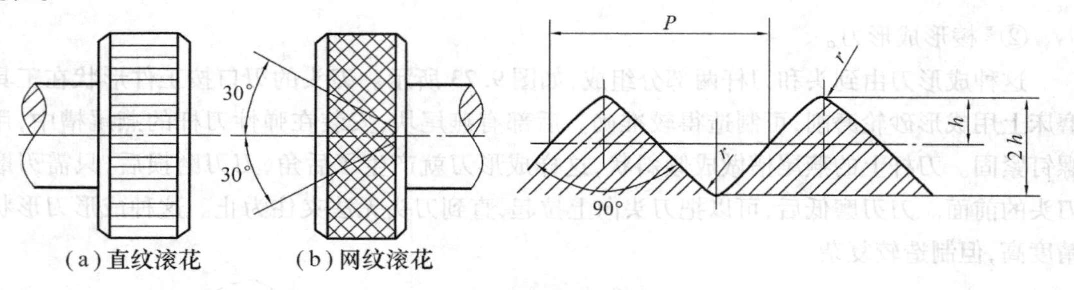

图 9.25 滚花花纹种类

(2)滚花工具

滚花刀主要有单轮和双轮两种，如图 9.26 所示。单轮滚花刀一般是直纹的；双轮滚花刀是斜纹的，两个轮子一个左旋，一个右旋，连接滚轮相互配合，滚出网纹。滚花刀刀杆呈矩形，可安装在方刀架上。

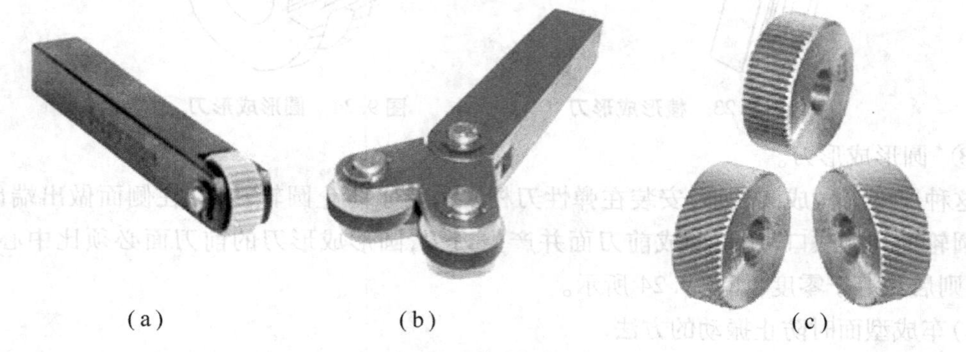

图 9.26 滚花刀种类

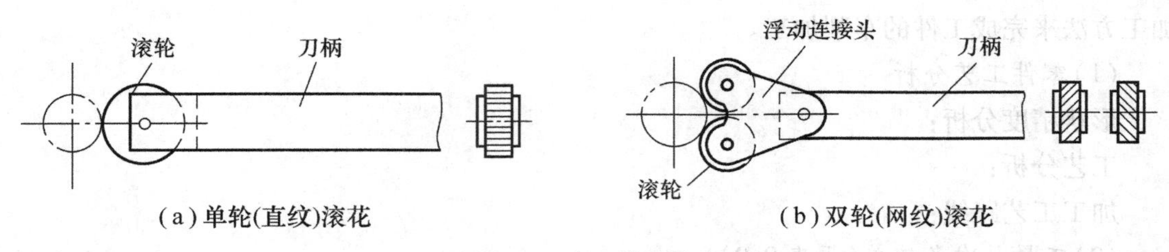

(a) 单轮(直纹)滚花　　(b) 双轮(网纹)滚花

图 9.27　中心等高装夹

(3)滚花刀的装夹

在装夹时,要保证滚花刀的中心与工件中心在同一条水平线上,如图 9.27 所示。其装夹分为平行装夹和倾斜装夹,如图 9.28 所示。

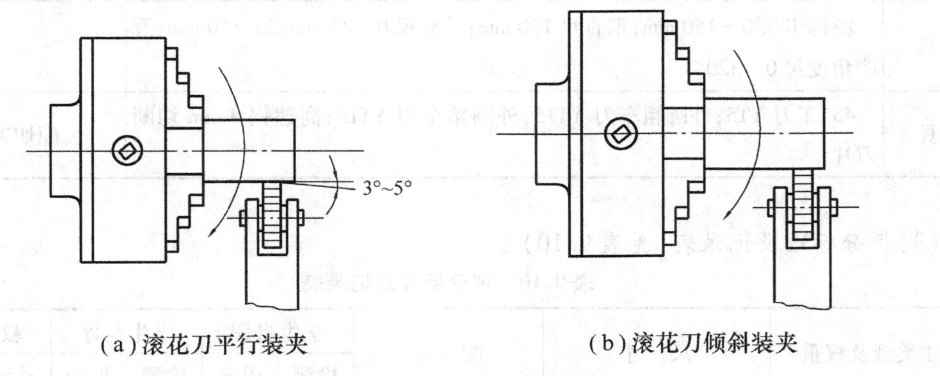

(a) 滚花刀平行装夹　　(b) 滚花刀倾斜装夹

图 9.28　滚花刀装夹

(4)滚花操作要点

①滚花刀接触工件开始滚压时,挤压力要大且猛一些,使工件圆周上一开始就形成较深的花纹,不易产生乱纹。

②先使滚轮表面宽度的 1/3 ~ 1/2 与工件接触,使滚花刀容易切入工件表面,在停车检查花纹符合要求后,再纵向机动进给,反复滚压 1 ~ 3 次,直至花纹凸出达到要求为止。

③滚花时,应选择低的切削速度,一般为 5 ~ 10 m/min。纵向进给量可选择大些,一般为 0. 3 ~ 0. 6 mm/r。

④滚花时,应充分浇注切削液以润滑和冷却滚轮,并经常清除滚压产生的切屑。

⑤滚花时径向力很大,所用设备应刚度较高,工件必须装夹牢靠。

⑥为避免滚花时出现工件移位带来的精度误差,车削带有滚花表面的工件时,滚花应安排在粗车之后,精车之前进行。

任务 9. 4　典型圆锥工件的车削

如图 9. 2 所示为典型锥度零件,同学们需要正确分析零件的加工工艺,选取合理的锥度加工方法来完成工件的车削加工。

(1)零件工艺分析

形状精度分析:

工艺分析:

加工工艺路线:

(2)工量具准备清单(见表9.9)

表9.9　工量具准备清单表

类　型	名称、规格	备　注
工夹具	三爪自定心卡盘	
量具	游标卡尺0~150 mm;钢直尺150 mm;千分尺0~25 mm;25~50 mm;万能角度尺0~320°	
刀具	45°车刀YT5;外圆粗车刀YT15;外圆精车刀YT15;高速钢4 mm切断刀片	配切刀盒

(3)评分标准及记录表(见表9.10)

表9.10　评分标准及记录表

尺寸类型及权重	尺　寸	配　分	学生自评		学生互评		教师评分	
			检测	得分	检测	得分	检测	得分
直径尺寸36	$\phi40_{-0.02}^{0}$	6						
	$\phi40_{-0.02}^{0}$	6						
	$\phi34_{-0.02}^{0}$	6						
	$\phi30_{-0.02}^{0}$	6						
	$\phi26_{-0.02}^{0}$	6						
	$\phi14_{-0.02}^{0}$	6						
长度尺寸21	125	6						
	30	3						
	30	3						
	15	3						
	10	3						
	10	3						
倒角3	(3处)	3						
锥度12	锥度(1处)	12						
表面粗糙度18	R_a1.6(4处)	12						
	R_a3.2(2处)	6						
安全纪律10	安全	5						
	纪律	5						
合　计		100						

任务 9.5　圆锥面成型面工件质量分析

(1)误差原因

在加工锥度时,不论刀尖是低于还是高于工件中心,车出来的圆锥母线都不是直线,而是双曲线。在工件上的表现是:车圆锥体时,在工件的两端测量,两端直径的尺寸合格,其余各处的直径,从大小端开始都沿着工件轴线逐渐缩小。这样的母线,就是凸向工件轴线的一条双曲线;车圆锥孔时,锥孔的直径也是在两端合格,其余各处的直径,从大小端开始也是沿着工件轴线逐渐缩小,锥孔的母线也是一条凸向工件轴线的双曲线。避免产生双曲线误差的方法就是在装刀时把车刀的刀尖严格地对准工件的中心。

如图 9.29 所示为外圆锥和内圆锥所出现的双曲线误差,外圆锥可用直角尺通过透光法直接进行检验,内圆锥则可用涂色法来进行检验。

在加工成型面时,主要出现的误差就是工件轮廓不正确和表面粗糙度达不到要求。

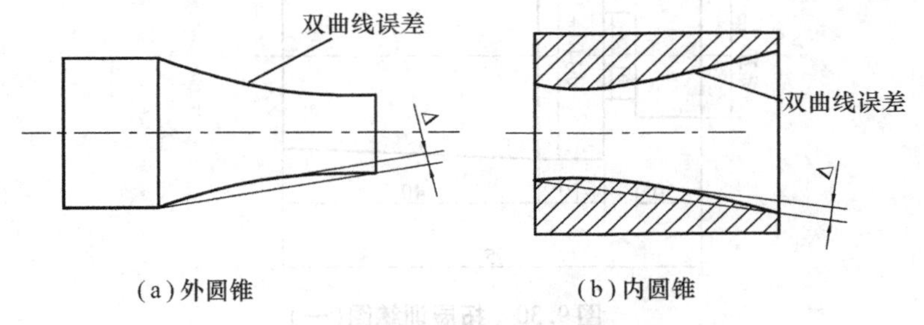

图 9.29　双曲线误差

(2)质量分析

车成型面时,可能产生的废品的种类、原因及预防措施见表 9.11。

表 9.11　车成型面时废品产生原因和预防措施

废品种类	产生原因	预防措施
工件轮廓不正确	用成形刀车削时,车刀形状刃磨得不正确,没有按主轴中心高度安装车刀,工件受切削力产生变形造成误差	仔细刃磨成形刀,车刀高度安装准确,适当减小进给量
	用双手控制进给车削时,纵、横向进给不协调	加强车削练习,使纵、横向进给协调
	用靠模加工时,靠模形状不准确、安装不正确或靠模传动机构中存在间隙	使靠模形状准确、安装正确、调整靠模传动机构中的间隙

续表

废品种类	产生原因	预防措施
工件表面粗糙	车削复杂零件时切削量过大	减小进给量
	工件刚性差或刀头伸出过长，切削时产生震动	加强工件安装刚度及刀具安装刚度
	刀具几何角度不合理	合理选择刀具角度
	材料切削性能差，未经过预备热处理，难于加工；如产生积屑瘤，表面更粗糙	对材料进行预备热处理，改善切削性能；合理选择切削用量，避免产生积屑瘤
	切削液选择不正常	合理选择切屑液

●拓展训练与思考题

1. 拓展实训练习题(见图 9.30 和图 9.31)

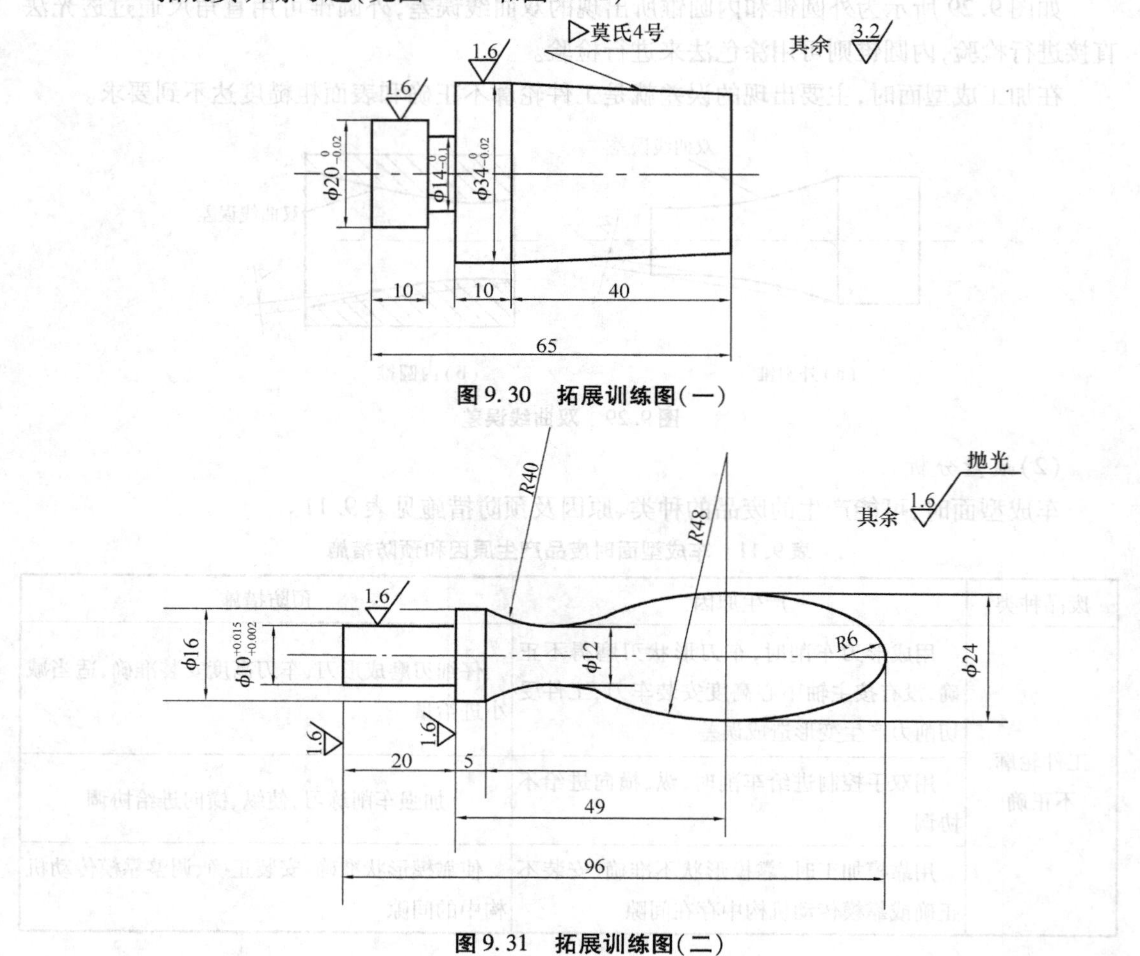

图 9.30 拓展训练图(一)

图 9.31 拓展训练图(二)

2. 思考题

(1)车削锥度 $C=1:4$ 的外圆锥时,用圆锥套规检验,工件小端至套规阶台面的距离为6 mm,试问背吃刀量是多少时才能使小端直径合格?

(2)如何用圆锥量规检验锥度的正确性?

(3)如何用圆锥量规检验尺寸的正确性?

(4)车成形面的方法一般有哪几种?

(5)成形车刀有哪几种?它们的机构特点是什么?

(6)滚花时产生乱纹的原因是什么?应怎样预防?

项目 10

梯形螺纹和蜗杆的车削

●项目描述

本项目包含梯形螺纹加工、米制蜗杆的加工、螺纹工件质量分析等多个任务,通过学生在完成项目各任务的过程中,熟悉梯形螺纹和蜗杆类工件车削的相关理论知识和操作技能。

●项目目标

知识目标:

- ●理解梯形螺纹及蜗杆的加工特点;
- ●懂得梯形螺纹及蜗杆的技术要求;
- ●懂得梯形内螺纹孔径的计算方法;
- ●了解梯形螺纹车刀及蜗杆的特点及安装注意事项。

技能目标:

- ●会梯形螺纹及蜗杆车刀的刃磨;
- ●会车梯形螺纹;
- ●了解车蜗杆的方法;
- ●会梯形外螺纹的三针测量法;

●了解蜗杆的测量方法。

情感目标：

●通过完成本项目学习任务的体验过程，增强学生完成对本课程学习的自信心。

●项目实施过程

概述　梯形螺纹及蜗杆

(1)梯形螺纹及蜗杆的加工特点

梯形螺纹主要用于传动装置或测量机构中，蜗杆传动装置中的蜗杆因为与螺纹加工相似，也是在车床上加工其螺旋齿，如图10.1所示。

图10.1　梯形螺纹传动和蜗杆传动

与三角螺纹车削相比，因为梯形螺纹及蜗杆的牙型较大，精度要求也较高，因此对车刀的要求、车削难度及测量要求都较高，是典型的中级车工车削件。在本项目中将重点学习梯形螺纹车削，了解蜗杆的车削方法。

(2)梯形螺纹标记(见表10.1)

表10.1　梯形螺纹标记

<table>
<tr><th>名　称</th><th>组成部分</th><th>分　类</th><th>格式举例</th><th>含　义</th></tr>
<tr><td rowspan="3">梯形螺纹标记</td><td>螺纹代号</td><td rowspan="2">外螺纹</td><td rowspan="2">Tr40×7LH－7e</td><td rowspan="2">表示公称直径为40 mm、螺距为7 mm、中等旋合长度的梯形左螺纹，其中径和小径的公差等级为IT7，公差带的位置为e</td></tr>
<tr><td>公差代号</td></tr>
<tr><td>旋合长度代号</td><td>内螺纹</td><td>Tr36×6－7H－L</td><td>表示公称直径为36 mm、螺距为6 mm、长旋合长度的梯形内螺纹，其中径公差等级为IT7，公差带的位置为H</td></tr>
</table>

一对相互配合的内外螺纹标注方法是：把内、外螺纹的公差带代号全部写出，前面表示内螺纹公差带代号，后面表示外螺纹公差带代号，中间用斜线分开，如：Tr36×12(P6)－8H/7e。

(3)梯形螺纹工件工作图描述

如图10.2所示为常见的轴加工零件图,需要正确选用工夹具,正确选用梯形螺纹车刀,正确使用游标卡尺、外径千分尺及外螺纹千分尺等量具来测量工件,熟悉加工外梯形螺纹的工艺过程,保证工件各方面精度要求,完成工件的车削梯形螺纹加工。

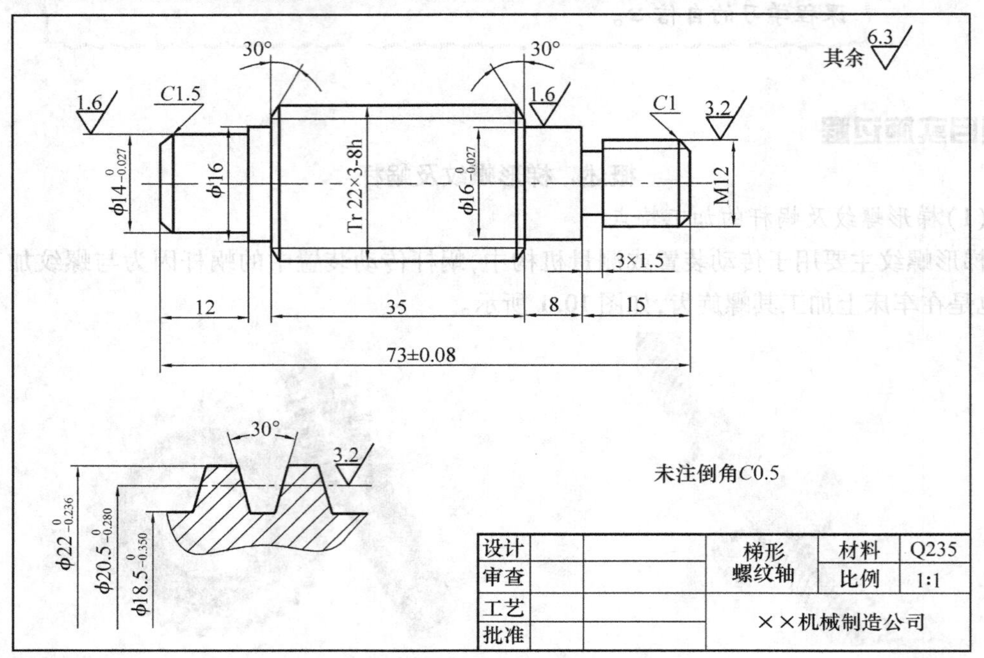

图10.2 典型梯形螺纹

(4)梯形螺纹工件工艺技术要求

①较高的形状精度和位置精度,如圆度、同轴度等。

②外螺纹大径上偏差为零,下偏差为负。内螺纹大径下偏差为零,上偏差不作规定。内螺纹小径下偏差为零,上偏差为正。外螺纹小径偏差不作规定。外螺纹中径上偏差为零,下偏差为负。内螺纹中径下偏差为零,上偏差为正值。

③牙型正确饱满、不歪斜、表面粗糙度 R_a 为3.2~1.6。

④螺距合格。

任务10.1 梯形螺纹加工

如图10.3所示为丝杠轴工件图,需要选用一夹一顶方式装夹工件,正确选用梯形螺纹车刀,正确使用游标卡尺、外径千分尺及外螺纹千分尺等量具来测量工件,熟悉加工外梯形螺纹的工艺过程,保证工件各方面精度要求,完成梯形螺纹工件的车削。

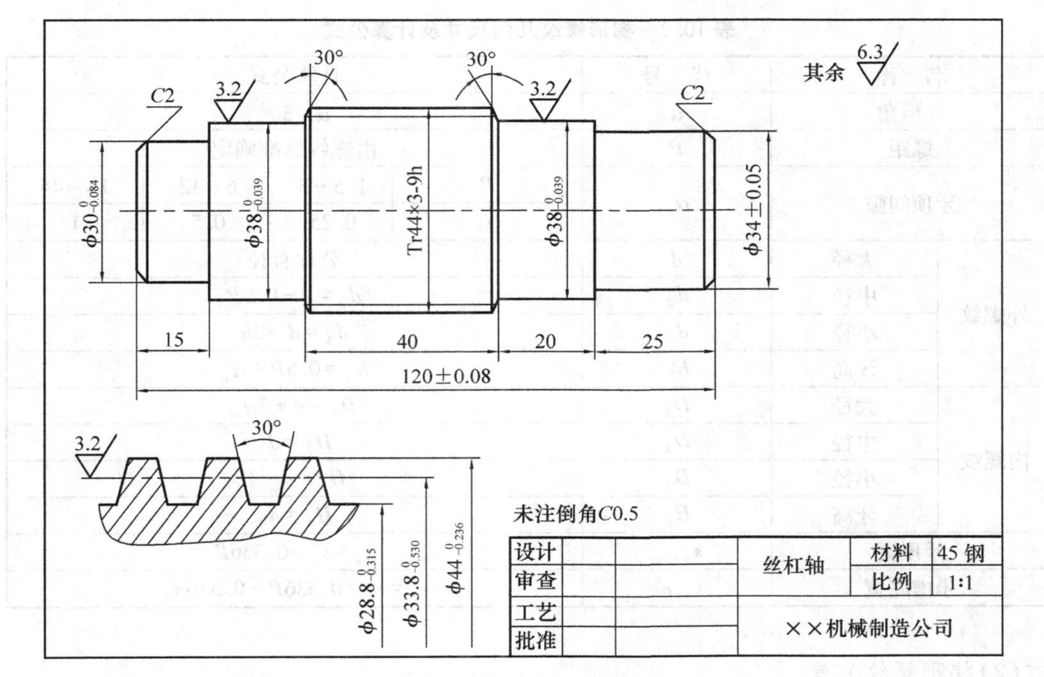

图 10.3　丝杠轴工件图

10.1.1　梯形螺纹几何尺寸及公差

(1)梯形螺纹几何尺寸及计算公式

公制梯形螺纹基本牙型分布在一个顶角为30°原始三角形上，如图 10.4 所示，在表 10.2 中列出了梯形螺纹几何尺寸及计算公式。

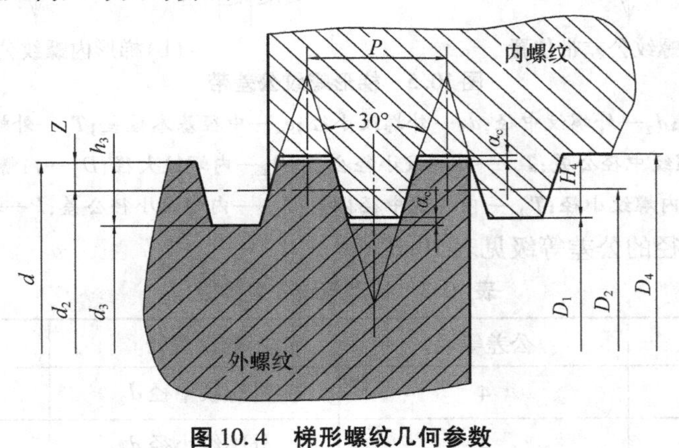

图 10.4　梯形螺纹几何参数

表 10.2　梯形螺纹几何尺寸及计算公式

名　称		代　号	计算公式			
牙型角		α	$\alpha = 30°$			
螺距		P	由螺纹标准确定			
牙顶间隙		α_c	P	1.5 ~ 5	6 ~ 12	14 ~ 44
			α_c	0.25	0.5	1
外螺纹	大径	d	公称直径			
	中径	d_2	$d_2 = d - 0.5P$			
	小径	d_3	$d_3 = d - 2h$			
	牙高	h_3	$h_3 = 0.5P + \alpha_c$			
内螺纹	大径	D_4	$D_4 = d + 2\alpha_c$			
	中径	D_2	$D_2 = d_2$			
	小径	D_1	$D_1 = d - P$			
	牙高	H_4	$H_4 = h_3$			
牙顶宽		s_a, s_a'	$s_a = s_a' = 0.336P$			
牙槽底宽		e_f, e_f'	$e_f = e_f' = 0.336P - 0.536\alpha_c$			

(2)梯形螺纹公差

梯形螺纹公差带分布如图 10.5 所示。

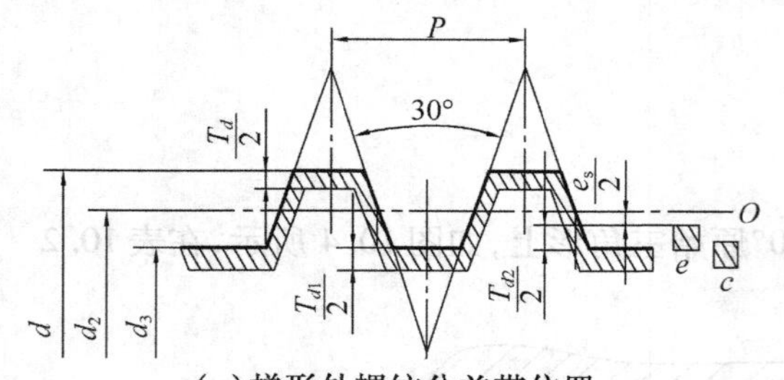

(a)梯形外螺纹公差带位置

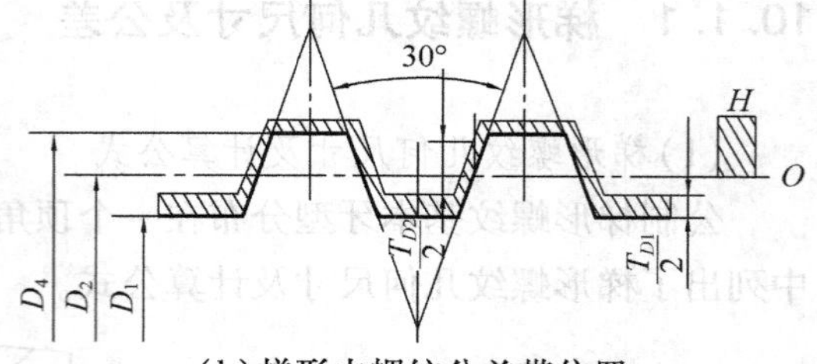

(b)梯形内螺纹公差带位置

图 10.5　梯形螺纹公差带

d—外螺纹大径；d_2—外螺纹中径；d_3—外螺纹小径；e_s—中径基本偏差；T_d—外螺纹大径公差；T_{d_2}—外螺纹中径公差；T_{d_1}—外螺纹小径公差；D_4—内螺纹大径；D_2—内螺纹中径；D_1—内螺纹小径；T_{D_2}—内螺纹中径公差；T_{D_1}—内螺纹小径公差；P—螺距

梯形螺纹各直径的公差等级见表 10.3。

表 10.3　梯形螺纹公差等级

螺纹直径	公差等级	螺纹直径	公差等级
内螺纹小径 D_1	4	外螺纹中径 d_2	7、8、9
外螺纹大径 d	4	外螺纹小径 d_3	7、8、9
内螺纹中径 D_2	7、8、9		

注：梯形螺纹各直径公差数值 T 可查阅参考文献。

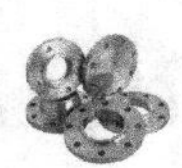

10.1.2　梯形螺纹车刀及安装

(1) 梯形螺纹车刀

梯形螺纹车刀的几何形状如图10.6至图10.8所示。

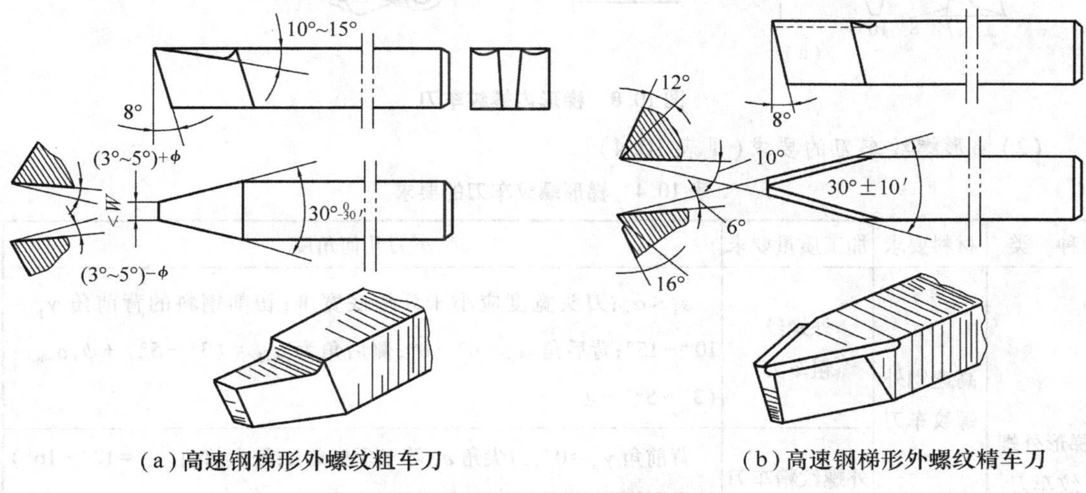

(a) 高速钢梯形外螺纹粗车刀　(b) 高速钢梯形外螺纹精车刀

图10.6　高速钢梯形外螺纹车刀

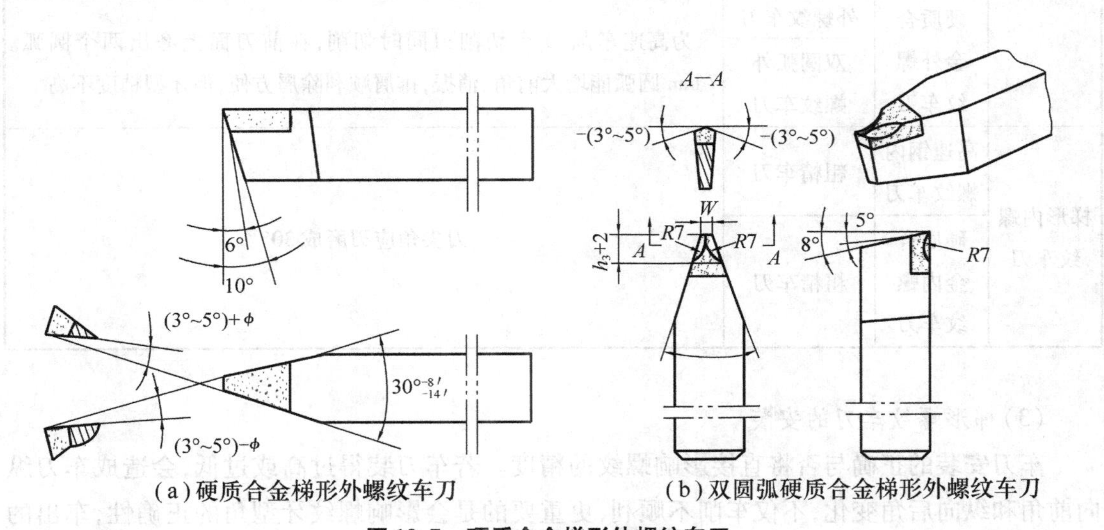

(a) 硬质合金梯形外螺纹车刀　(b) 双圆弧硬质合金梯形外螺纹车刀

图10.7　硬质合金梯形外螺纹车刀

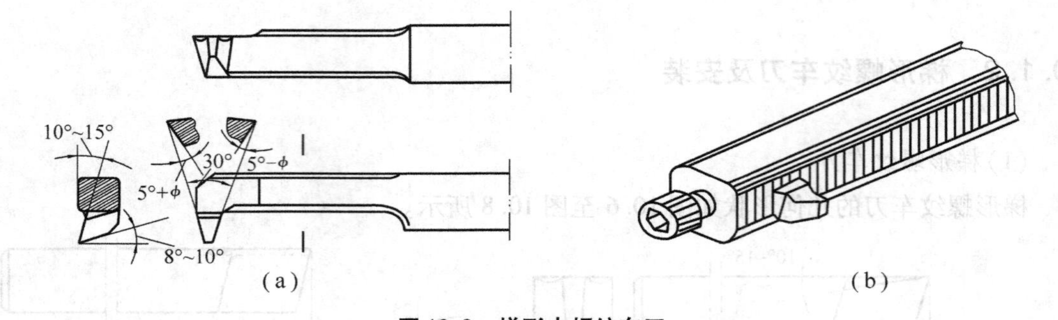

图 10.8　梯形内螺纹车刀

(2)梯形螺纹车刀的要求(见表 10.4)

表 10.4　梯形螺纹车刀的要求

种　类	材料要求	加工质量要求	车刀几何角度
梯形外螺纹车刀	高速钢外螺纹车刀	外螺纹粗车刀	$\varepsilon_r < \alpha_o$;刀头宽度应小于牙槽底宽 W;切削钢料的背前角 $\gamma_p = 10° \sim 15°$;背后角 $\alpha_p = 6° \sim 8°$;侧后角为 $\alpha_{oL} = (3° \sim 5°) + \psi$,$\alpha_{oR} = (3° \sim 5°) - \psi$
		外螺纹精车刀	背前角 $\gamma_p = 0°$,刀尖角 ε_r 等于牙型角 α;较大前角($\gamma_o = 12° \sim 16°$)的卷屑槽;车刀前端切削刃不能参加切削
	硬质合金外螺纹车刀	外螺纹车刀	为高速车削,3 个切削刃同时切削,在前刀面上磨出两个圆弧。7 mm 圆弧能增大前角、消振,排屑顺利除屑方便,但牙型精度不高
		双圆弧外螺纹车刀	
梯形内螺纹车刀	高速钢内螺纹车刀	粗精车刀	刀尖角应刃磨成 30°
	硬质合金内螺纹车刀	粗精车刀	

(3)梯形螺纹车刀的安装

车刀安装的正确与否将直接影响螺纹的精度。若车刀装得过高或过低,会造成车刀纵向前角和纵向后角变化,不仅车削不顺利,更重要的是会影响螺纹牙型角的正确性,车出的螺纹牙型侧面不是直线而是曲线。如果左右偏斜,则车出的螺纹牙型半角不对称。安装梯形螺纹车刀的方法是:使车刀对准工件中心,保证车刀高低正确,然后用对刀板(最好是万能角尺)对刀,保证车刀不左右歪斜(见图 10.9)。另外,还要做到车刀伸出不宜太长,压紧力要适当等。

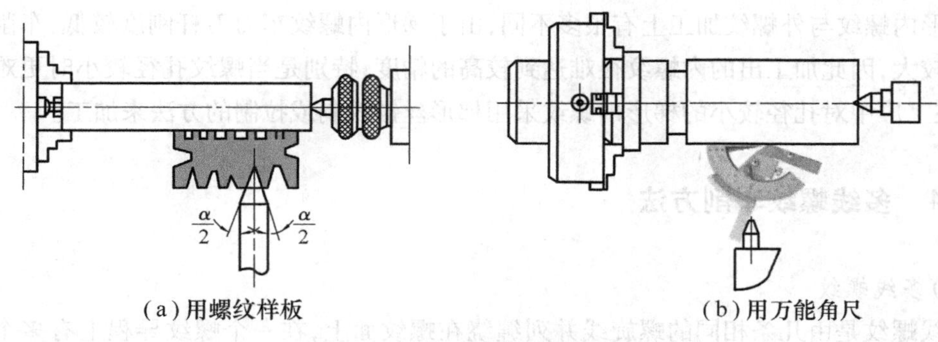

(a)用螺纹样板　　(b)用万能角尺

图 10.9　梯形螺纹车刀安装

10.1.3　梯形螺纹的车削方法

梯形螺纹的车削方法见表 10.5。

表 10.5　梯形螺纹的车削方法

车削方法	低速车削方法			高速车削方法	
进刀方法	左右车削法	车直槽法	车阶梯槽法	直进法	车直槽法和车阶梯槽法
图示					
车削方法说明	在横向进给时，必须把车刀向左或向右作微量移动，不太方便。但是可防止因3个切削刃同时参加切削而产生振动和扎刀现象	可先用主切削刃宽度等于牙槽底宽 W 的矩形螺纹车刀车出螺旋直槽，使槽底直径等于梯形螺纹的小径，然后用梯形螺纹精车刀精车牙型两侧	可用主切削刃宽小于 $P/2$ 的矩形螺纹车刀，用车直槽法车至接近螺纹中径处，再用主切削刃宽度等于牙槽底宽 W 的矩形螺纹车刀把槽车至接近螺纹牙高 h_3，这样就车出了一个阶梯槽。然后用梯形螺纹精车刀精车牙型两侧	可用双圆弧硬质合金车刀粗车，再用硬质合金车刀精车	为了防止振动，可用硬质合金车槽刀，采用车直槽法和车阶梯槽法进行粗车，然后用硬质合金梯形车刀精车
使用场合	车削 $P \leqslant 8$ mm 的梯形螺纹	粗车 $P \leqslant 8$ mm 的梯形螺纹	精车 $P > 8$ mm 的梯形螺纹	车削 $P \leqslant 8$ mm 的梯形螺纹	车削 $P > 8$ mm 的梯形螺纹

梯形内螺纹与外螺纹加工上有很多不同，由于梯形内螺纹车刀刀杆刚度较低，车削时切削面积较大，因此加工出的内螺纹很难达到较高的精度，特别是当螺纹孔径较小时更难。为此，现在工厂中对孔径较小的梯形内螺纹采用梯形丝锥攻制或拉制的方法来加工。

10.1.4 多线螺纹车削方法

(1)多线螺纹

多线螺纹是由几条相同的螺旋线并列缠绕在螺纹面上，在一个螺纹导程上有多个螺距(见图10.10)。多线螺纹的导程较大，螺旋升角也较大，对螺纹车刀的两个后角的影响也较大，在磨螺纹车刀时要引起注意，否则在加工时会引起干涉。

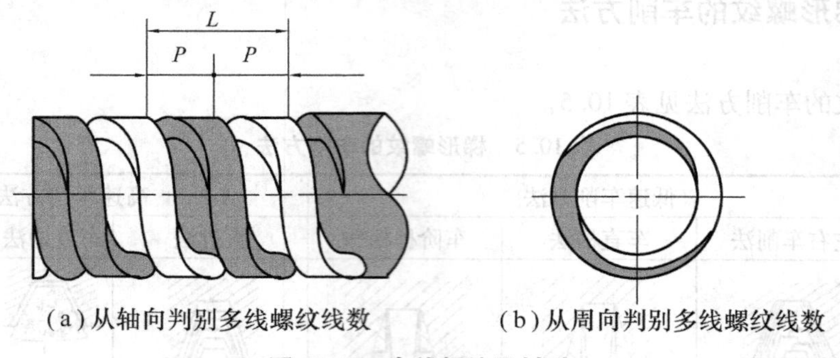

(a)从轴向判别多线螺纹线数　　(b)从周向判别多线螺纹线数

图10.10 多线螺纹及判别

多线螺纹螺旋线数的判别方法有从轴向判别和从周向判别两种，如图10.10(a)、(b)所示。在车多线螺纹时，相应的也有轴向分线和周向分线方法两种。

(2)多线螺纹的分线方法(见表10.6)

表10.6 多线螺纹的分线方法

分线方法		图示	操作方法	特点	应用场合
轴向分线法	用小滑板刻度	略	略	比较简便，不需其他辅助工具，但等距精度不高	单件、小批量多线螺纹的粗车
	用开合螺母			条件受限	当导程为车床丝杠螺距的整数倍且其倍数又等于线数时
	用百分表和量块			分线的精度较高，车削时的振动会使百分表走动，应经常校正“0”位	多线螺纹的精车
圆周分线法	用卡盘的卡爪			分线方法较简单，卡爪本身的误差较大，工件分线精度也不高	线数为2,3或4，单件、小批量多线螺纹的粗车
	用专用分线盘			分线方法较简单，分线盘本身的误差较大，工件分线精度也不高	车削线数为2,3或4，一般精度的螺纹
	用交换齿轮			分线精确度较高，但螺纹线数受Z_1齿数的限制，操作也较麻烦	Z_1的齿数是螺纹线数的整数倍时，但不宜在成批生产中使用
	用多孔插盘			分线精度主要取决于多孔插盘的等分精度。其分线操作简单、方便	分线数量受插孔数量限制

轴向分线方法操作比较简单，主要的两种轴向分线方法如图 10.11 和图 10.12 所示。

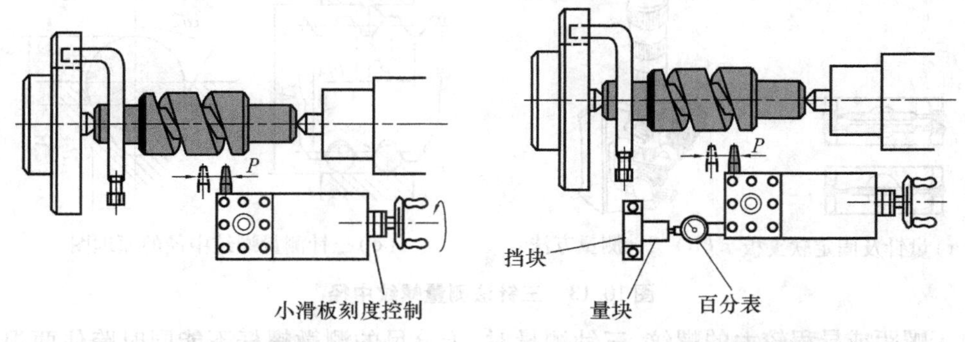

图 10.11　用小滑板刻度分线法　　图 10.12　百分表和量块分线法

10.1.5　螺纹的测量(二)

(1)用三针法

三针法是一种比较精密地测量螺纹中径(或蜗杆分度圆直径)的方法，如图 10.13 所示。在测量梯形螺纹中径时，先把 3 个标准的量针按图放入螺纹对面的 3 个螺旋槽中(下面 2 根、上面 1 根)，然后用千分尺的两个测量面接触三针，读出千分尺的测量值(M 值)，再用表 10.7 中所列公式。量针直径按表中的公式范围选取。

表 10.7　三针法测量梯形螺纹中径的计算

类　型	M 值计算公式	量针直径 d_D		
		最大值	最佳值	最小值
梯形螺纹，牙型角 $\alpha=30°$	$M=d_2+4.864d_D-1.866P$	$0.656P$	$0.618P$	$0.486P$
蜗杆，齿型角 $\alpha=20°$	$M=d+3.924d_D-4.316m$	$2.446m$	$1.672m$	$1.61m$

例 10.1　用三针测量 Tr 40×7 的丝杠。已知螺纹中径的基本尺寸和极限偏差为 $36.5_{-0.480}^{-0.125}$ mm，使用 $\phi3.5$ mm 的量针，求千分尺的读数 M 值的范围。

解　根据表 10.7 中，30°梯形螺纹 M 值的计算公式，已知量针 $d_D=3.5$ mm，则

$$\begin{aligned}M&=d_2+4.864d_D-1.866P\\&=36.5\text{ mm}+4.864\times3.5\text{ mm}-1.866\times7\text{ mm}\\&=40.64\text{ mm}\end{aligned}$$

根据规定的极限偏差，M 值应在 39.98～40.355 mm，螺纹中径才合格。

为了测量方便，可把 3 个量针分别装嵌在两端有塑料(或皮革)制成的可浮动的软夹板中，再用千分尺的固定测砧和测微螺杆穿过夹板，使其接触量针后读出千分尺的读数值，再用公式换算出螺纹中径，如图 10.13 所示。

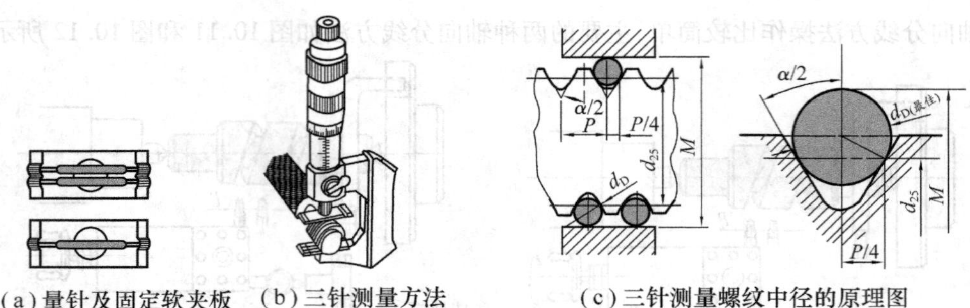

(a)量针及固定软夹板　(b)三针测量方法　(c)三针测量螺纹中径的原理图

图 10.13　三针法测量螺纹中径

对于螺距或导程较大的螺纹，三针测量时，千分尺的测微螺杆不能同时跨住两根量针时，测量无法进行。这时可在千分尺和测量杆之间垫一块量块。在计算 M 值时，必须注意减去量块厚度的尺寸。

(2)用公法线千分尺测大螺距工件的三针 M 值

对于大螺距螺纹中径的三针测量，用公法线千分尺测量较为方便，这是因为公法线千分尺的测量面较宽，容易与 3 个量针接触，如图 10.14 所示。

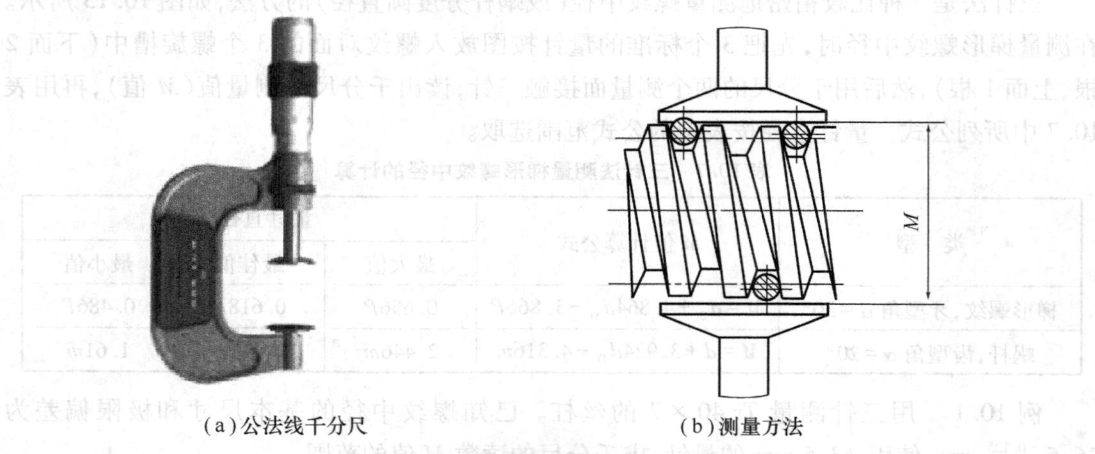

(a)公法线千分尺　(b)测量方法

图 10.14　用公法线千分尺的三针测量

10.1.6　技能训练——梯形螺纹车削

本次训练任务如图 10.3 所示，丝杠轴工作图的加工，毛坯为 $\phi45\times124$。

(1)零件工艺分析

形状分析：本工件为一个丝杠轴工件。

精度分析：梯形外螺纹左右两端较小台阶外圆要求 $R_a3.2\ \mu m$，其余未作规定，梯形螺纹要求 $9h$，直径精度要求一般。

工艺分析：根据工件相关尺寸及精度要求，关键是如何保证工件梯形外螺纹 $9h$、梯形外螺纹左右两端较小台阶外圆要求 $R_a3.2\ \mu m$。首先，工件左端采用三爪自定心卡盘夹持右端

顶尖加工，然后夹持右端并用顶尖顶左端加工左端及螺纹，二次安装完成，注意在夹持右端安装时夹铜皮并要校正工件。

(2)工量具准备清单(见表10.8)

表10.8 工量具准备清单

类型	名称、规格	备 注
夹具	三爪自定心卡盘，顶尖	
量具	游标卡尺 0 ~ 150 mm；钢直尺 150 mm；千分尺 25 ~ 50 mm，车刀角度样板	
刀具	中心钻、外圆粗精车刀、高速钢普通梯形外螺纹粗精车刀	
辅料	切削液、铜皮	

(3)工艺步骤

螺纹车削加工工艺过程见表10.9。

表10.9 螺纹车削加工工艺过程

工序	工步	加工内容	加工图形效果	加工要点
车	1	卡盘顶尖装夹找正		1. 用三爪自定心卡盘装夹工件左端并找正 2. 车端面打中心孔
	2	车坯件外圆 1. 车 $\phi38_{-0.039}^{0}$ 2. 车 $\phi34\pm0.05$ 3. 车 Tr44 × 3 大径	30°, 3.2, C2, Tr44, $\phi38_{-0.039}^{0}$, $\phi34\pm0.05$, 40, 20, 25	1. 用后顶尖顶上中心孔 2. 控制好长度 20，25，40 mm 尺寸 3. 按图样要求倒角
	3	调头车削外圆 1. 车 $\phi30_{-0.084}^{0}$ 2. 车 $\phi38_{-0.039}^{0}$ 3. 粗车削 Tr44 × 3 的梯形螺纹	C2, 3.2, 30°, 30°, 3.2, C2, $\phi30_{-0.084}^{0}$, $\phi38_{-0.039}^{0}$, Tr44×3−9h, $\phi38_{-0.039}^{0}$, $\phi34\pm0.05$, 15, 40, 20, 25, 120±0.08	1. 用一夹一顶安装(夹持右端 $\phi(34\pm0.05)$ mm 外圆)，车削外圆时注意控制工件长 15 mm 和总长 (120 ± 0.08) mm 2. 注意控制螺纹终端尺寸 3. 用直进或斜进切削法粗车梯形螺纹至合适余量尺寸
	4	精车梯形螺纹 Tr44 × 3 − 9h	3.2, 30°, $\phi28.8_{-0.315}^{0}$, $\phi33.8_{-0.530}^{0}$, $\phi44_{-0.256}^{0}$	1. 准确对和安装梯形螺纹精车刀 2. 用直进法将梯形螺纹精车至左图合格尺寸 Tr44 × 3 − 9h
检验				

(4)评分标准及记录表(见表 10.10)

表 10.10 评分标准及记录表

尺寸类型及权重	尺寸	配分	学生自评		学生互评		教师评分	
			检测	得分	检测	得分	检测	得分
直径尺寸 23	$\phi38_{-0.039}^{0}$	6						
	$\phi38_{-0.039}^{0}$	6						
	$\phi30_{-0.084}^{0}$	6						
	$\phi34 \pm 0.05$	5						
长度尺寸 35	120 ±0.08	10						
	25	7						
	20	6						
	40	6						
	15	6						
梯形螺纹 18	Tr44 ×3 −9h	18						
倒角 4	C2(2 处)	4						
表面粗糙度 10	R_a6.3 μm(3 处)	6						
	R_a3.2 μm(2 处)	4						
安全纪律 10	安全	5						
	纪律	5						
合计		100						

任务 10.2 蜗杆的车削

(1)蜗杆工作图描述

图 10.15 是一个蜗杆轴类零件图,在保证轴的其他技术要求的情况下,着重学习了解训练有关蜗杆车削加工技术基础知识。

(2)技术要求

齿上面平整、侧面饱满光洁,齿厚、齿高及齿形角符合规定要求,双头蜗杆分头误差小,分头均匀,两齿面宽度一致。

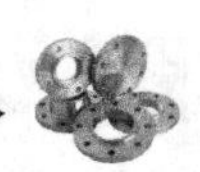

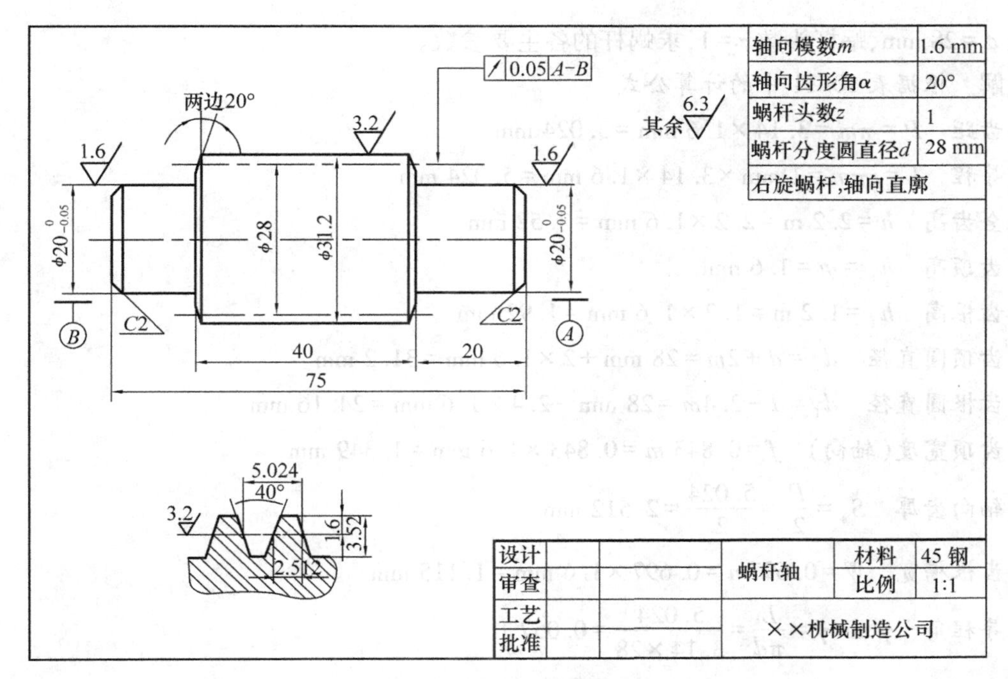

图 10.15　蜗杆零件图

10.2.1　蜗杆参数及尺寸计算

标准圆柱蜗轮蜗杆主要参数与尺寸计算。

螺杆的主要参数有:轴向模数 m、轴向齿形角 α、蜗杆分度圆直径 d、蜗杆头数(或线数 z)等,根据上述参数可决定蜗杆的基本尺寸。参见表10.11标准圆柱蜗杆尺寸计算公式。

表 10.11　标准圆柱蜗杆尺寸计算公式

名　称	计算公式	名　称	计算公式
轴向模数 m	(基本参数)	轴向齿形角 α	$\alpha=20°$
分度圆直径 d	$d=mq$(标准参数)	蜗杆头数 z	设计给定
齿距 P	$P=\pi m$	齿顶宽度 f	$f=0.843m$
导程 L	$L=zP=z\pi m$	齿根槽宽 W	$W=0.697m$
轴向齿厚 S_s	$S_s=P/2$	全齿高 h	$h=2.2m$
齿顶高 h_a	$h_a=m$	齿根高 h_f	$h_f=1.2m$
齿顶圆直径 d_a	$d_a=d+2m$	齿根圆直径 d_f	$d_f=d-2.4m$
导程角 γ	$\tan\gamma=L/\pi d$	法向齿厚 S_n	$S_n=P/2\cos\gamma$

例 10.2　如图10.15所示,已知轴向模数 $m=1.6$ mm;轴向齿形角 $\alpha=20°$、蜗杆分度圆

直径 $d=28$ mm、蜗杆头数 $z=1$，求蜗杆的各主要参数。

解 根据表10.11中的计算公式

齿距 $P=\pi m=3.14\times1.6\ \text{mm}=5.024\ \text{mm}$

导程 $L=z\pi m=1\ \text{mm}\times3.14\times1.6\ \text{mm}=5.024\ \text{mm}$

全齿高 $h=2.2\ \text{m}=2.2\times1.6\ \text{mm}=3.52\ \text{mm}$

齿顶高 $h_a=m=1.6\ \text{mm}$

齿根高 $h_f=1.2\ \text{m}=1.2\times1.6\ \text{mm}=1.92\ \text{mm}$

齿顶圆直径 $d_a=d+2m=28\ \text{mm}+2\times1.6\ \text{mm}=31.2\ \text{mm}$

齿根圆直径 $d_f=d-2.4m=28\ \text{mm}-2.4\times1.6\ \text{mm}=24.16\ \text{mm}$

齿顶宽度(轴向) $f=0.843\ m=0.843\times1.6\ \text{mm}=1.349\ \text{mm}$

轴向齿厚 $S_s=\dfrac{P}{2}=\dfrac{5.024}{2}=2.512\ \text{mm}$

齿根槽宽 $W=0.697m=0.697\times1.6\ \text{mm}=1.115\ \text{mm}$

导程角 $\gamma\ \tan\gamma=\dfrac{L}{\pi d}=\dfrac{5.024}{3.14\times28}=0.0571$

$\gamma=3°16'$

法向齿厚 $S_n=S_s\times\cos3°16'=4.7125\ \text{mm}\times0.97=2.508\ \text{mm}$

10.2.2 车蜗杆时的挂轮搭配

车梯形和蜗杆时，如果车床标牌上已有要车削的螺距(导程)，应按照车床走刀箱铭牌规定，搭配好挂轮和各手柄位置，即可车削。如果要车削车床铭牌上没有的螺距，就要进行相应的挂轮计算，再搭配上计算出来的各个挂轮齿数，才能实现所车螺距，如图10.16所示。

车蜗杆时的挂轮计算公式

$$i=\frac{p_{工}}{p_{丝}}=\frac{n\pi m}{p_{丝}}=\frac{z_1}{z_2}\times\frac{z_3}{z_4}$$

式中 $p_{工}$——工件的导程，mm；

$p_{丝}$——丝杠螺距，mm；

n——蜗杆的头数；

m——蜗杆的轴向模数；

z_1、z_2、z_3、z_4——各挂轮齿数。

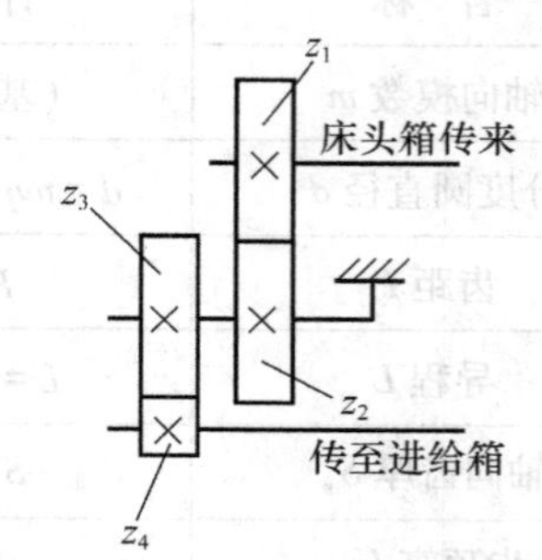

图10.16 车蜗杆时的挂轮搭配

因蜗杆的导程等于蜗杆的头数、轴向模数与 π 的乘积不为整数，为计算简便起见，π 值可用$\dfrac{22}{7}$、$\dfrac{32\times27}{25\times11}$、$\dfrac{19\times21}{127}$等近似值代入。

例10.3 在C6140车床上车削轴向模数 $m_s=4$ 的单头精密蜗杆，其具体措施是由交换齿轮箱直联丝杠(经过进给箱时不变速比)，车床丝杠螺距为12 mm，试求挂轮齿数。

解　$\pi=\frac{22}{7}$代入公式得

$$i=\frac{p_{工}}{p_{丝}}=\frac{n\pi m_s}{p_{丝}}=\frac{1\times\frac{22}{7}\times 4}{12}=\frac{4}{12}\times\frac{22}{7}=\frac{40}{120}\times\frac{110}{35}$$

检验

$$40+120>110+15\quad 110+35>120+15$$

符合搭配原则，则 $z_1=40, z_2=120, z_3=110, z_4=35$。

10.2.3　蜗杆车削的方法

(1)蜗杆车刀的刃磨

蜗杆车刀的刃磨与梯形外螺纹车刀基本相似，所不同的是：

①米制蜗杆的齿形角 $\alpha=20°$，蜗杆车刀的刀尖角按 2α 确定。

②蜗杆的导程大，导程角也随之增大。刃磨车刀时必须考虑导程角对车刀实际工作前角、后角的影响。

③蜗杆的齿形深，切削面积增大，比车削梯形螺纹更困难。因此车刀应有足够的强度。

④蜗杆的精度要求高，表面粗糙度值小，车刀的刀尖角须精确，两侧刀刃应平直、锋利，表面粗糙度值要比蜗杆齿面小 2~3 级。

(2)蜗杆车刀的安装

根据蜗杆的类型，蜗杆车刀有两种装刀方法，见表 10.12，图 10.17 为可回转蜗杆车刀，能满足垂直装刀要求。

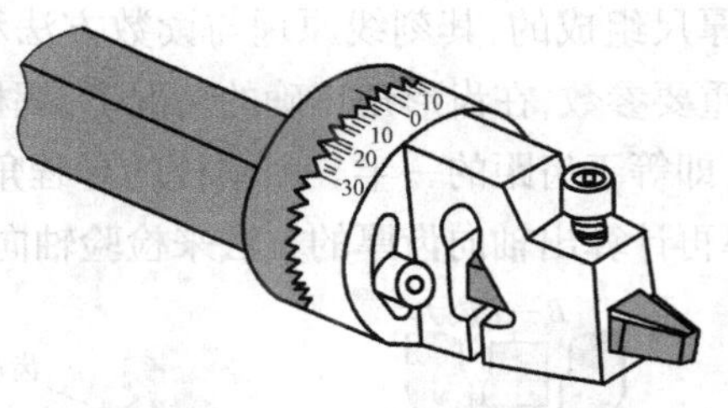

图 10.17　可回转蜗杆车刀

表 10.12　蜗杆车刀的装刀方法

装刀方法	水平装刀法	垂直装刀法
定　义	使蜗杆车刀两侧切削刃组成的平面与蜗杆轴线在同一水平面内	把车刀两侧切削刃组成的平面，装得与蜗杆齿面垂直(回转刀图 10.17 更容易)
适用的蜗杆	精车轴向直廓蜗杆	粗车轴向直廓蜗杆，粗、精车法向直廓蜗杆

续表

装刀方法	水平装刀法	垂直装刀法
图示	B—B 阿基米德螺线 A B A γ B A—A 2α	B—B 延长渐开线 B γ B 过蜗杆轴的水平面 N—N 2α
车刀工作前角的变化	ψ γ_{oeL} γ_{oeL}	ψ γ_{oeL} γ_{oeL}

(3) 车削蜗杆的方法

蜗杆的导程大、牙槽深、车削困难，一般都应采取低速车削的方法。粗车蜗杆和粗车梯形螺纹的方法完全相同，根据螺距的大小可选用左、右切削法、车直槽法、车阶梯槽法和分层切削法的任何一种进刀方法。粗车后用车槽刀车蜗杆牙底（小径）至尺寸，然后用带有卷屑槽的精车刀精车成形。

10.2.4 蜗杆测量方法

对于精度要求不高的蜗杆，可用齿轮游标卡尺（见图10.18）以测量蜗杆的齿厚。齿轮卡尺是由相互垂直的齿高尺和齿厚尺组成的，其刻线原理与读数方法和游标卡尺完全相同。蜗杆齿厚是检验蜗杆质量的一个重要参数，在齿形角正确的情况下，蜗杆分度圆处（即中径处）的轴向齿厚和蜗杆齿槽宽度相等，即等于齿距的一半。因蜗杆的导程角大，轴向齿厚无法直接测量出来，通常采用测出法向齿厚再计算出轴向齿厚的方法来检验轴向齿厚的正确与否。

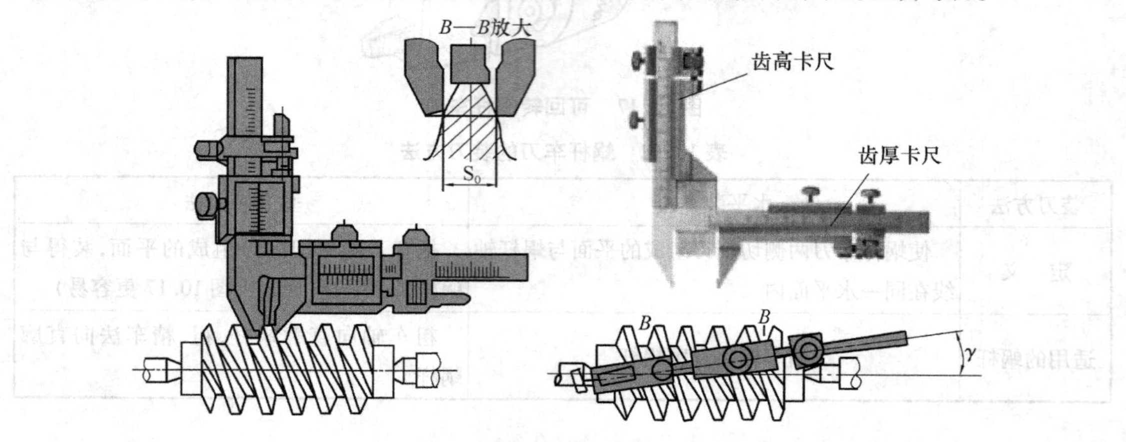

图10.18 用齿厚游标卡尺测量法向齿厚

法向齿厚与轴向齿厚的关系是

$$S_n = S_s \cos \gamma = \frac{\pi m_s}{2} \cos \gamma$$

式中　S_n——法向齿厚,mm;

S_s——轴向齿厚,mm;

γ——导程角;

m_s——轴向模,mm。

蜗杆法向齿厚测量方法是先把齿高尺调整到一个齿顶高(一定要注意齿顶圆直径对齿顶高的影响),然后将齿厚尺旋转一个蜗杆的导程角,使齿厚尺两侧和蜗杆齿侧面平行,这时齿厚尺的读数就是法向齿厚的实际尺寸。

例 10.4　已知双头蜗杆的轴向模数 $m_s = 5$ mm,大径为 60 mm,试求该蜗杆的法向齿厚。

解　$d_2 = d - 2m_s = (60 - 2 \times 5)\,\text{mm} = 50\,\text{mm}$

$nP = 2 \times \pi m_s = 2 \times 3.141\,6 \times 5\,\text{mm} = 31.416\,\text{mm}$

$\tan \gamma = \dfrac{nP}{\pi d_2} = \dfrac{31.416\,\text{mm}}{3.141\,6 \times 50\,\text{mm}} = 0.2$

$\gamma = 11°18'38''$

根据公式 $S_n = S_s \cos \gamma = \dfrac{\pi m_s}{2} \cos \gamma$ 得算式:

$s_n = \dfrac{3.141\,6 \times 5\,\text{mm}}{2} \times \cos 11°18'38'' = 7.702\,\text{mm}$

所求蜗杆的法向齿厚是 7.702 mm。

10.2.5　技能训练——蜗杆的车削

本次训练任务按图 10.15 完成蜗杆轴工件的车削。毛坯为 ϕ35 mm×73 mm 的 45 钢棒料,也可采用图 10.3 练习件作为毛坯。

(1)零件工艺分析

形状分析:本工件为一典型蜗杆轴工件。

精度分析:本工件蜗杆精度要求较高,为要保证蜗杆轴工件的 |↗|0.05|A-B| 要求,采取两顶尖装夹加工,蜗杆部分要求 R_a3.2 μm,其余阶台外圆 R_a1.6 μm。

工艺分析:根据工件形状精度要求,关键是如何保证工件的位置精度。则采用三爪自定心卡盘、一夹一顶和两顶尖装夹,三次安装完成加工,注意安装时要严格校正工件。

(2)工量具准备清单(见表 10.13)

表 10.13 工量具准备清单

类型	名称、规格	备 注
夹具	三爪自定心卡盘;前后顶尖	
量具	游标卡尺 0~150 mm;钢直尺 150 mm;千分尺 0~25 mm;公法线千分尺;百分表及磁性表座;角度样板	
刀具	外圆车刀;中心钻 $\phi2$;梯形螺纹粗精车刀;三角螺纹车刀;车槽刀	
辅料	切削液,润滑油	

(3)工艺步骤

根据前述零件工艺分析,加工工艺顺序为:车右端面钻中心孔→一夹一顶车外圆 $\phi20_{-0.05}^{\ 0}$ mm 长度 20 mm,车 $\phi31.2$ mm 留余量 0.6 mm 左右→调头车左端面钻中心孔→两顶尖装夹车外圆 $\phi20_{-0.05}^{\ 0}$ mm→车外圆 $\phi31.2$ mm 到尺寸→蜗杆齿加工。

螺纹车削加工工艺过程见表 10.14。

表 10.14 螺纹车削工艺过程

工序	工步	加工内容	加工图形效果	加工要点
车	1	1. 装夹找正 2. 车端面钻中心孔	略	1. 三爪卡盘夹持要校正 2. 车右端面钻中心孔
	2	1. 一夹一顶 2. 车外圆 $\phi20_{-0.05}^{\ 0}$ mm 3. 车外圆 $\phi31.2$ mm 4. 倒角 $C2$	⌿ 0.05 A; 1.6; $\phi31.2$; $\phi20_{-0.05}^{\ 0}$; C2; 20; A	1. 找正 2. 车外圆 $\phi31.2$ mm 留余量 0.5 mm、控制长度 20 mm 尺寸
	3	1. 调头装夹样图右端面找正 2. 车端面钻中心孔	⌿ 0.05 A; 1.6; $\phi31.2$; $\phi20_{-0.05}^{\ 0}$; C2; 20; A	1. 找正、三爪卡盘夹持 2. 百分表找正
	4	1. 两顶尖装夹 2. 车外圆 $\phi20_{-0.05}^{\ 0}$ mm 3. 车外圆 $\phi31.2$ mm 4. 车外圆 40,75 mm	两边20°; ⌿ 0.05 A−B; 3.2; 1.6; 1.6; $\phi20_{-0.05}^{\ 0}$; $\phi31.2$; $\phi20_{-0.05}^{\ 0}$; B; C2; C2; A; 40; 20; 75	1. 两顶尖装夹找正,确保 ⌿ 0.05 A−B 2. 控制长度 40 mm(两端倒角 20°)、75 mm

续表

工序	工步	加工内容	加工图形效果	加工要点
车	5	车蜗杆 $\phi28$	↗ 0.05 A−B 两边20°　3.2　1.6　1.6 $\phi20_{-0.05}^{\ 0}$　$\phi28$　$\phi31.2$　$\phi20_{-0.05}^{\ 0}$ B　C2　C2　A 40　20 75 5.024 40° 3.2　1.6　3.52 2.5　2	1. 左右切削法粗车蜗杆留适当余量、用车槽刀车蜗杆牙底(小径)至尺寸 $\phi28$ 2. 注意蜗杆面 $R_a3.2\ \mu m$、用带有卷屑槽的精车刀精车蜗杆至成形
检验				

(4)评分标准及记录表(见表10.15)

表10.15　评分标准及记录表

尺寸类型及权重	尺　寸	配　分	学生自评		学生互评		教师评分	
			检测	得分	检测	得分	检测	得分
长度尺寸10	75	4						
	40	3						
	20	3						
直径18	$\phi20_{-0.05}^{\ 0}$	7						
	$\phi20_{-0.05}^{\ 0}$	7						
	$\phi28$	4						
蜗杆检测30	顶圆 $\phi31.2$	10						
	法向齿厚	20						
倒角4	倒角 $C2$(2处)	4						
表面粗糙度18	$R_a3.2$(1处)	4						
	$R_a6.3$(1处)	2						
	$R_a1.6$(2处)	12						
位置精度10	↗ 0.05 A−B	10						
安全纪律10	安全	5						
	纪律	5						
合　计		100						

注:每个精度项目检测超差不得分。

任务 10.3 典型梯形螺纹的车削

本项目典型工件训练按图 10.2 完成梯形螺纹和普通螺纹的车削，以图 10.15 训练工件为毛坯。可分组讨论加工工艺，填写下列工艺内容，完成典型螺纹工件的加工。

(1)零件工艺分析

形状分析：

精度分析：

工艺分析：

加工工艺路线：

(2)工量具准备清单(见表 10.16)

表 10.16 工量具准备清单

类型	名称、规格	备　注
夹具		
量具		
刀具		
辅料		

(3)评分标准及记录表(见表 10.17)

表 10.17 评分标准及记录表

尺寸类型及权重	尺　寸	配　分	学生自评		学生互评		教师评分	
			检测	得分	检测	得分	检测	得分
直径尺寸 26	$\phi14^{0}_{-0.027}$	10						
	$\phi16$	6						
	$\phi16^{0}_{-0.027}$	10						
长度尺寸 15	73 ±0.08	4						
	12	3						
	35	3						
	8	2						
	15	3						
梯形螺纹 20	Tr22 ×3 − 8h	20						
三角螺纹 10	M12	10						

续表

尺寸类型及权重	尺　寸	配　分	学生自评		学生互评		教师评分	
			检测	得分	检测	得分	检测	得分
切槽4	3×1.5	4						
倒角3	$C1$(1处)	1						
	$C1.5$(1处)	1						
	$C0.5$(2处)	1						
表面粗糙度12	$R_a1.6$(2处)	6						
	$R_a3.2$(2处)	4						
	$R_a6.3$(4处)	2						
安全纪律10	安全	5						
	纪律	5						
合　计		100						

任务10.4　螺纹及蜗杆工件质量分析

螺纹及蜗杆工件质量分析见表10.18。

表10.18　螺纹及蜗杆工件不合格部位分析

螺纹不合格部位	导致原因	预防办法
中径不合格	内螺纹车过大或外螺纹车过小	切削时严格把握螺纹刀的切入深度
牙型不合格	螺纹刀刃磨错误	正确刃磨和测量刀尖角
	螺纹刀安装错误，导致半角误差	安装螺纹刀时用样板或角度尺对刀
	螺纹刀磨损	合理选择切削用量，并及时修磨螺纹刀
螺(齿)距不合格	交换齿轮计算或搭配错误，进给箱或主轴箱的相关手柄位置错误	先试车一条较浅的螺旋线，测量螺(齿)距是否合格
	1. 局部螺(齿)距不合格 2. 拖板箱手轮转动不均匀 3. 车床丝杠和主轴的窜动过大 4. 开合螺母间隙过大	将床鞍的手轮与传动齿条脱开，使床鞍能匀速运动；将主轴与丝杠轴向窜动量和开合螺母的间隙进行调整
	用倒顺车车螺纹时，开合螺母不适时抬起	调整开合螺母镶条，用重物挂在开合螺母的手柄上

续表

螺纹不合格部位	导致原因	预防办法
扎刀和顶弯工件	车刀前角过大,中滑板丝杠间隙较大;工件刚性差,而切削用量选择太大	减小螺纹刀纵向前角,调整中滑板的丝杠间隙;据工件刚性大小来选择合理的切削用量;增加工件的装夹刚性
表面粗糙度值大	刀柄刚性不够,切削时引起振动	安装时,刀柄不能伸出太长;适当降低切削速度
	高速切削螺纹时,切削厚度太小或切削排出方向不对,拉毛螺纹牙侧	高速切削螺纹时,最后一刀切削厚度一般要大于0.1 mm,切屑要垂直轴心线方向排出
	切削用量选择不当	合理选择切削用量
	产生积屑瘤	高速钢切削时,降低切削速度;切削厚度小于0.06 mm,并加切削液

●拓展训练与思考题

1. 拓展实训练习题

双线梯形螺纹拓展练习如图10.19所示。

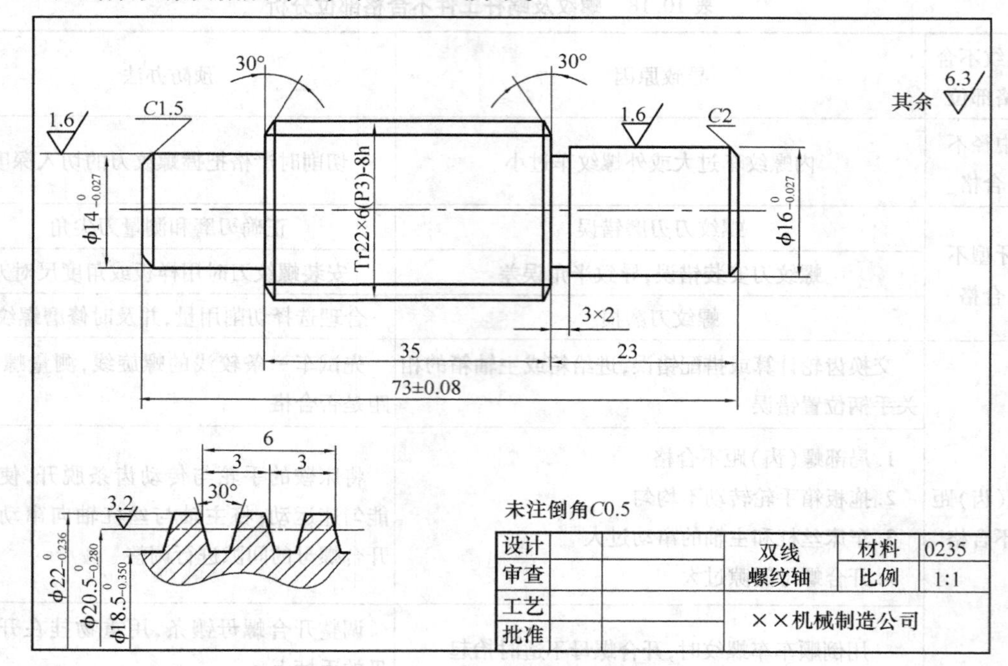

图10.19 双线梯形螺纹拓展练习图

2. 思考题(见表10.19)

表10.19　思考题

题型	内　容	要　求
名词	1. 米制蜗杆按齿形分有哪两种？其定义各是什么？	理解记忆
	2. 什么是多线螺纹？	
简答	1. 举例说明梯形螺纹的代号组成。	结合正文和相关资料以要点形式能清楚解答各题，并对各题相关内容理解记忆
	2. 车削螺纹时，车刀左、右两侧后角有什么变化？	
	3. 螺纹车刀纵向前角不等于零度时，对螺纹牙型角有什么影响？当纵向前角不等于零时，刃磨车刀应注意哪些事项？	
	4. 低速车削梯形螺纹有哪几种方法？高速车削时为什么不能用左右切削法？	
	5. 如何根据蜗杆的齿形选择恰当的装刀方法？	
	6. 多线螺纹的分线方法有哪两类？各类又有哪些具体方法？	
	7. 乱牙的原因是什么，何如预防？	
	8. 测量螺纹中径的方法有哪几种？	
计算	1. 计算Tr36×6的中径、小径、牙型高度、齿顶宽、牙槽底宽。	理解掌握各种公式中相应参数的含义，并能灵活应用这些公式解决加工中需要计算的各种数值
	2. 已知蜗杆($\alpha=20°$)齿顶圆直径$d=60$ mm，轴向模数$m_s=5$，试求分度圆直径d_1/全齿高h、齿顶宽S_s和齿根槽宽e_f。	
	3. 在丝杠螺距为14 mm的车床上，采用直联丝杠方法车削螺距为2 mm的工件，试计算交换齿轮。	
	4. 已知蜗杆的齿形角为20′，齿顶圆直径为60 mm，轴向模数$m_s=5$ mm，车床丝杠螺距为12 mm，求交试换齿轮(直联丝杠)。	
	5. 已知小滑板丝杠螺距为5 mm，刻度盘每周共分100格，车削导程为15 mm的四头蜗杆，若用小滑板分线，小滑板应转多少格？	
作图	画出Tr52×8螺纹高速钢粗、精车刀图，并标注相应角度。	规范作图，熟悉车刀的工作部位结构

项目 11

*复杂工件车削简介

●项目描述

本项目包含细长轴车削、偏心工件的车削、薄壁工件的车削，通过学生在完成项目各任务的过程中，掌握较复杂工件车削的相关理论知识和操作技能。

●项目目标

知识目标：

●了解中心架和跟刀架，学会使用中心架和跟刀架；

●了解车细长轴零件时的特点；

●知道学会在三爪自定心卡盘上和在四爪单动卡盘上安装偏心工件。

●了解薄壁零件车削时的特点。

技能目标：

●学会正确刃磨车细长轴零件的车刀；

●学会车细长轴零件；

●学会在三爪自定心卡盘上安装、车偏心工件；

●掌握偏心工件的划线方法、学会车薄壁零件。

情感目标：

●通过完成本项目学习任务的体验过程，增强学生完成对本课程学习的自信心。培养学生精益求精，耐心细致的工作作风。

●项目实施过程

概述　复杂零件的车削

车床加工中，有时会遇到一些外形复杂和不规则的零件，如轴承座、双孔连杆、偏心工件，等等，这些工件不能用三四爪卡盘直接装夹，必须借助于附件或装夹在专用夹具上加工。对于一些细长轴等工件，虽然形状并不复杂，但加工也很困难，需要使用一些机床附件，才能正常安装和车削。我们把这类工件安排在本项目中介绍。

当然，需要说明的是，随着数控机床加工工艺的发展，很多复杂工件可以在数控车削中心上进行加工，可能又属于复杂零件了。本项目的设置，主要是为了拓展同学们的机床加工工艺思路。

任务 11.1　细长轴的车削

11.1.1　车细长轴零件时的特点

当工件的长度与直径之比大于25倍时，该工件称为细长轴。车细长轴零件时的特点有以下几点：

①由于零件的自重引起的细长轴中部下垂，车削时工件旋转，在离心力的作用下使细长轴弯曲变形明显。

②车削细长轴时，由于径向切削分力的作用，加剧了工件的弯曲变形，容易产生振动，难以顺利进行车削。

③为减小车细长轴时的弯曲变形，常采用中心架或跟刀架增加其刚性，安装要求高，调整不方便，辅助时间长。

④车削过程中，一次走刀时间长，且产生的振动加剧了刀具的磨损，从而影响零件的几何形状精度。

⑤车削时，产生的切削热使工件温度升高，导致工件伸长，从而使工件产生弯曲变形，甚至会使工件在两顶尖卡住。

11.1.2 车细长轴车刀

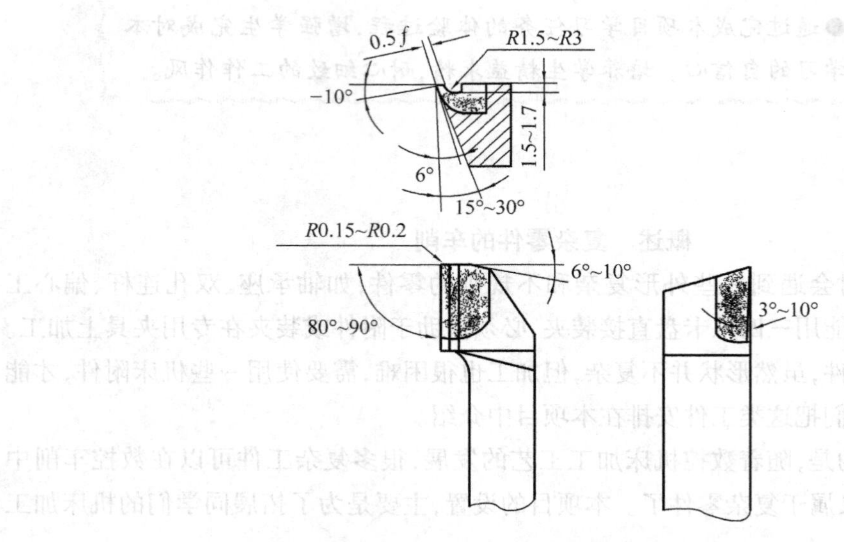

图 11.1 细长轴车刀的几何角度

选择车刀几何角度(见图 11.1)时应考虑以下几点:

①由于细长轴零件刚性差,为减少细长轴弯曲,要求径向切削力越小越好,而刀具的主偏角是影响径向切削力的主要因素。因此,车削时,在不影响刀具强度的情况下,应尽量增大车刀主偏角。车刀的主偏角一般取 $\kappa_r = 80° \sim 95°$。

②为使切削刃锋利,减少切削力和切削热,应选择较大的前角,一般取 $\gamma_o = 15° \sim 30°$。

③车刀前面应磨有 $R1.5 \sim R3$ 的圆弧形断屑槽,使切削顺利卷曲折断。

④选择正值刃倾角,通常取 $\lambda_s = 3° \sim 10°$,使切屑流向待加工表面,并可减少切削力,使车刀容易切入工件。

⑤切削刃表面粗糙度值要求在 $R_a 0.4$ 以下,并要保持锋利。

⑥为了减少径向切削力,应选择较小的刀尖圆弧半径($\gamma_\varepsilon < 0.3$ mm)。倒棱的宽度也应选得较小,取倒棱宽 $b_{r1} = 0.5f$。

⑦选用红硬性和耐磨性好的刀片材料,如 YT15、YT30 和 YW1 等。

11.1.3 车细长轴的方法

(1)认识中心架和跟刀架

1)中心架

中心架一般用于车削刚性较差的细长轴或直径较粗无法穿入主轴孔、外圆同轴度要求较高、长度较长的工件。常用的中心架分为普通中心架和滚动轴承中心架两种(见图 11.2)。

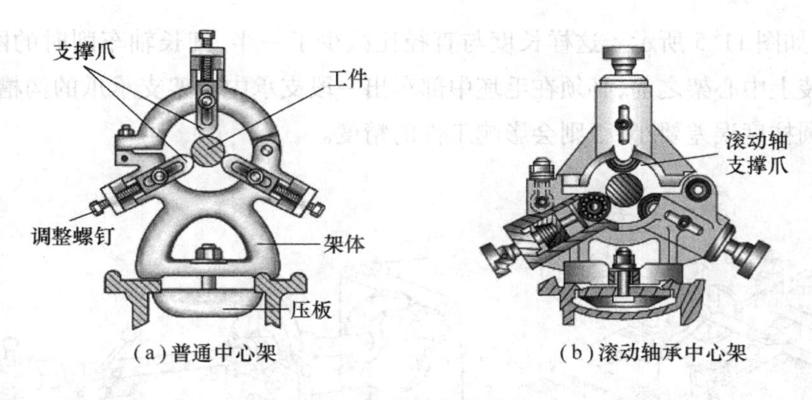

(a)普通中心架　(b)滚动轴承中心架

图11.2　中心架的种类

普通中心架的支承爪镶配在支承套筒中,工作时会与工件相互摩擦,属于易损件,磨损后便于更换。支承爪一般用耐磨性好,又不容易擦伤工件的材料制造。

2)跟刀架

对不适宜用调头车削以及不能使用中心架的细长轴,都采用跟刀架支承进行车削,这样可以抵消径向切削力,提高车削细长轴的形状精度,减少表面粗糙度。常用的跟刀架分为两爪跟刀架和三爪跟刀架两种(见图11.3)。

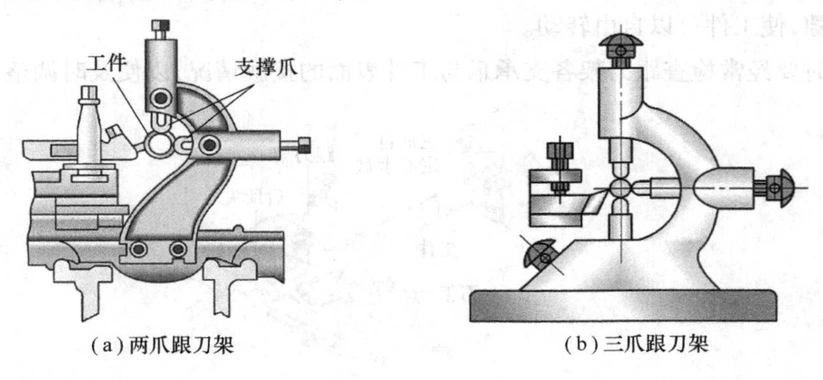

(a)两爪跟刀架　(b)三爪跟刀架

图11.3　跟刀架的种类

两爪跟刀架由于制造简单而被广泛使用。两爪跟刀架只有两个支承爪支承工件。由于工件本身有一个向下重力,使工件不可避免的弯曲,因此,车削时工件往往会因离心力瞬时离开支承爪而产生振动,从而造成受力不均匀,难以保证加工质量。

(2)中心架和跟刀架的使用方法

1)中心架的使用方法

①当遇到无法穿入车床主轴孔内、直径较粗、长度较长的工件或需加工端面、打中心孔、钻孔和车内孔时,可采用将工件的一端用卡盘夹紧,另一端用中心架支承的方法,然后用百分表校正,并依次调整3个支承爪,使其与工件表面轻轻接触,如图11.4所示。

②当细长轴工件的加工精度要求较低,可以采用分段或调头车削时,中心架可直接支承

在工件中间，如图 11.5 所示。这样长度与直径比减少了一半，细长轴车削时的刚性大大增加。在工件装上中心架之前，必须在毛坯中部车出一段支承中心架支承爪的沟槽，沟槽的表面粗糙度及圆柱度误差要小，否则会影响工件的精度。

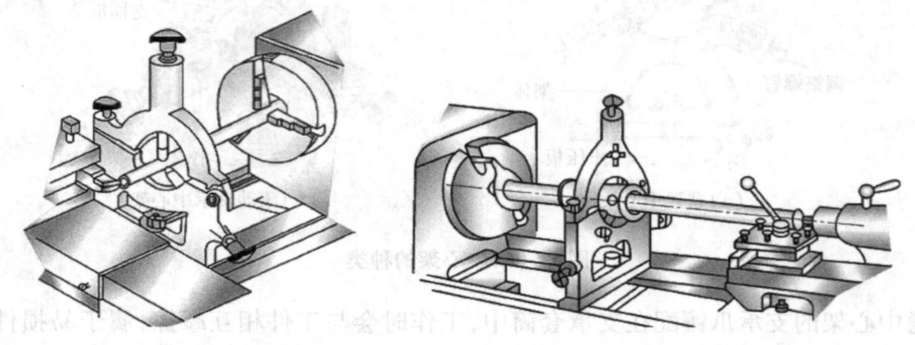

图 11.4　使用中心架车端面　　**图 11.5　中心架直接支承在工件中间**

2）跟刀架的使用方法

用跟刀架支承车削工件的方法如图 11.6 所示。跟刀架的使用方法如下：

①将跟刀架固定在床鞍上，使其与车刀一起纵向移动。

②适当调整跟刀架各支承爪与工件的接触压力，让每个支承爪都能与工件外圆表面保持合适的间隙，使工件可以自由转动。

③车削时要经常检查跟刀架各支承爪与工件表面的接触情况，以便及时调整。

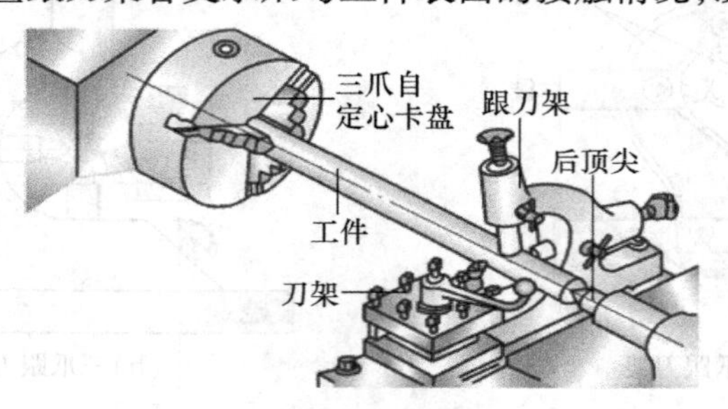

图 11.6　用跟刀架支承车削工件

11.1.4　技能训练——细长轴零件车削

本任务如图 11.7 所示为典型细长轴工件，要熟悉细长轴的加工工艺过程，保证工件的精度要求，完成工件的加工。

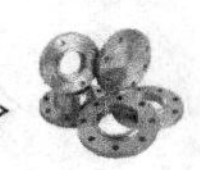

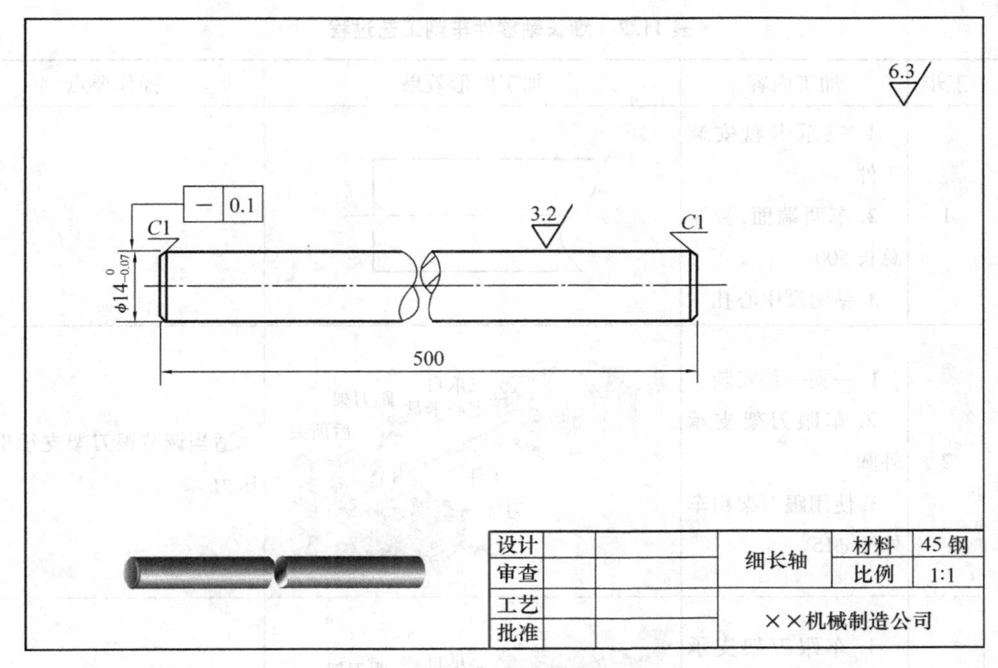

图 11.7 细长轴零件图

(1)零件工艺分析

形状分析:本工件为一长径比为25的细长轴,工件刚性差,易发生弯曲变形。

精度分析:本工件直径尺寸精度要求不高,无特殊技术要求。

工艺分析:根据细长轴工件的特点和毛坯特点,采用一夹一顶装夹毛坯,用跟刀架。根据工件直径精度要求,采用粗精分开的原则,精车余量为2~3 mm。

加工工艺顺序:车平端面,钻中心孔→车跟刀架支承外圆(一夹一顶)→车全长外圆(跟刀架)。

(2)工量具准备清单(见表11.1)

表 11.1 工量具准备清单

类型	名称、规格	备 注
夹具	三爪自定心卡盘、三爪跟刀架	
量具	游标卡尺 0~150 mm;钢直尺 150,500 mm;千分尺 0~25 mm	
刀具	中心钻 90°;93°车刀 YT545°;车刀 YT5	

(3)工艺步骤

细长轴零件车削加工工艺过程见表11.2。

表 11.2　细长轴零件车削工艺过程

工序	工步	加工内容	加工图形效果	操作要点
车	1	1. 三爪卡盘安装工件 2. 车两端面，控制总长 500 3. 钻两端中心孔		
	2	1. 一夹一顶安装 2. 车跟刀架支承外圆 3. 使用跟刀架粗车外圆 $\phi15$		适当调节跟刀架支承爪的压力
	3	1. 车跟刀架支承外圆 2. 使用跟刀架精车外圆 $\phi14_{0.07}^{0}$ 3. 倒角 $C1$		每一次走刀都要先车跟刀架支承外圆
	4	1. 调头（一夹一顶） 2. 接刀车夹头位置外圆至 $\phi14_{0.07}^{0}$ 3. 倒角 $C1$		注意尽量不留接刀痕迹

(4)评分标准及记录表(见表 11.3)

表 11.3　评分标准及记录表

尺寸类型及权重	尺　寸	配　分	学生自评		学生互评		教师评分	
			检测	得分	检测	得分	检测	得分
长度尺寸 20	500	20						
直径 30	$\phi14_{0.07}^{0}$	30						
表面粗糙度 30	$R_a3.2$	20						
	$R_a6.3$	10						

续表

尺寸类型及权重	尺　寸	配　分	学生自评		学生互评		教师评分	
			检测	得分	检测	得分	检测	得分
安全纪律20	安全	10						
	纪律	10						
合　计		100						

注:每个精度项目检测超差不得分。

11.1.5 车细长轴易产生的缺陷及预防措施(见表11.4)

表11.4 车细长轴易产生的缺陷及预防措施

废品种类	产生原因	预防方法
竹节形	1. 跟刀架支承爪与工件的接触压力调节过紧 2. 未及时调整切削深度 3. 未调整好车床床鞍、滑板的间隙,因而进给时产生让刀现象	1. 正确调整跟刀架的支承爪,不可支顶得过紧采用接刀车削时,必须使车刀刀尖和工件支承面略微接触,接刀时切削深度应加深0.01~0.02 mm 2. 粗车时若发现开始出现竹节形,可稍微调松跟刀架支承爪,使支承力适当减小,以防止竹节的继续产生 3. 调整好车床床鞍、滑板的相应间隙,以消除进给时的让刀现象
腰鼓形	1. 细长轴刚度低,以及跟刀架支承爪与工件表面接触不一致(偏高或偏低于工作回转中心),支承爪磨损而产生间隙 2. 当车到工件中间部位时,径向切削分力将顶偏工件轴线使切削深度逐渐减小,从而形成腰鼓形	1. 跟刀架支承爪与工件的接触压力调节要适当,不能过松。车削过程中要随时调整跟刀架支承爪,使支承爪圆弧面的轴线与主轴回转轴线重合 2. 适当增大车刀的主偏角,使车刀锋利,以减少径向切削分力

任务 11.2　在三爪自定心卡盘上车偏心工件

11.2.1　偏心的概念

外圆和外圆轴线或内孔与外圆的轴线平行而不重合(偏一个距离)的零件称为偏心工件。这两条平行轴线之间的距离称为偏心距 e。外圆与外圆偏心的零件称为偏心轴,如图11.8(a)所示。外圆与内孔偏心的零件称为偏心套,如图11.8(b)所示。

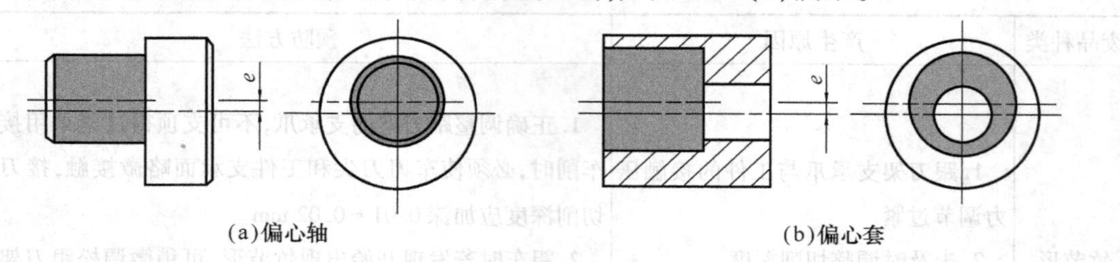

图 11.8　偏心工件

偏心轴、偏心套一般都在车床上加工。它们的加工原理基本相同,无论采用什么样的装夹方式,只要把它们需要加工偏心部分的回转轴线校正到跟主轴旋转中心重合即可。

在三爪自定心卡盘上车偏心工件就是在某一个卡爪上垫一定厚度的垫片,使工件产生偏心,然后进行车削,如图11.9所示。这种方法适用于长度较短,数量较多,偏心距较小的偏心工件。

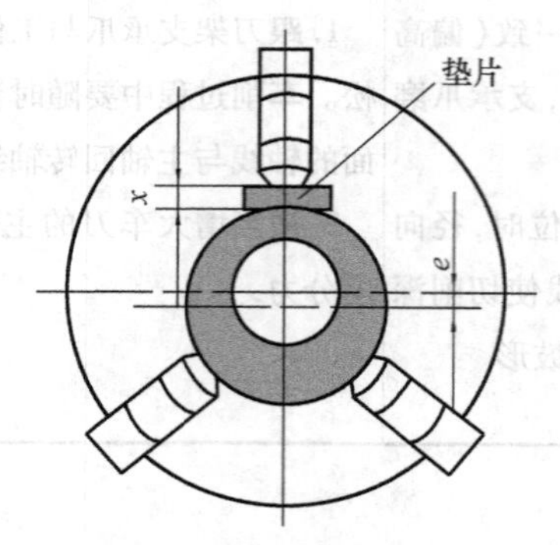

图 11.9　在自定心卡盘上车偏心工件

11.2.2 在三爪自定心卡盘上安装偏心工件的方法和步骤

(1)计算垫片厚度 x(见图11.9)

$$x=1.5e\pm K \quad K\approx 1.5\Delta e$$

(2)制作偏心垫片

为防止在装夹时产生挤压变形的现象,应选择硬度较高的材料做垫片。

(3)装夹工件

在三爪自定心卡盘上任意选择一个卡爪,用粉笔在这个卡爪上做一记号,把做好的垫片垫在带记号的卡爪爪面上,然后安装工件,同时用手扶住偏心垫片,防止垫片掉落。

(4)在三爪自定心卡盘上校正偏心距的方法

对于精度要求较低的偏心距,可用游标卡尺检测,如图11.10所示。测量时,用游标卡尺尾端的深度尺测量两外圆间的最大距离和最小距离,则偏心距就等于最大距离和最小距离差值的一半,即

$$e=\frac{a-b}{2}$$

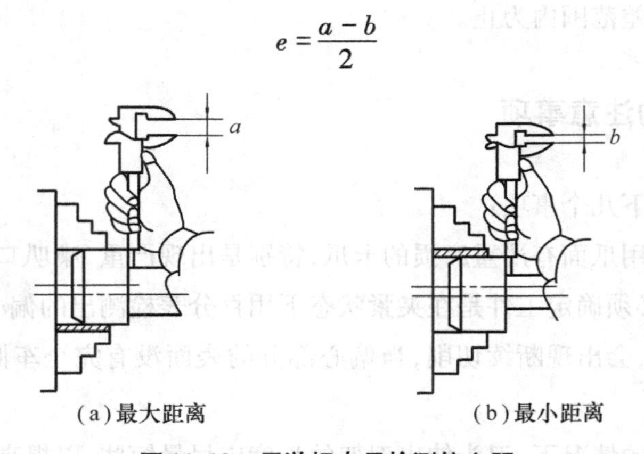

图11.10 用游标卡尺检测偏心距

当偏心距的精度要求较高时,必须用百分表校正,一般可使偏心距误差控制在0.02 mm以内。但由于受百分表测量范围的限制,因此,只适用于偏心距为5 mm以下的工件的校正。

百分表校正的具体操作步骤如下:

①用手拨动卡盘,将夹有偏心垫片的一个卡爪转动到最高的位置,使偏心工件处于最低的测量点位置。

②将百分表的测量头垂直接触偏心工件的基准轴最高侧母线上,再左右移动床鞍,观察百分表指针读数并校正工件,如图11.11所示,当百分表从 a 点移动到 b 点的指针读数相同时,即表明外圆最高侧母线与车床主轴轴线平行。为了保证偏心轴两轴线的平行度,应用百分表分别校正工件的上母线和侧母线,即一个方向的一条侧母线校正平行后,应用手拨动卡盘把工件转过90°校正另一条侧母线使其平行。

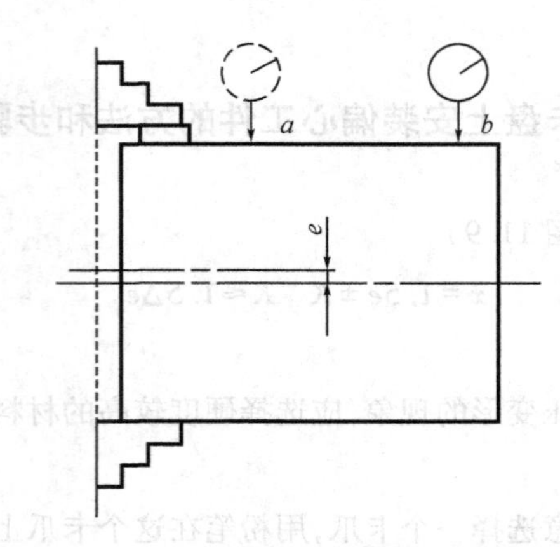

图 11.11　用百分表检测侧母线

③将百分表的测量头垂直接触偏心工件的基准轴最高侧母线上，并使百分表压缩量为 0.5～1 mm，用手缓慢拨动卡盘，同时仔细观察百分表指针读数，当工件转动一周时，百分表指示处的最大值和最小值之差的一半即为偏心距值。

④按上述方法反复用百分表测量，并根据实际偏心距数值调整偏心垫片厚度，直至校正的偏心距在允许的误差范围内为止。

11.2.3　车偏心的注意事项

车削时须注意以下几个事项：

①要尽量避免使用爪面有严重磨损的卡爪，特别是出现严重“喇叭口”的卡爪。

②车削工件前，必须确定工件是在夹紧状态下用百分表检测出的偏心距数值。

③车偏心工件时，会出现断续切削，当偏心部分的表面没有完全车圆时，不宜选择较高的转速。

④在不影响车削的情况下，刀头伸出刀架的长度应尽量短些，以提高车刀的刚性。

⑤车偏心工件时，为了防止硬质合金刀头受工件撞击碎裂，车刀应磨有一定的负值刃倾角，并减小进给量。也可选用高速钢车刀车削。

⑥由于工件装夹偏心垫片以后，开动机床主轴会使工件旋转状态下的直径大大增加，工件实际切削深度也会加大。因此，车偏心件前，刀具应离工件远一些，开动机床使主轴旋转后，再将车刀逐步靠近工件切削。

11.2.4　技能训练——偏心零件的加工

如图 11.12 所示，本任务是在三爪自定心卡盘上车偏心工件。零件材料为 45 钢，毛坯规格为 ϕ55 mm×100 mm。

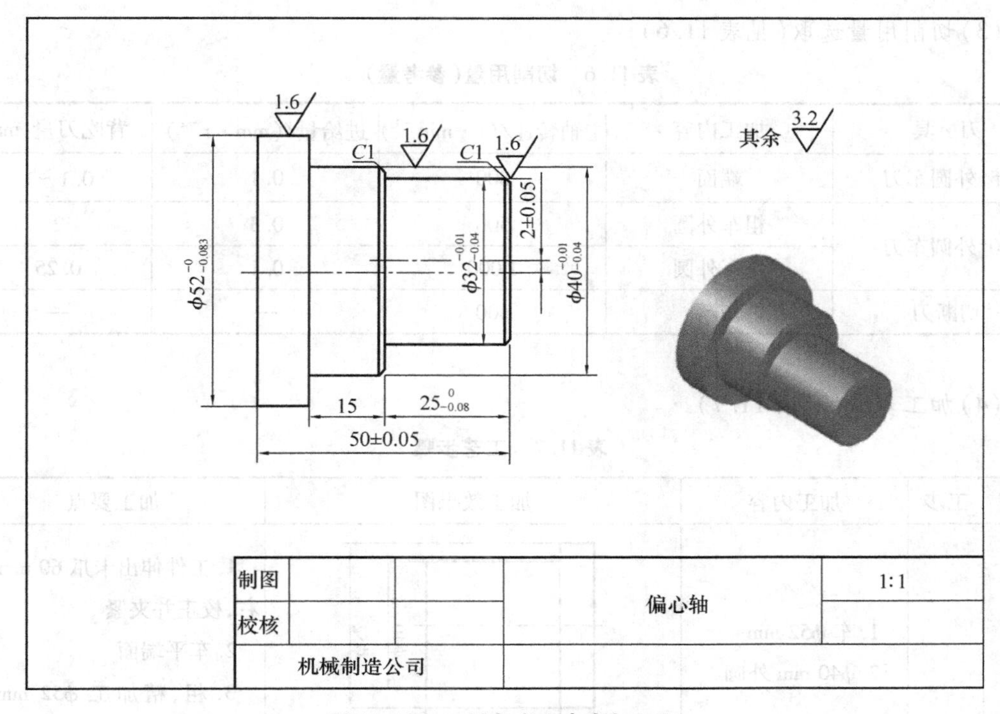

图 11.12 三爪自定心卡盘加工图

(1)零件的工艺分析

形状分析:本工件为偏心轴,工件长度尺寸较短,重点是偏心的距离及形状。

精度分析:本工件直径尺寸精度要求较高,无其他特殊技术要求。

工艺分析:根据工件的特点和毛坯特点,采用三爪自定心卡盘装夹毛坯。根据工件直径精度要求,采用粗精分开的原则,精车余量为 1 mm。

加工工艺顺序:车平端面→车全长外圆→车长度 $\phi40$ mm 的外圆→车偏心外圆→倒角→检查完工。

(2)工、量、刃具准备清单(见表 11.5)

表 11.5 工、量、刃具准备清单

类型	名称、规格	备 注
夹具	三爪自定心卡盘	
量具	千分尺 25 ~ 50 mm;千分尺 50 ~ 75 mm;游标卡尺 0 ~ 150 mm;百分表及表座 0 ~ 10;钢直尺 0 ~ 150 mm	
刀具	外圆车刀 45°;外圆车刀 90°;切断刀 4 × 25	
辅具	偏心垫片 3 mm、薄铜皮、常用工具	

(3) 切削用量选取(见表 11.6)

表 11.6 切削用量(参考量)

刀 具	加工内容	主轴转速/$(r\cdot min^{-1})$	进给量/$(mm\cdot r^{-1})$	背吃刀量/mm
45°外圆车刀	端面	800	0.1	0.1~1
90°外圆车刀	粗车外圆	500	0.3	2
	精车外圆	1 000	0.1	0.25
切断刀	切断	400	—	—

(4) 加工步骤(见表 11.7)

表 11.7 工艺步骤

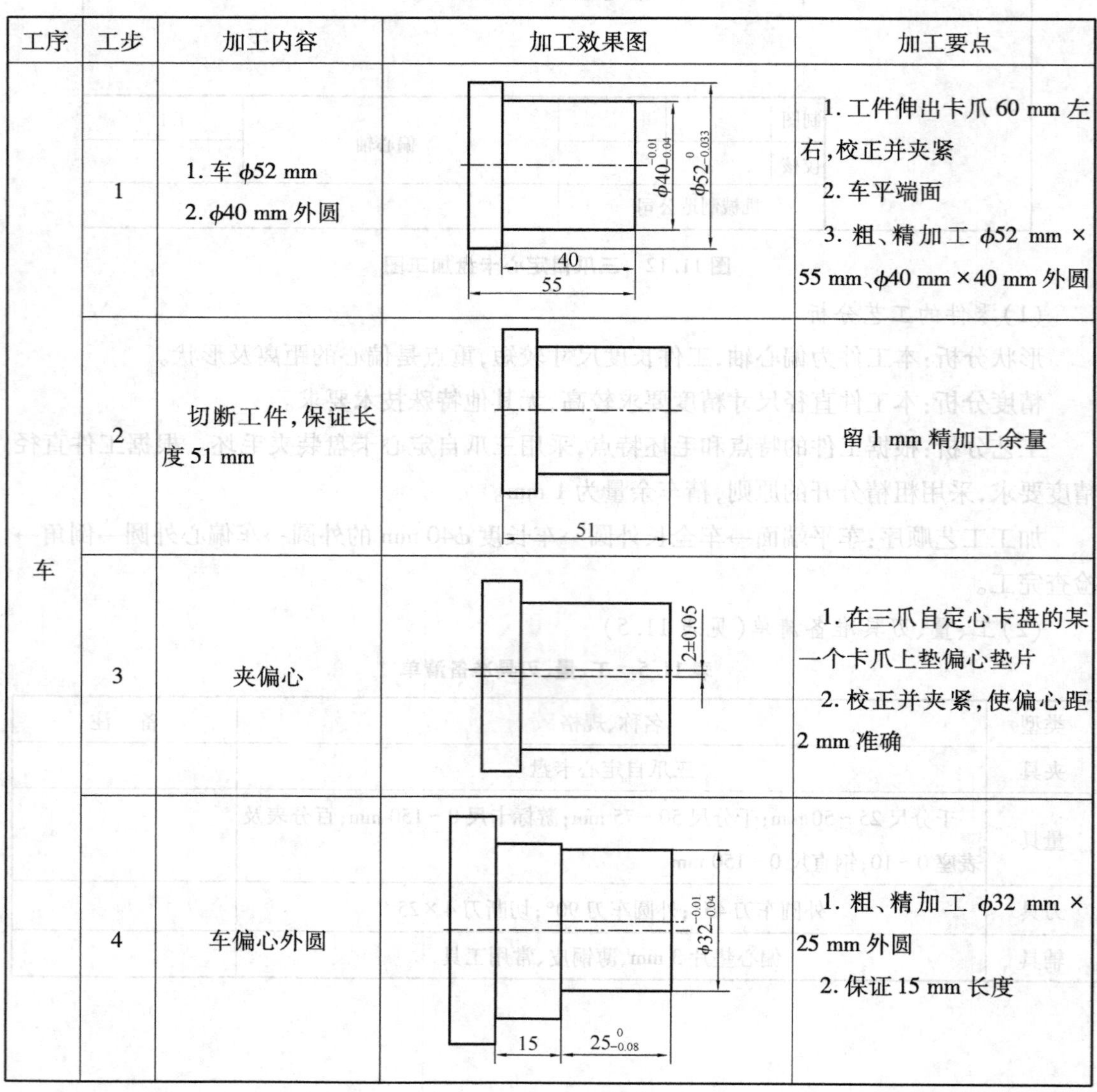

工序	工步	加工内容	加工效果图	加工要点
车	1	1. 车 ϕ52 mm 2. ϕ40 mm 外圆		1. 工件伸出卡爪 60 mm 左右,校正并夹紧 2. 车平端面 3. 粗、精加工 ϕ52 mm × 55 mm、ϕ40 mm × 40 mm 外圆
	2	切断工件,保证长度 51 mm		留 1 mm 精加工余量
	3	夹偏心		1. 在三爪自定心卡盘的某一个卡爪上垫偏心垫片 2. 校正并夹紧,使偏心距 2 mm 准确
	4	车偏心外圆		1. 粗、精加工 ϕ32 mm × 25 mm 外圆 2. 保证 15 mm 长度

续表

工序	工步	加工内容	加工效果图	加工要点
车	5	倒角两处 C1		偏心外圆 ϕ32 mm，倒角 C1
	6	1. 重夹工件（去偏心） 2. 车外圆 ϕ30 mm 3. 倒角 C1		卸下卡爪上的偏心垫片，校正并夹紧工件
	7	1. 工件掉头 2. 车 50 mm 总长		1. 夹住 ϕ30 mm 外圆处 2. 根据图纸要求倒角、去毛刺
检　验				仔细检查各部分尺寸，卸下工件

（5）评分标准及记录表（见表 11.8）

表 11.8　评分标准与记录表

尺寸类型及权重	尺　寸	配　分	学生自评		学生互评		教师评分	
			检测	得分	检测	得分	检测	得分
直径尺寸 36	$\phi52_{-0.033}^{0}$	12						
	$\phi40_{-0.04}^{-0.01}$	12						
	$\phi32_{-0.04}^{-0.01}$	12						
长度尺寸 14	50 ±0.05	5						
	$25_{-0.008}^{0}$	5						
	15	4						
偏心距 20	偏心距 2 ±0.05	20						
倒角，光整 8	倒角、去毛刺 4 处	8						
表面粗糙度 12	$R_a1.6$	12						
安全 10	安全操作规程	10						
总　分		100						

* 任务 11.3 薄壁零件的车削

11.3.1 薄壁零件车削时的特点

薄壁零件由于刚性差、强度弱,加工时往往会出现以下现象:

①采用三爪自定心卡盘装夹工件时,薄壁零件在夹紧力的作用下容易产生"等直径变形",影响工件的尺寸精度和形状精度。

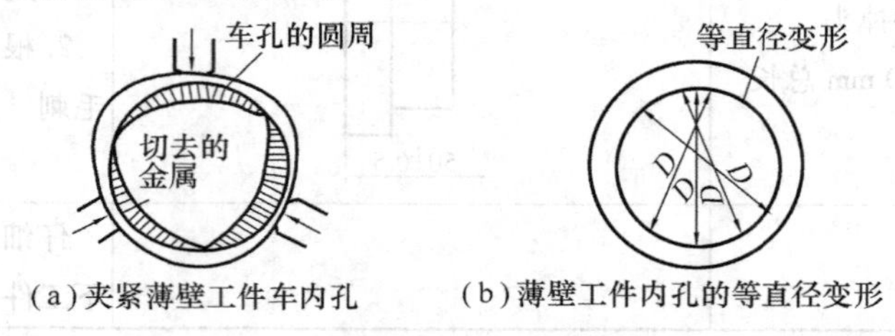

(a)夹紧薄壁工件车内孔 (b)薄壁工件内孔的等直径变形

图 11.13 薄壁零件的夹紧变形

如图 11.13 所示,在夹紧力的作用下,使工件变成三边形,如图 11.13(a)所示。经过车削加工后,三边形内孔被车为圆柱孔,加工完毕松开卡爪后,卸下的工件由于弹性恢复,外圆恢复成圆柱形,而圆柱孔则变成弧形三边形,如图 11.13(b)所示。若用内径百分表或内径千分尺测量,可测得各个方向的直径 D 相等,但实际上已变形不是内圆柱面了,这种现象称为等直径变形。

②因工件较薄,对于线膨胀系数较大的金属工件,在一次装夹中连续加工,持续产生的切削热会引起工件热变形,使工件尺寸难于控制,精度受到较大的影响。

③在切削力(特别是径向切削力)的作用下,容易产生振动和变形,影响工件的尺寸精度、形位精度和表面粗糙度。

11.3.2 防止和减少薄壁零件变形的方法

①严格区分粗、精加工过程。对加工精度要求较高的薄壁类零件,应把粗、精加工分开进行。这样可避免因粗加工引起的各种变形,包括夹紧力大引起的弹性变形、切削热引起的热变形以及内应力引起的变形等。

②工艺上尽可能采用一次装夹的方法,如图 11.14 所示,加工完薄壁零件后,将其卸下。

③为增加装夹接触面,尽量采用开缝套筒(见图 11.15)装夹零件,使夹紧力均匀分布在工件上,减少因夹紧引起的变形。

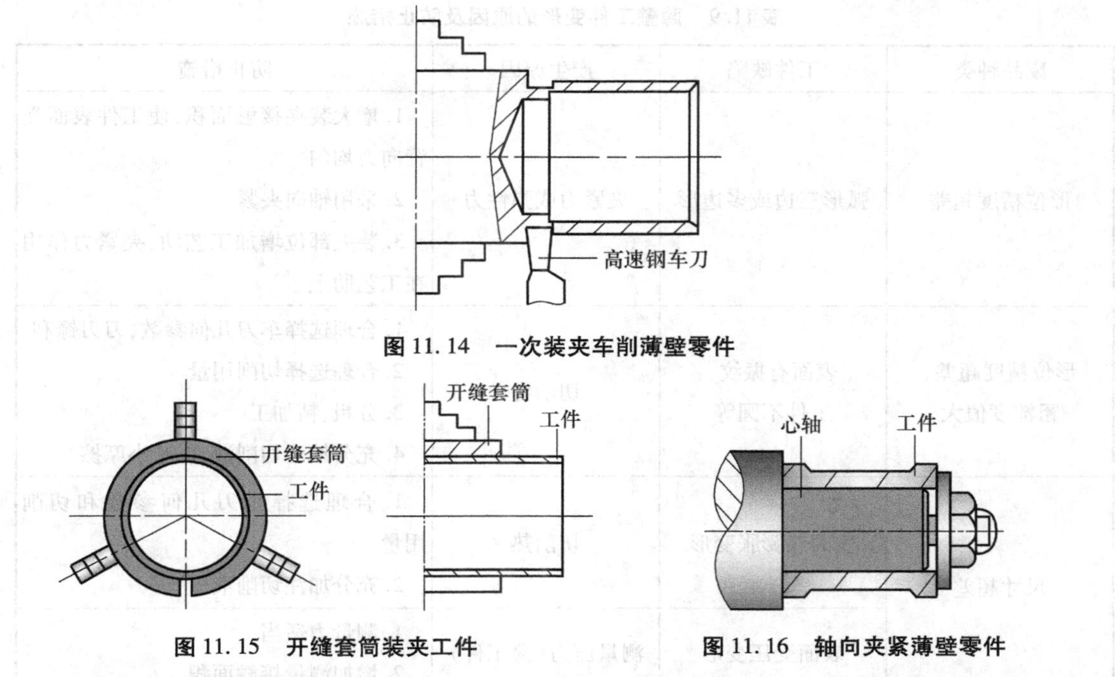

图 11.14 一次装夹车削薄壁零件

图 11.15 开缝套筒装夹工件

图 11.16 轴向夹紧薄壁零件

④车薄壁零件时，尽量不使用径向夹紧，而应优先采用轴向夹紧的夹具来减少夹紧引起的变形，如图 11.16 所示。

⑤合理选用刀具的几何角度，对于减小切削力和工件热变形能起到重要作用。特别是在精加工时，更要保证刀刃的锋利，一般可选择较大的主偏角 $\kappa_r = 80° \sim 93°$，车刀前角取 $\gamma_0 = 10° \sim 20°$，刃倾角通常取 $\lambda_s = 3° \sim 10°$。

⑥合理选择切削用量。当背吃刀量和进给量同时增大时，切削力也增大，使变形加大，对车薄壁零件极为不利；而当背吃刀量减少，进给量增大时，切削力虽然有所下降，但工件表面残余面积及表面粗糙度值增大，使强度不好的薄壁零件的内应力增加，同样也会导致零件的变形。

a. 粗加工时，切削速度 $v_c = 50 \sim 80$ m/min；背吃刀量 $a_p = 0.2 \sim 2$ mm；进给量 $f = 0.2 \sim 0.35$ mm/r。

b. 精加工时，切削速度 $v_c = 60 \sim 120$ m/min；背吃刀量 $a_p = 0.2 \sim 0.5$ mm；进给量 $f = 0.08 \sim 0.15$ mm/r。精车时选用的切削速度不宜过高，只要合理选择切削用量就能减小切削力，从而减少变形。

⑦合理选择并充分浇注切削液，从而起到降低切削温度，减少工件热变形的作用。

11.3.3 薄壁工件变形的原因及防止措施

薄壁工件变形的原因及防止措施见表 11.9。

表 11.9　薄壁工件变形的原因及防止措施

废品种类	工件缺陷	产生原因	防止措施
形位精度超差	弧形三边或多边形	夹紧力或弹性力	1. 增大装夹接触面积,使工件表面受背向力均匀 2. 采用轴向夹紧 3. 装夹部位增加工艺肋,夹紧力作用在工艺肋上
形位精度超差、粗糙度值大	表面有振纹、工件不圆等	切削力	1. 合理选择车刀几何参数,刀刃锋利 2. 合理选择切削用量 3. 分粗、精加工 4. 充分加注切削液,以减小摩擦
尺寸超差	表面热膨胀变形	切削热	1. 合理选择车刀几何参数和切削用量 2. 充分加注切削液
	表面受压变形	测量压力(薄工件)	1. 测量力适当 2. 增加测量接触面积

●拓展训练

(1)简述细长轴车削时的特点。

(2)简述装夹细长轴零件的方法。

(3)什么叫做热变形?

(4)车细长轴时,为防止或减少工件热变形伸长,主要可采取哪些措施?

(5)简述在三爪自定心卡盘上车偏心工件的适用场合。

(6)简述如何检测具有不同精度要求的偏心距。

(7)薄壁零件在车削过程中会出现哪些变形?

(8)简述防止和减少薄壁零件变形的方法。

(9)精车薄壁类工件时,对车刀有哪些要求?

(10)影响薄壁类工件加工质量的因素有哪些?

附录 *中级普通车工职业技能鉴定集训图集

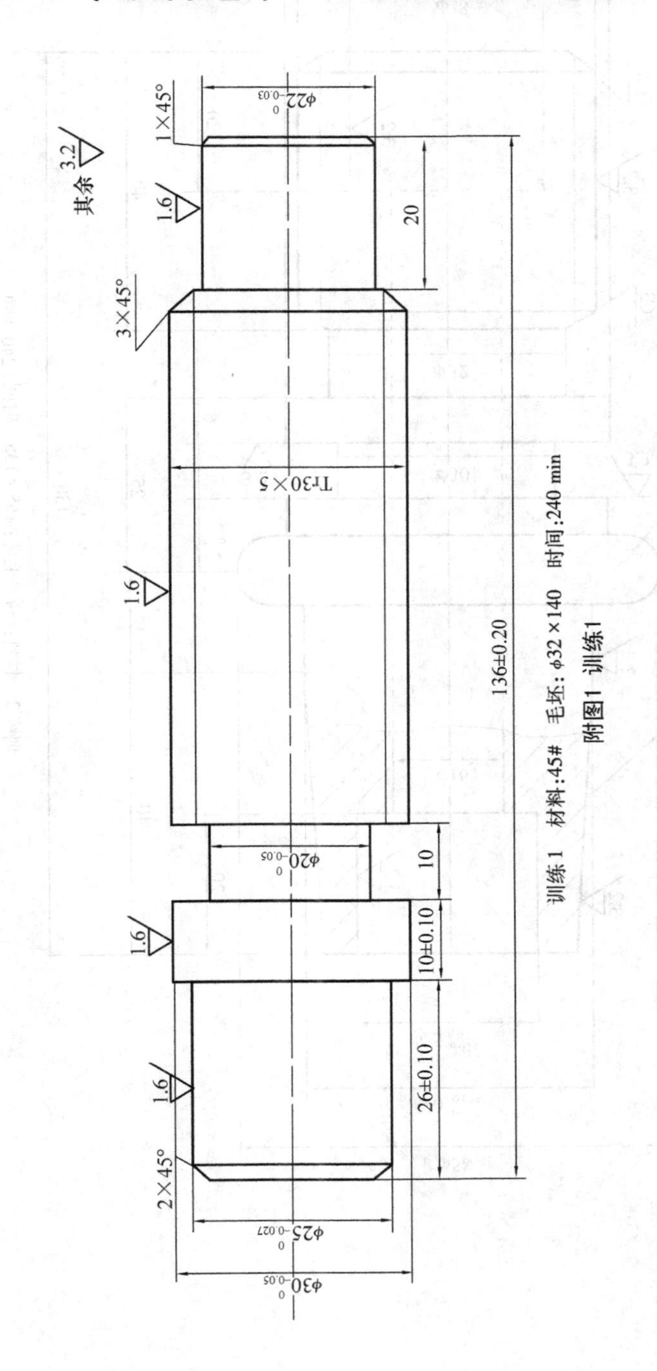

附图1 训练1

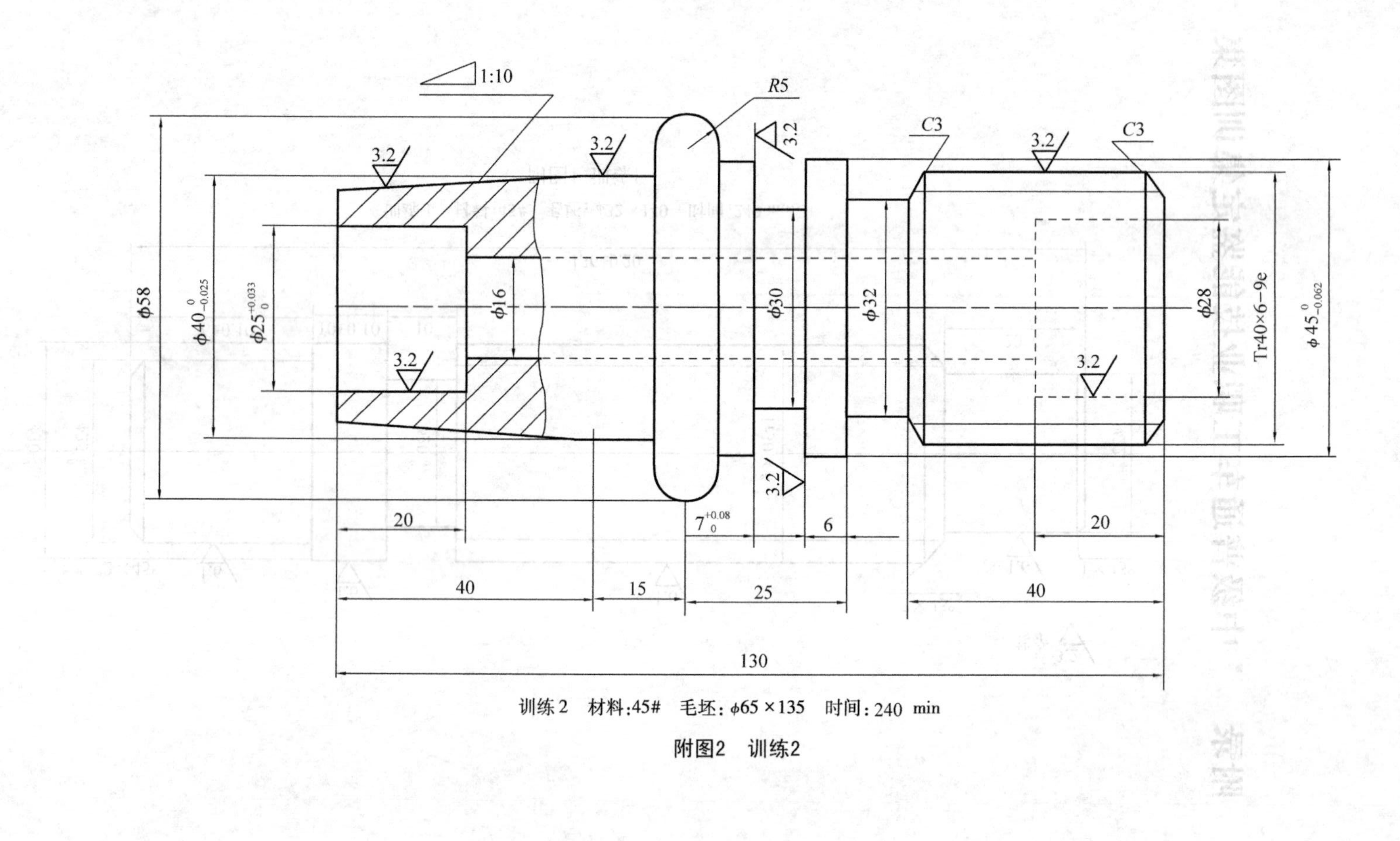

训练2 材料:45# 毛坯:ϕ65×135 时间:240 min

附图2 训练2

附表1 训练1的评分标准

序号	质检内容	配分	评分标准	检测结果	得 分
1	外圆公差(3处)	6×3	超0.01扣2分		
2	外圆 $R_a1.6$(2处)	4×3	降一级扣2分		
3	梯形螺纹 $R_a3.2$	20/10	超差牙不正扣分		
4	退刀槽	5	超差不得分		
5	长度公差(5处)	4/3	超差不得分		
6	倒角(3处)	2/3	不合格不得分		
7	清角去锐边(4处)	1×4	不合格不得分		
8	工件完整	3	不完整扣分		
9	安全文明操作	10	违章扣分		

附表2 训练2的评分标准

序号	检测内容	配分	评分标准	检测结果	得分
1	$\phi45_{-0.062}^{0}R_a\leqslant3.2$	5,2	超差不得分,$R_a>3.2$ 不得分		
2	$\phi40_{-0.025}^{0}R_a\leqslant3.2$	6,3	超差不得分,$R_a>3.2$ 不得分		
3	$\phi58$	3	超差不得分		
4	孔 $\phi25_{0}^{+0.033}$,$R_a\leqslant3.2$	8,2	超差不得分,$R_a>3.2$ 不得分		
5	孔 $\phi28$,$R_a\leqslant3.2$	4,2	超差不得分,$R_a>3.2$ 不得分		
6	孔 $\phi16$,$R_a\leqslant6.3$	3,1	超差不得分,$R_a>6.3$ 不得分		
7	Tr 大径 $\phi40_{-0.375}^{0}$,$R_a\leqslant3.2$	2,1	超差不得分,$R_a>3.2$ 不得分		
8	Tr 中径 $\phi37_{-0.648}^{-0.118}R_a\leqslant1.6$	14,6	超差不得分,$R_a>1.6$ 不得分		
9	$1:10\pm4'18''R_a\leqslant3.2$	5,3	超差不得分,$R_a>3.2$ 不得分		
10	槽 $8_{0}^{0.08}\times\phi30$,$R_a\leqslant3.2$	6,3	超差不得分,$R_a>3.2$ 不得分		
11	$\phi32$,$R_a\leqslant6.3$	2,1	不合格不得分		
12	R_5,$R_a\leqslant3.2$	5,3	不合格不得分		
13	8处未注公差尺寸	1×8	不合格不得分		
14	2处 $3\times45°$	1×2	不合格不得分		
15	安全操作、文明生产,违章视情节轻重扣1~20分				

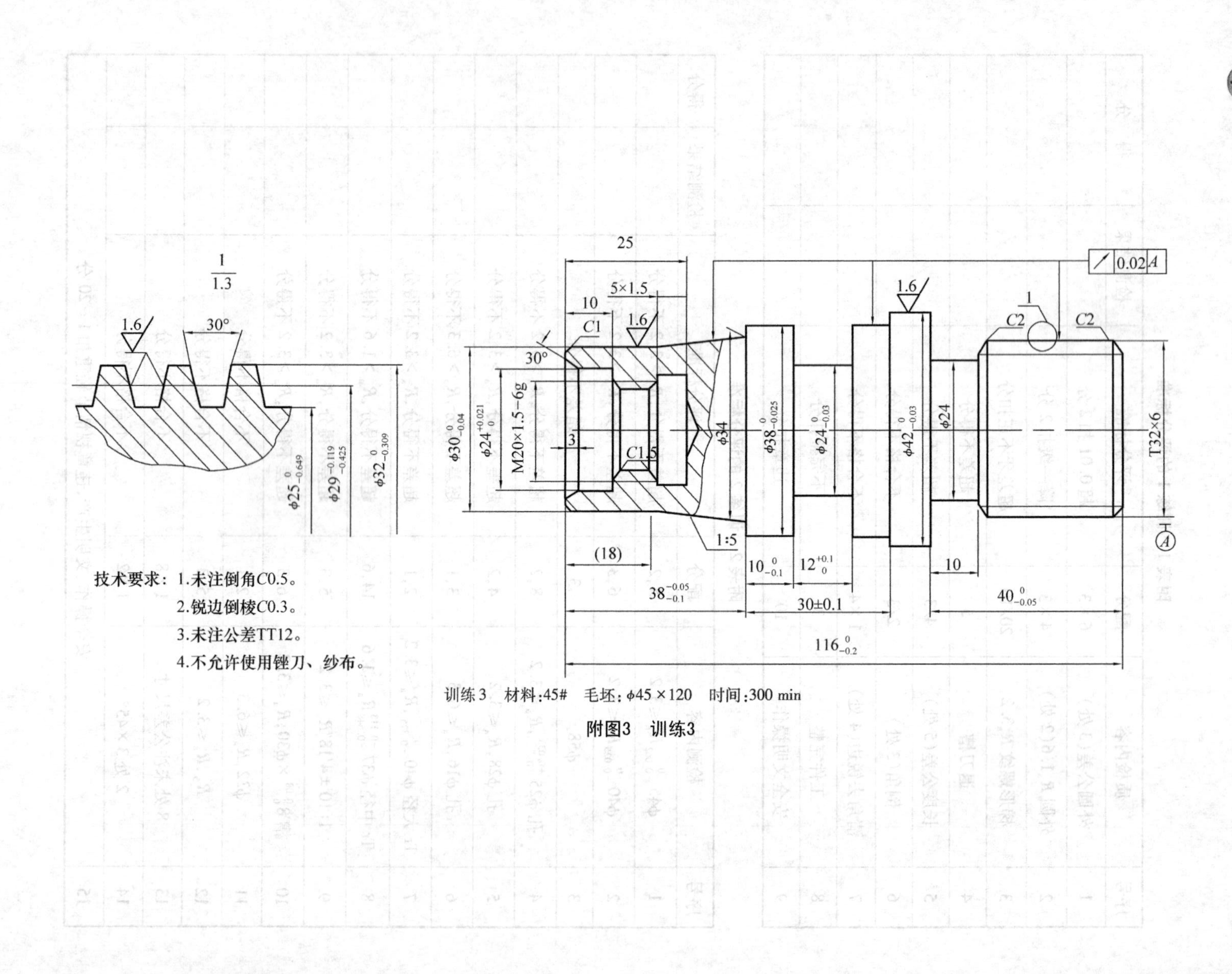

训练 3　材料:45#　毛坯:ϕ45×120　时间:300 min

附图3　训练3

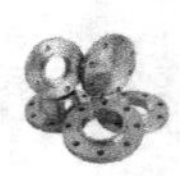

附表3 训练3的评分标准

<table>
<tr><th>检测项目</th><th colspan="2">技术要求</th><th>配分</th><th>评分标准</th><th>检测结果</th><th>得分</th></tr>
<tr><td>1</td><td colspan="2">$\phi30_{-0.04}^{0}$</td><td>8</td><td>每超差0.01扣1分</td><td></td><td></td></tr>
<tr><td>2</td><td colspan="2">$\phi24_{0}^{-0.021}$</td><td>8</td><td>每超差0.01扣1分</td><td></td><td></td></tr>
<tr><td>3</td><td colspan="2">$\phi38_{-0.025}^{0}$</td><td>8</td><td>每超差0.01扣1分</td><td></td><td></td></tr>
<tr><td>4</td><td colspan="2">$\phi24_{-0.03}^{0}$</td><td>8</td><td>每超差0.01扣1分</td><td></td><td></td></tr>
<tr><td>5</td><td colspan="2">$\phi42_{-0.03}^{0}$</td><td>8</td><td>每超差0.01扣1分</td><td></td><td></td></tr>
<tr><td>6</td><td colspan="2">$12_{0}^{+0.1}$</td><td>4</td><td>超差无分</td><td></td><td></td></tr>
<tr><td>7</td><td colspan="2">$10_{-0.1}^{0}$</td><td>4</td><td>超差无分</td><td></td><td></td></tr>
<tr><td>8</td><td colspan="2">$40_{-0.05}^{0}$</td><td>4</td><td>超差无分</td><td></td><td></td></tr>
<tr><td>9</td><td colspan="2">$116_{-0.2}^{0}$</td><td>2</td><td>超差无分</td><td></td><td></td></tr>
<tr><td>10</td><td colspan="2">$\phi25_{-0.649}^{0}$小径</td><td>4</td><td>每超差0.01扣1分</td><td></td><td></td></tr>
<tr><td>11</td><td colspan="2">$\phi29_{-0.425}^{-0.119}$中径</td><td>6</td><td>每超差0.01扣1分</td><td></td><td></td></tr>
<tr><td>12</td><td colspan="2">$\phi32_{-0.039}^{0}$大径</td><td>3</td><td>超差无分</td><td></td><td></td></tr>
<tr><td>13</td><td colspan="2">T32×6牙型角</td><td>1</td><td>不符无分</td><td></td><td></td></tr>
<tr><td>14</td><td colspan="2">M20×1.5－6 g大径</td><td>3</td><td>超差无分</td><td></td><td></td></tr>
<tr><td>15</td><td colspan="2">M20×1.5－6 g中径</td><td>4</td><td>超差无分</td><td></td><td></td></tr>
<tr><td>16</td><td colspan="2">M20×1.5－6g牙型角</td><td>1</td><td>不符无分</td><td></td><td></td></tr>
<tr><td>17</td><td colspan="2">$\phi24$</td><td>1</td><td>超差无分</td><td></td><td></td></tr>
<tr><td>18</td><td colspan="2">1:5</td><td>2</td><td>超差无分</td><td></td><td></td></tr>
<tr><td>19</td><td colspan="2">↗ 0.02 A</td><td>3</td><td>超差无分</td><td></td><td></td></tr>
<tr><td>20</td><td colspan="2">倒角(3处)</td><td>3</td><td>不符无分</td><td></td><td></td></tr>
<tr><td>21</td><td colspan="2">锐边倒棱(5处)</td><td>3</td><td>不符无分</td><td></td><td></td></tr>
<tr><td>22</td><td rowspan="3">表面粗糙度</td><td>$R_a1.6$(4处)</td><td>4</td><td>降级无分</td><td></td><td></td></tr>
<tr><td>23</td><td>其余$R_a3.2$</td><td>2</td><td>降级无分</td><td></td><td></td></tr>
<tr><td>24</td><td>螺纹侧面(2处)</td><td>6</td><td>降级无分</td><td></td><td></td></tr>
<tr><td>25</td><td colspan="6">安全操作、文明生产,违章视情节轻重扣1~20分</td></tr>
</table>

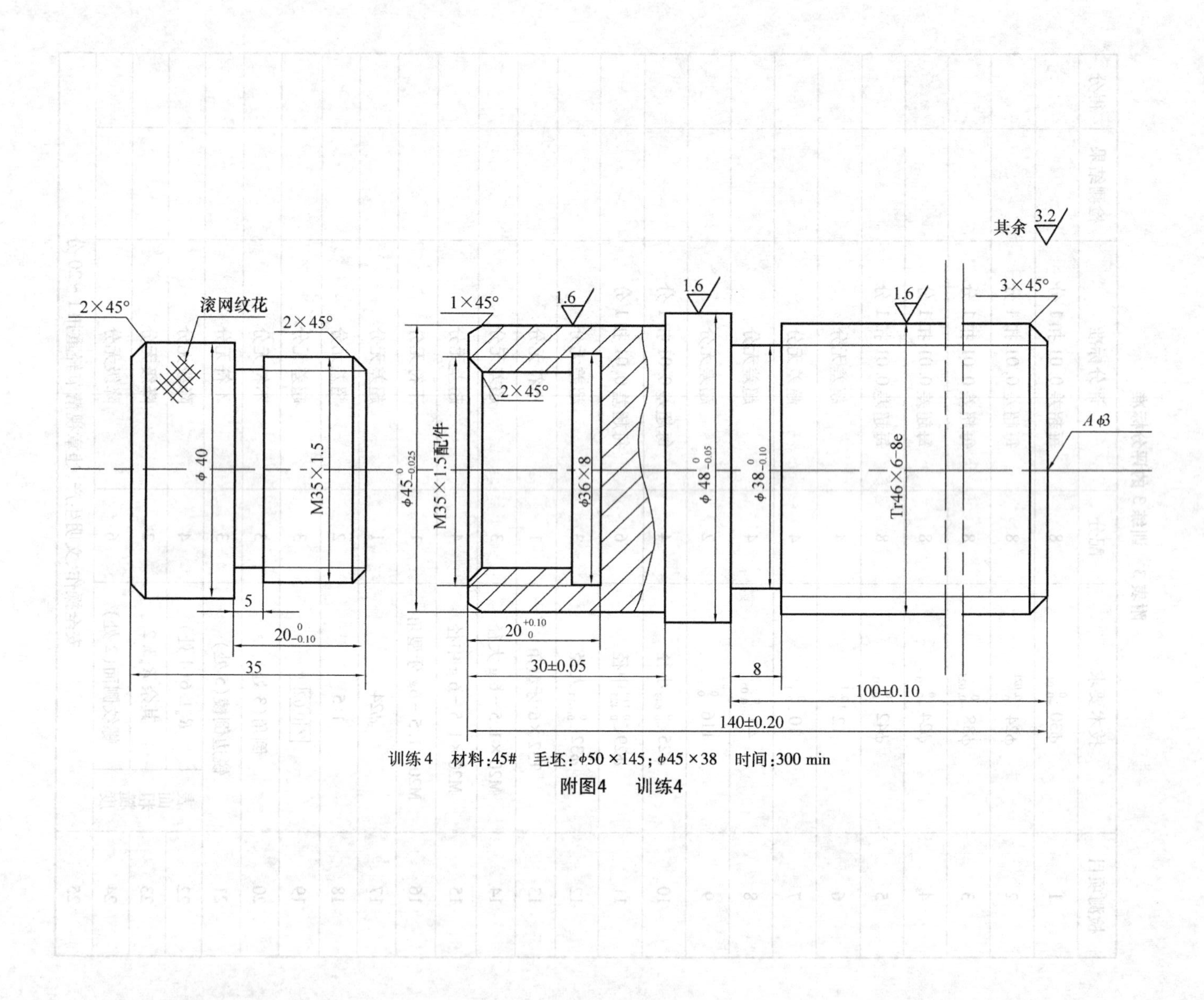

训练4 材料:45# 毛坯:φ50×145;φ45×38 时间:300 min

附图4 训练4

附表4　训练4的评分标准

序号	质检内容	配分	评分标准	检测结果	得分
件1					
1	外圆公差(2处)	6×2	超差不得分		
2	外圆 $R_a1.6$(2处)	4×2	$R_a>1.6$ 不得分		
3	梯形螺纹 $R_a3.2$	15/5	超差不得分,$R_a>3.2$ 不得分		
4	内三角螺纹 $R_a3.2$	5/3	超差不得分,$R_a>3.2$ 不得分		
5	内外沟槽(2处)	2×2	不合格不得分		
6	长度公差(4处)	3×4	超差不得分		
7	倒角(3处)	2×3	超差不得分		
件2					
1	外三角螺纹 $R_a3.2$	5×3	超差不得分,$R_a>3.2$ 不得分		
2	滚网纹花	4	不合格不得分		
3	长度公差　退刀槽	2/1	超差不得分		
4	倒角	2×2	不合格不得分		
5	螺纹配合　间隙	4	不合格不得分		
	安全操作、文明生产,违章视情节轻重扣1~20分				

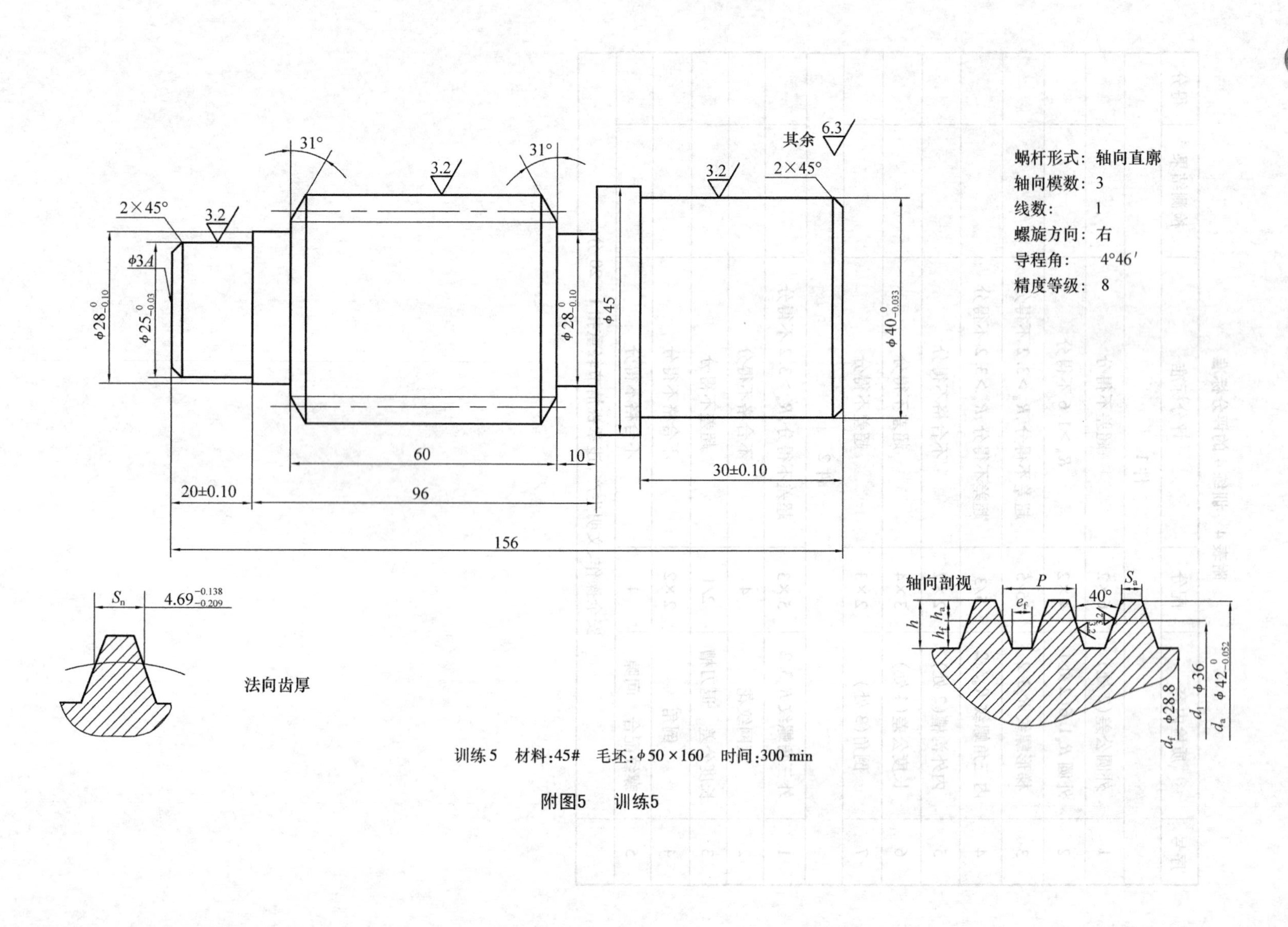

训练5 材料:45# 毛坯:φ50×160 时间:300 min

附图5 训练5

附表5 训练5的评分标准

检测项目	技术要求	配分	评分标准	检测结果	得分
1	$\phi40_{-0.033}^{0}$	10	每超差0.01扣2分		
2	$\phi45$	4	每超差0.1扣1分		
3	$\phi25_{-0.03}^{0}$	8	每超差0.01扣1分		
4	$\phi28_{-0.1}^{0}$	4	每超差0.05扣1分		
5	30±0.1,20±0.1	6	每超差0.05扣1分		
6	60,96	4	每超差0.1扣1分		
7	156	4	每0.1扣1分		
8	切槽$\phi28_{-0.1}^{0}$,10	6	超差0.05扣1分,超差0.1扣1分		
9	齿顶圆$\phi42_{-0.1}^{0}$	6	每超差0.05扣1分		
10	法向齿厚$4.69_{-0.209}^{-0.138}$	12	每超差0.1扣2分		
11	蜗杆倒角31°	8	超差无分		
12	倒角C2(2处)	4	不符无分		
13	$R_a3.2$(3处)	16	超差无分		
14	其余$R_a6.3$	8	每处降1级扣1分		
15	安全操作、文明生产,违章视情节轻重扣2~20分				

参考文献

[1] 杜俊伟. 车工工艺学[M]. 北京:机械工业出版社,2008.

[2] 蒋增福. 车工工艺与技能训练[M]. 北京:高等教育出版社,1998.

[3] 劳动部教材办公室组织编写. 车工工艺学[M]. 1996 新版. 北京:中国劳动出版社,1997.

[4] 劳动部教材办公室组织编写. 车工生产实习[M]. 1996 新版. 北京:中国劳动出版社,1997.

[5] 实用车工手册编写组. 实用车工手册[M]. 北京:机械工业出版社,2002.

[6] 职业技能鉴定教材. 车工[M]. 北京:中国劳动社会保障出版社,2004.

[7] 饶传锋. 金属切削加工(一)——车削[M]. 重庆:重庆大学出版社,2007.

[8] 宁文军. 车工技能训练与考级[M]. 北京:机械工业出版社,2009.

[9] 金福昌. 车工:中级[M]. 2 版. 北京:机械工业出版社,2012.

[10] 沈卫平. 车工技能[M]. 北京:机械工业出版,2009.

[11] 彭德荫,等. 车工工艺与技能训练[M]. 北京:中国劳动社会保障部出版社,2006.